有限元原理
与程序可视化设计

主编　梁清香

参编　张伟伟 陈慧琴 刘利亭 贾有

清华大学出版社

北京

内 容 简 介

本书共 3 篇,分别为有限元原理、有限元建模、有限元程序可视化设计。有限元原理部分重点介绍最具有有限元课程特点的基本内容及程序设计思想,主要包括弹性问题、弹塑性问题、结构动力问题的有限元法;从实用角度介绍有限元建模方法、有限元程序可视化设计;做到理论体系完整,理论与应用并重。本书采用模块式结构,3 篇内容相对独立,可根据需要选学。

本书可作为工程力学、机械、材料、土木、水利类专业本科生、研究生的有限元教材,也可作为相关专业有限元程序设计教材,还可供高等院校相关专业教师和工程技术人员参考。

图书在版编目(CIP)数据

有限元原理与程序可视化设计/梁清香主编. —北京:清华大学出版社,2019(2024.6重印)
ISBN 978-7-302-52485-4

Ⅰ. ①有⋯ Ⅱ. ①梁⋯ Ⅲ. ①有限元分析-可视化软件-程序设计-教材 Ⅳ. ①O241.82-39

中国版本图书馆 CIP 数据核字(2019)第 040931 号

责任编辑:朱红莲
封面设计:常雪影
责任校对:王淑云
责任印制:丛怀宇

出版发行:清华大学出版社
　　　网　　　址:https://www.tup.com.cn,https://www.wqxuetang.com
　　　地　　　址:北京清华大学学研大厦 A 座　　　　　　邮　　编:100084
　　　社 总 机:010-83470000　　　　　　　　　　　　邮　　购:010-62786544
　　　投稿与读者服务:010-62776969,c-service@tup.tsinghua.edu.cn
　　　质量反馈:010-62772015,zhiliang@tup.tsinghua.edu.cn
印 装 者:天津鑫丰华印务有限公司
经　　销:全国新华书店
开　　本:185mm×260mm　　印　张:14.75　　　　字　数:357 千字
版　　次:2019 年 3 月第 1 版　　　　　　　　　印　次:2024 年 6 月第 5 次印刷
定　　价:42.00 元

产品编号:081539-01

有限元法从 20 世纪 50 年代中期发展至今,已成为工程实际中最有效、应用最广的一种数值方法,已在教学、科研及工程应用中普及使用,并取得了丰硕成果。

2018 年 6 月,"新时代全国高等学校本科教育工作会议"在四川大学召开,教育部党组书记、部长陈宝生在会议的讲话中明确指出:"要着力推进课程内容更新,将学科研究新进展、实践发展新经验、社会需求新变化及时纳入教材。"本书中有限元建模技术、有限元可视化程序设计就是根据实践发展新经验、社会需求新变化纳入有限元教材中的新内容。目前尚未发现与本教材中有限元建模实例与有限元可视化程序设计方面类似的书籍。

有限元理论和有限元软件之间存在着巨大鸿沟,而有限元模型就是在这一鸿沟上架起的桥梁。利用有限元理论建立正确合理的有限元模型已成为衡量工程技术人员有限元应用水平的重要标志。没有正确的有限元模型,无法达到应用商用有限元软件解决工程实际问题的目的。在新工科背景下,掌握有限元建模技术对提高学生应用有限元方法解决工程实际问题的能力起到决定性的作用。

有限元程序设计作为有限元理论实现的一部分,一直作为有限元教材的重要内容,但到目前为止,有限元程序设计仍停留在数据文件时代,不能满足随时可以看到结果、程序与结果调整同步的可视化社会需求。可视化技术的发展与相应有限元商用软件极具诱惑的前后处理功能已为有限元程序设计提供很好的参考,推广可视化程序设计,对创新能力培养将起到积极作用。

本书力求提供具有现代特色的教学内容。在教材的编写上,做到阐述简明扼要,深入浅出。在教材的内容体系上,综合考虑有限元方法的基本原理、建模技术、可视化程序设计方法,使学生在学习原理的基础上,一方面学会建模方法,为应用商用有限元软件架起桥梁,一方面学习可视化编程技术,为学生开发特定问题的可视化应用软件提供完整的操作示范。使学生在实践基础上深刻理解和掌握有限元原理,达到使用有限元软件与开发新软件解决工程实际问题的目的。

本书结合编著者 20 多年来的教学经验及丰富的商用有限元软件应用经验,以近几年工程力学专业本科生使用的讲义为蓝本编写而成。在编写过程中,主要参考了梁清香、张根全编著的《有限元与 MARC 实现》(机械工业出版社,2003 年 1 月)和梁清香主编的《有限元与 MARC 实现》第 2 版(机械工业出版社,2005 年 4 月),同时还参阅了国内有关教材和网上图片,在此一并致谢。

　　全书内容共 3 篇 12 章。第 1 章至第 8 章介绍有限元基本原理,循序渐进地阐述弹性问题、弹塑性问题、结构动力问题的有限元理论,使读者了解工程中常见结构静力分析与动力分析的有限元原理。第 9 章至第 10 章介绍有限元建模知识,并通过例题分析给出有限元模型图示。第 11 章至第 12 章介绍有限元可视化编程技术,并附例题的 VB 源程序与详细解读。第 1 章至第 10 章提供适当数量习题,配合教学使用。

　　本书由梁清香主编。其中第 1 章、第 2 章、第 4 章、第 5 章、第 6 章、第 9 章、第 10 章由梁清香编著,第 3 章由贾有编著,第 7 章由张伟伟编著,第 8 章由陈慧琴编著,第 11 章、第 12 章由刘利亭编著,全书由梁清香统稿审定。

　　本书的编写工作得到太原科技大学工程力学 2017 山西省优势专业建设项目的资助,在此表示衷心感谢。

　　在本书编写过程中得到多方面的关心和支持,北京理工大学宁建国教授、太原理工大学王志华教授对本书提出了许多有益的建议,在此深表感谢。清华大学出版社有关工作人员对本书的出版做了大量工作,谨此表示诚挚的谢意。

　　教材中有限元建模例题的分析与图示、有限元可视化程序设计都是首次尝试,难免有不尽如人意之处;限于编者水平,书中的疏漏与不妥之处也在所难免,欢迎读者指正。

编者

2018 年 9 月

CONTENTS ● 目　录

第1篇　有限元原理

第 2 篇　有限元建模

第 3 篇　有限元程序可视化设计

第 1 篇

有限元原理

第1章

有限元法概述

有限元法(finite element method,FEM)是工程领域中应用最广泛的一种数值计算方法。经过近 60 年的发展,有限元法理论臻趋完善,应用几乎遍及所有的工程技术领域。综合有限元理论、计算数学、计算机图形学和优化技术,开发出了一大批通用与专用有限元软件,它们以功能强、用户使用方便、技术结果可靠和效率高而成为新的技术产品,使用这些软件已经成功地解决了机械、建筑、材料加工、航空航天、造船、核能、声学、电磁学等工程领域的诸多难题。有限元软件已经成为推动科技进步和社会发展的生产力,并且取得了巨大的经济和社会效益。

1.1　有限元法的发展概况

有限元法基本思想的提出,可以追溯到 Courant 在 1943 年的工作,他第一次尝试应用定义在三角形区域的分片连续函数和最小势能原理求解圣维南(St. Venant)扭转问题。

现代有限元法第一个成功的尝试,是将刚架位移法推广应用于弹性力学平面问题,这是 Turner、Clough 等人在分析飞机结构时于 1956 年得到的成果。他们第一次给出了用三角形单元求平面应力问题的正确解答,打开了利用计算机求解复杂问题的新局面。1960 年 Clough 将这种方法命名为有限元法。

1963—1964 年,Besseling、Melosh 和 Jones 等人证明了有限元法是基于变分原理的里兹(Ritz)法的另一种形式,从而使里兹法分析的所有理论基础都适用于有限元法,确认了有限元法是处理连续介质问题的一种普遍方法。利用变分原理建立有限元方程和经典里兹法的主要区别是,有限元法假设的近似函数不是在全求解域上给出的,而是在单元上给出的,而且事先不要求满足任何边界条件,因此它可以用来处理很复杂的连续介质问题。

有限元法在工程中应用的巨大成功,引起了数学界的关注。20 世纪 60 年代至 70 年代,数学工作者对有限元法的误差、解的收敛性和稳定性等进行了卓有成效的研究,从而巩固了有限元法的数学基础。我国数学家冯康在 60 年代研究变分问题的差分格式时,也独立地提出了分片插值的思想,为有限元法的创立做出了贡献。

近 60 年来,有限元法的应用已由平面问题扩展到空间问题、板壳问题、组合结构,由静力问题扩展到稳定问题、动力问题和波动问题。分析对象从弹性材料扩展到塑性、黏弹性、黏塑性和复合材料等。研究领域从固体力学扩展到流体力学、传热学、电磁学、声学等领域，由单一物理场的求解扩展到多物理场的耦合，结构尺寸从宏观扩展到微观。在工程分析中的作用已从分析和校核扩展到新产品设计。随着计算机的发展，应用基于有限元法的计算机辅助工程(CAE)的方法越来越普及，已成为飞机、高层建筑、大型桥梁、高速列车等大型结构设计的主流工具，特别是对一些目前还不能采用试验方法研究的微观结构性能的分析与预测，成为新材料研制的有效手段。可以预测，随着现代力学、计算数学和计算机技术等学科的发展，有限元法作为一个具有巩固理论基础和广泛应用效力的数值分析工具，必将在国民经济建设和科学技术发展中发挥更大的作用，其自身亦将得到进一步的发展和完善。

1.2　有限元法的主要优点

有限元法能迅速成为现代工业与工程技术密不可分的一个组成部分，除了依赖于现代工业化技术发展需要的大环境之外，有限元法本身具有的许多优点也吸引了大量的理论研究人员和应用工程技术人员。它的主要优点是：

（1）应用范围广泛。有限元法已能成功地求解固体力学、流体力学、温度场、电磁场、声场、多场耦合等领域的各类线性、非线性问题。它几乎适应于求解所有的连续介质和场问题，目前已渗透到微观结构领域。

（2）软件功能强大。有限元软件已经成功地解决了许多领域的工程计算难题。与其他CAD软件的无缝连接及不断完善的前后处理功能，使有限元法的使用范围不断扩充。

（3）描述简单，便于推广。有限元法采用矩阵形式表示，使问题的描述简单化，使求解问题的方法规范化，便于编制计算机程序。

1.3　有限元法在工程中的应用

有限元法在工程中得到了广泛的应用，主要应用范围体现在如下四个方面。

1. 新产品设计

由有限元法设计产品，能缩短新产品的研制周期，减少成本，降低出错返工率；而仿真驱动产品研发，也将许多工程带到更高境界。

1990年10月，美国波音公司采用有限元软件对新型客机B-777实现了完全数字化设计，并试飞成功。现在，基于有限元方法的CAE已成为飞机结构设计的主流工具。图1-1为飞机整机有限元网格。

同样，在卫星结构设计过程中，不可避免地要根据各方面的要求不断修改尺寸和材料，优化卫星结构，而如何修改和修改的效果如何，都要进行有限元仿真计算；汽车产品研发初期，用有限元法对汽车零部件、总成、系统、整车进行模拟分析，可以及时发现产品设计中的隐患，优化结构，从而降低汽车制造和试验成本，使新产品早日投入市场，增强企业的竞争力；在金

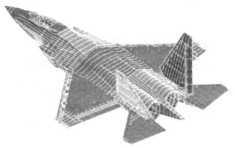

图 1-1　飞机整机有限元网格

属成形领域,新产品设计前先进行模拟仿真,通过分析金属成形工艺和热处理工艺,对加工过程中材料流动、模具充填、成形载荷、缺陷形成等积累更多的知识,从而优化加工过程,提高产品成形质量。目前某些特殊用途的异形钢管就是模拟仿真后出现的新产品。

2. 现有产品的改进与修复

对现有产品的改进设计包括结构、材料等方面的改进,使改进后的产品在满足强度、刚度、稳定性等要求下,在经济性、舒适性、轻量化、美观等方面得到改进;带缺陷的产品修复补强后,可以继续使用,变废为宝。

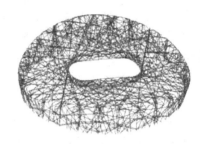

"鸟巢"是在有限元软件平台上设计与优化的。有关专家在修改初步设计与施工图设计中,应用有限元软件对主桁架、桁架柱、次结构的布置进行了调整,结构抗震性能与节点构造得到改善,并通过采取一系列优化措施,有效地减小了结构用钢量,达到了控制工程造价的目的,取得了良好的技术经济效果。图1-2所示为国家体育馆"鸟巢"有限元网格。

图1-2 国家体育馆"鸟巢"有限元网格

目前土石坝已经向300米级高坝发展,基坑的支护问题、边坡稳定问题在土石坝改进设计时均应充分考虑,而这些工作都可由有限元法完成;汽车产品批量生产后,有限元分析主要解决汽车在使用过程中发现的质量问题,并提出改进方案,为汽车质量改进及优化提供简单而行之有效的方法;英国 Newport pagnell 的 Tickford 桥是一座世界上距今时间最久、最古老的铸铁公路桥,对该桥采用了铺贴复合材料片进行加固修复补强;带裂纹缺陷的液化石油气球罐对安全运行有重大影响,通过有限元法补强分析,可以找到经济高效地修复球罐裂纹并延长球罐使用年限的方法;在口腔生物力学研究中,种植固位覆盖义齿对牙齿进行修复补强主要采用有限元法。图1-3所示为双江口坝体的有限元网格,图1-4为带缺陷球罐的复合材料补强有限元网格。

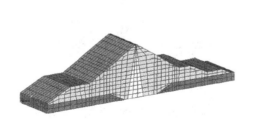

图1-3 双江口坝体有限元网格

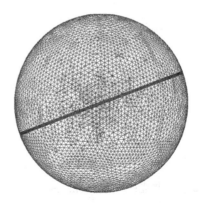

图1-4 带缺陷球罐的复合材料补强有限元网格

3. 虚拟试验

采用有限元法进行虚拟试验,以找出对产品性能有重要影响的各种关键因素,为产品的改进提供重要参考;同时,也可节约大量时间,降低产品的研发成本。目前,虚拟试验可以将计算误差控制在10%以内,能够满足工程需要。

如何提高车身的抗碰撞能力，是汽车被动安全中需要解决的问题之一。过去美国福特汽车公司每开发一个新车型，都要用120辆车进行冲撞试验，约耗资6000万美元。现在利用有限元法进行汽车碰撞过程的模拟，以节省昂贵的实车碰撞试验经费，是国内外汽车公司普遍采用的一种方法。图1-5所示为汽车碰撞过程模拟试验有限元网格。

4. 重大事故原因分析

1983年，北京一幢正在施工的高层建筑的大型脚手架坍塌，5人死亡，7人受伤；1940年，美国Tocoma悬索桥的垮塌事故，被记载为20世纪最严重的工程设计错误之一；2003年，美国哥伦比亚号航天飞机失事，外部燃料箱表面泡沫材料安装过程中存在的缺陷，是造成事故的罪魁祸首；2014年，浙江某厂蜡油加氢脱硫及柴油加氢精制联合装置中一台溶剂缓冲储罐发生超压破坏事故，罐底板中间外凸变形，周边底板被抬起，储罐整体向一侧严重倾斜，且大角焊缝被撕裂，有害介质大量外流，导致整个装置停工。通过对事故现场调查，结合有限元分析，找出事故发生的直接原因，提出事故安全预防措施。

小到原子分子，大到飞机桥梁，无论是整机、装配图还是零件，无论是固体、流体、气体还是生物体，均可由有限元法进行分析。图1-6所示为碳纳米管分子结构有限元网格，图1-7所示为烤瓷冠三维有限元网格，图1-8所示为船体外流场分析有限元网格。

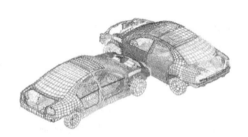

图1-5　汽车碰撞过程模拟试验有限元网格

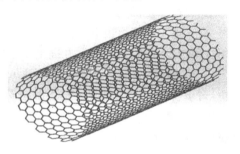

图1-6　碳纳米管分子结构有限元网格

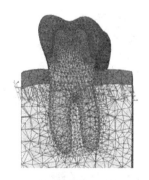

图1-7　烤瓷冠三维有限元网格

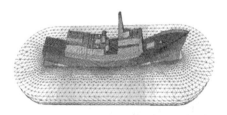

图1-8　船体外流场分析有限元网格

1.4　通用有限元软件简介

有限元软件是商品，也是沟通理论分析与工程实际的桥梁。许多大型工程项目就是依赖于有限元软件分析模拟而确定实施方案的，许多高水平的学术论文也都声明所用的是某某著名的软件。这些软件解决工程实际问题的能力和效率,在国际学术界达成了共识。本节就常用的几个有限元通用软件的情况作简单介绍。

1.4.1 通用有限元软件的共同之处

有限元法的高度通用性与实用性导致了有限元通用程序的发展。50多年来,有限元通用软件的发展在数量和规模上是惊人的。一些通用有限元软件在我国的现代化建设中发挥了巨大的作用。这些通用有限元软件的共同之处可归纳为以下几点:

(1) 功能强大。一般都可进行多种物理场分析,如结构分析、温度场分析、电磁场分析、流场分析、多场耦合分析等。

(2) 具有丰富的材料库。可以处理多种材料,如金属、土壤、岩石、塑料、橡胶、木材、陶器、混凝土、复合材料等。

(3) 具有多种自动网格划分技术,自动进行单元形态、求解精度检查及修正。

(4) 具有强大的后处理及图像显示功能。

(5) 具有与多种CAD系统直接连接的接口。

(6) 具有良好的用户开发环境。

(7) 具有良好的培训和维护能力。

(8) 技术成熟,已推向市场多年,版本不断更新。

1.4.2 几个通用有限元软件简介

有限元软件从20世纪70年代进入市场,不断分化和兼并,目前形成了以美国MSC、ANSYS、SIMULIA三个公司为代表的软件开发商。他们具有雄厚的技术实力和强劲的发展势头,已经占有世界有限元市场60%~70%的份额。下面仅对三个公司的代表软件作简要介绍。

1. MSC. Marc

MSC. Marc软件为美国MSC公司的产品。公司创建于1963年,总部设在美国洛杉矶,通过不断的重组和兼并,MSC公司已成为全球规模最大的有限元软件公司。Marc软件原为美国MARC公司的产品。MARC公司创建于1967年,它的创始人是美国著名的布朗大学教授、有限元分析的先驱者Pedro Marcel。MARC公司致力于非线性有限元技术的研究、非线性有限元软件的开发、销售和售后服务。经过30多年的不懈努力,Marc软件得到了学术界和工业界的大力推崇和广泛应用,建立了它在全球非线性有限元软件行业的领导地位。1999年6月,美国MSC公司收购了MARC公司,相应地,将该软件更名为MSC. Marc软件。MSC. Marc软件的功能也在不断得到扩展。

MSC. Marc软件是功能齐全的高级非线性有限元软件,它具有先进的网格适应技术,强大的二次开发功能,优异的并行求解算法,稳定的求解技术,广泛的平台适用性,方便高效的用户界面,良好的接口技术,强大的分析功能,丰富的材料模型,丰富的单元类型。该软件是一个功能强大的有限元分析系统,提供了各种问题的解决方案。如非线性结构分析(包括非线性静力分析、非线性瞬态分析、非线性动力分析、非线性屈曲分析、刚塑性分析、黏塑性分析、弹塑性分析、黏弹性分析、超弹性分析、超塑性分析、周期对称结构分析、灵敏度和优化分析、超单元分析、接触分析)、失效和破坏分析(包括断裂分析、裂纹萌生与扩展、复合材料的分层、韧性金属损伤和橡胶软化失效、复合材料脱层分析、磨损分析)、传热过程分析(包括稳态/瞬态热传导分析、强迫对流传热分析、有接触传热的耦合分析)、多场耦合分析(包括静电场分析、静磁场分析、滑动轴承分析、流体分析、声场分析、热-机耦合分析、流-热-固耦合分析、热-电耦合分析、热-电-固耦合分析、磁-热耦合分析、磁-结构耦合分析、扩散-应力耦合分析、压电分析、流体-土壤耦合分析、电磁场耦合分析)、加工过程仿真(包括锻造、挤压、冲压、超塑、板材拉深、粉末成型、吹制、铸造、热处理、焊接、切削、复合材料固化等多种加工过程的仿真)、热烧蚀分析等。

2. MSC. NASTRAN

MSC. NASTRAN 也是美国 MSC 公司的产品,它是 1966 年美国国家航空航天局 (NASA)为了满足当时航空航天工业对结构分析的迫切需求,主持开发的大型应用有限元程序。1971 年 MSC 公司对原始的 NASTRAN 做了大量改进,推出了自己的专利版本 MSC. NASTRAN。MSC. NASTRAN 能够有效解决各类大型复杂结构的强度、刚度、屈曲、模态、动力学、热力学、非线性、(噪)声学、流体-结构耦合、气动弹性、超单元、惯性释放、设计敏度分析及结构优化等问题,是航空航天部门的法定结构分析软件。

3. ANSYS

ANSYS 软件是美国 ANSYS 公司的产品,该公司成立于 1970 年,重点开发开放、灵活、对设计直接进行仿真的解决方案,提供从概念设计到最终测试产品研发全过程的统一平台;同时追求快速、高效和成本意识的产品开发。ANSYS 公司和其全球网络的渠道合作伙伴为客户提供销售、培训和技术支持一体化服务。公司总部位于美国宾夕法尼亚州的匹兹堡,全球拥有 60 多个代理,在 40 多个国家销售产品。ANSYS 公司于 2006 年收购了在流体仿真领域处于领导地位的美国 Fluent 公司;于 2008 年收购了在电路和电磁仿真领域处于领导地位的美国 Ansoft 公司。通过整合,ANSYS 公司成为全球最大的仿真软件公司之一。ANSYS 整个产品线包括结构分析(ANSYS Mechanical)系列、流体动力学(ANSYS CFD (FLUENT/CFX))系列、电子设计(ANSYS ANSOFT)系列以及 ANSYS Workbench 和 EKM 等,其多场耦合分析功能博得了用户的钟爱。产品广泛应用于航空、航天、电子、车辆、船舶、交通、通信、建筑、电子、医疗、国防、石油、化工等众多行业。因其率先开发出微机版本,故发展了大批的有限元用户群。ANSYS 公司在北京、上海、成都、深圳相继成立了办事处,构成了 ANSYS 在中国完整的市场、销售及售后服务体系。目前,中国 100 多所理工院校采用 ANSYS 软件进行有限元分析或者作为标准教学软件。

4. ABAQUS

ABAQUS 软件是由美国 SIMULIA 公司(原 ABAQUS 公司)研究开发的完全商品化的工程有限元分析软件。ABAQUS 公司成立于 1978 年,总部设在罗得岛州普罗维登斯市。ABAQUS 软件可以解决金属、橡胶、高分子材料、复合材料、钢筋混凝土、可压缩超弹性泡沫材料以及土壤和岩石等材料的线性及非线性问题,可以解决结构、热传导、质量扩散、热电耦合分析、声学分析、岩土力学分析(流体渗透/应力耦合分析)及压电介质分析等问题。电子领域是 ABAQUS 软件的一个重要应用领域,主要模拟封装和电子器件跌落。另外,ABAQUS 软件还是世界各大汽车厂商分析发动机中热固耦合和接触问题的标准软件。

1.5 有限元法基本知识

1.5.1 有限元法基本思想

有限元法是在连续体上直接进行近似计算的一种数值方法,其基本思想通过下面的例子来说明。图 1-9 简单说明了早期数学上求圆面积的近似方法。首先将连续的圆分割成一些三角形,求出每个三角形的面积,再将每个小三角形面积相加,即可得到圆面积的近似值。前面是"分"的过程,后面是"合"的过程。之所以要分,是因为三角形面积容易求得。这样简单的一分一合,就很容易求出圆面积的近似值。

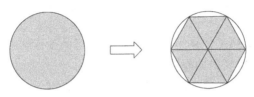

图 1-9　圆面积的近似求法

上述例子体现了有限元法的基本思想,即"拆整为零,集零为整"。

"拆整为零"即"分"的过程,具体包括如下三步:

1. 离散化

将连续的求解区域离散为有限个部分的集合体,并认为各部分只通过有限个点连接起来。例如,所求的连续体如图 1-10(a)所示,可假想它由图 1-10(b)所示许多小部分组成,这些规则或不规则的小部分称为单元(element)。单元之间只通过有限个点连接起来,如图 1-10(c)所示,单元①与单元②只在 1、2 两点相连,这些连接点称为节点(node)。这一过程称有限元离散化过程。

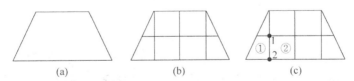

图 1-10　将连续体假想为有限个单元的组合体

2. 假定单元场函数

在每一个单元内假定近似场函数(位移函数或应力函数),并将单元内的场函数由该单元各个节点的数值通过函数插值表示,这样,未知的场函数(或包括其导数)在单元内各个节点的数值就成为新的未知量(其个数称为自由度),从而使一个连续的无限自由度问题变成离散的有限自由度问题。

3. 单元分析

对每个单元分析,求出单元的特性。

"集零为整"即"合"的过程,将单元的特性装配在一起得到离散体整体的特性,并利用数值计算方法得到整个求解域上场函数的近似值。

1.5.2　有限元法分类

有限元法按基本未知量可分为三大类,即有限元位移法、有限元力法和有限元混合法。在有限元位移法中,选节点位移作为基本未知量;在有限元力法中,选节点力作为基本未知量;在有限元混合法中,一部分基本未知量为节点位移,另一部分基本未知量为节点力。有限元位移法计算过程的系统性、规律性强,特别适宜于编程求解。一般除板壳问题的有限元法应用一定量的混合法外,其余全部采用有限元位移法。所以本书如不作特别声明,有限元法指的是有限元位移法。

有限元法按求解问题的类型分为两大类:线弹性有限元法和非线性有限元法。其中线弹性有限元法是非线性有限元法的基础。

1. 线弹性有限元法

线弹性有限元法以理想弹性体为研究对象,所考虑的变形建立在小变形假设的基础上。具体讲,下面四条必须同时满足的问题为线弹性问题:

(1) 材料的应力与应变呈线性关系,满足广义胡克定理。

(2) 应变与位移的一阶导数呈线性关系。

(3) 微元体的平衡方程是线性的。

(4) 结构的边界条件是线性的。

线弹性有限元问题归结为求解线性方程组问题,所需时间较少。

线弹性有限元一般包括线弹性静力分析与线弹性动力分析两个主要内容。学习这些内容需具备材料力学、结构力学、弹性力学、振动力学、数值方法、矩阵代数、算法语言等方面的知识。

2. 非线性有限元法

有限元法所求解的非线性问题可以分为如下三类:

(1) 材料非线性问题。在线弹性问题的四个条件中,不满足第(1)条的称为材料非线性问题。

材料非线性问题中,材料的应力与应变呈非线性关系。在工程实际中较为重要的材料非线性问题有:非线性弹性(包括分段线弹性)、弹塑性、黏塑性及蠕变等。

(2) 几何非线性问题。在线弹性问题的四个条件中,不满足第(2)(3)条的称为几何非线性问题。

几何非线性由结构变形的大位移造成。一般分两类:一类叫**小变形几何非线性问题**,在这类问题中应变很小,但不能忽略高阶应变,所以它可以表述为结构在加载过程中不能忽略小应变的有限转动的弹性力学问题,如薄板的大挠度问题就属于小变形几何非线性问题;另一类叫**有限变形(或大应变)几何非线性问题**,在这类问题中,结构将产生很大的变形和位移,变形过程已经不可能直接用未受力时的位置和形态加以描述,平衡状态的几何位置也是未知的,而且必须给出应力、应变的新定义。由此可见,有限变形(或大应变)几何非线性问题的求解有别于小变形几何非线性问题,如橡胶部件形成过程与金属塑性加工过程均为有限变形几何非线性问题。

(3) 边界非线性问题。在线弹性问题的四个条件中,不满足第(4)条的称为边界非线性问题。

边界非线性包括两个结构物的接触边界随加载和变形而改变引起的接触非线性,也包括非线性弹性地基的非线性边界条件和可动边界问题等。

在加工、密封、撞击等问题中,接触和摩擦的作用不可忽视,接触边界属于高度非线性边界。齿轮啮合、冲压成型、轧制成型、橡胶减振器、紧配合装配等都是一些接触问题。当一个结构与另一个结构或外部边界相接触时通常要考虑非线性边界条件。

实际的非线性可能同时出现上述两种或三种非线性问题。

上述三类非线性问题与线弹性问题的求解有很大不同,主要表现在如下三个方面:

(1) 非线性问题的方程是非线性的,一般需要迭代求解。

(2) 非线性问题的解不一定是唯一的,有时甚至没有解。

(3) 非线性问题解的收敛性事先不一定能得到保证,可能出现振荡或发散现象。

以上三方面的因素使非线性问题的求解过程比线弹性问题更加复杂、费用更高和更具有不可预知性。

1.5.3　有限元法分析工程实际问题的一般过程

应用有限元分析工程实际问题的一般过程如图 1-11 所示。此过程可以分为三个阶段,即前处理(preprocessing)、分析(analysis)和后处理(post processing)。

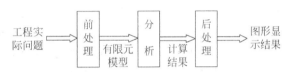

图 1-11　有限元分析工程实际问题的一般过程

有限元分析的第一阶段是把现实生活中的结构工程问题转化为可供计算机分析的有限元模型。有限元模型的合理性、正确性将直接影响计算分析结果与工程实际之间的距离。这一过程称为有限元分析的前处理过程,通常称为有限元建模过程。显然有限元建模是应用有限元法解决工程问题的关键。有限元建模主要包括三方面的内容:一是要构造计算对象的几何模型(即确定所求问题的类型,建立分析对象的力学模型);二是要划分有限元网格(包括单元类型的选择,网格的布局);三是要生成有限元分析的输入数据(主要包括材料与边界条件数据)。建立一个符合工程要求的力学模型,不是一件轻而易举的事情,不仅要有宽广的力学知识和工程背景知识,还取决于有限元计算经验的积累和对分析对象了解的深入程度。这部分内容将在第 9 章、第 10 章专门介绍。

有限元分析过程主要是建立各类问题的有限元方程,并求解这些方程。通过单元分析、整体分析、载荷移置、引入约束即可得到有限元方程,这是有限元分析的核心内容。而对所建立的有限元方程,选择合适的方法求解,也是有限元理论中要重点讨论的内容。

后处理主要包括计算结果的加工处理、计算结果的图形显示、计算结果的打印。它把有限元分析得到的数据转换为设计人员直接需要的信息,如应力分布状况、结构变形状态等,从而帮助设计人员快速地评价和校核设计方案。

对于需要系统掌握有限元理论的初学者,必须全面掌握上述内容。而对仅使用有限元商用软件解决工程实际问题的技术人员,其主要工作体现在前处理与后处理两个方面,但对分析过程也应大致了解。因为有限元软件只是提供一个数值分析的黑箱,没有有限元理论的基本知识,面对软件中的许多选择或参数确定会感到束手无策、无所适从,甚至会使数值分析结果完全偏离工程实际,给出错误结论。

1.5.4　单元位移函数的选取与收敛性分析

1. 选择位移函数的一般原则

有限元法的分析过程都依赖于假定的单元位移函数或位移模式。因此,为了得到满意的解答,必须使假定的位移场尽可能逼近弹性体的真实位移形态。如果假定的单元位移场与弹性体的真实位移场完全一致,有限元解便是精确解。如桁架和刚架的单元位移场与弹性杆件的变形是一样的,因而桁架和刚架的有限元解答是精确的。在连续体弹性力学有限元法中,一般找不到真实位移场,所以只能得到近似解答。

单元的位移函数一般采用以包含若干待定参数的多项式作为近似函数,称为位移多项式。有限项多项式选取的原则应考虑以下几点:

(1) 待定参数是由节点场变量确定的,因此待定参数的个数应与单元的自由度数相同。

(2) 对于应变由位移的一阶导数确定的场问题,选取多项式时,常数项和坐标的一次项必须完备。位移函数中常数项和坐标的一次项分别反映了单元刚体位移和常应变的特性,当划分的单元数趋于无穷时,单元趋于无穷小,此时单元应变趋于常应变。而当节点位移是由某个刚体位移引起时,弹性体内不应该有应变,这些特性必须在选择的位移多项式中予以体现。同理,对于应变由位移的二阶导数定义的场问题,常数项、一次项和二次项必须完备。

(3) 多项式的选取应由低阶到高阶,尽量选取完整性阶数高的多项式以提高单元精度(称为单元的完备性)。若由于项数限制不能选取完整多项式,选取的多项式应尽可能具有坐标的对称性(称为几何不变性)。

不同节点、不同形状的单元,其位移函数的表达式不同,在以后各章节将结合具体单元进行讨论。

2. 收敛性

有限元法是一种数值方法,因此应考虑该方法的收敛性问题。

有限元方法的收敛性是指:当网格逐渐加密时,有限元解答的序列收敛到精确解;或者,当单元尺寸固定时,每个单元的自由度数越多,有限元的解答就越趋近于精确解。

有限元法的收敛条件包括如下四个方面:

(1) 单元内,位移函数必须连续。多项式是单值连续函数,因此选择多项式作为位移函数,在单元内的连续性能够保证。

(2) 在单元内,位移函数必须包括常应变项。每个单元的应变状态总可以分解为不依赖于单元内各点位置的常应变和由各点位置决定的变量应变。当单元尺寸足够小时,单元中各点的应变趋于相等,单元的变形比较均匀,因而常应变就成为应变的主要部分。为反映单元的应变状态,单元位移函数必须包括常应变项。

(3) 在单元内,位移函数必须包括刚体位移项。一般情况下,单元内任一点的位移包括形变位移和刚体位移两部分。形变位移与物体形状及体积的改变相联系,因而产生应变;刚体位移只改变物体位置,不改变物体的形状和体积,即刚体位移是不产生变形的位移。空间一个物体包括三个平动位移和三个转动位移,共有六个刚体位移分量。

由于一个单元牵连在另一些单元上,其他单元发生变形时必将带动该单元作刚体位移。

如图 1-12 所示的悬臂梁,自由端单元跟随相邻单元作刚体位移。由此可见,为模拟一个单元的真实位移,假定的单元位移函数必须包括刚体位移项。

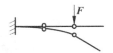

图 1-12　悬臂梁

　　(4) 位移函数在相邻单元的公共边界上必须协调。对一般单元而言,协调性是指相邻单元在公共节点处有相同的位移,而且沿单元边界也有相同的位移,也就是说,要保证不发生单元的相互脱离开裂和相互侵入重叠。要做到这一点,就要求位移函数在公共边界上能由公共节点的函数值唯一确定。对一般单元,协调性保证了相邻单元边界位移的连续性。但是,在板壳的相邻单元之间,还要求位移的一阶导数连续,只有这样才能保证结构的应变能是有界量。

　　总的来说,协调性是指在相邻单元的公共边界上满足连续性条件。

　　前三条又叫完备性条件,满足完备性条件的单元叫做完备单元,第四条是协调性要求,满足协调性的单元叫做协调单元,否则称为非协调单元。完备性要求是收敛的必要条件,四条全部满足,构成收敛的充分必要条件。

　　在实际应用中,要使选择的位移函数全部满足完备性和协调性要求是比较困难的,在某些情况下可以放松对协调性的要求。

　　需要指出的是,有时非协调单元比与它对应的协调单元还要好,其原因在于近似解的性质。假定位移函数就相当于给单元施加了约束条件,使单元变形服从所加的约束,这样的替代结构比真实结构更刚一些。但是,这种近似结构由于允许单元分离、重叠,使单元的刚度变软了,或者形成了铰(例如板单元在单元之间的挠度连续,而转角不连续时,刚节点变为铰接点)。对于非协调单元,上述两种影响有误差相消的可能,因此利用非协调单元有时也会得到很好的结果。在工程实践中,非协调单元必须通过“小片试验”后才可使用。

　　3. 有限元位移解的下限性质

　　在用有限元位移法求解弹性力学问题时,要应用最小势能原理。根据最小势能原理求得的位移近似解,其值将小于精确解。这种位移近似解称为下限解。

　　位移解的下限性质可以解释如下:单元原是连续体的一部分,具有无限多个自由度。在假定了单元的位移函数后,自由度限制为只有以节点位移表示的有限自由度,即位移函数对单元的变形进行了约束的限制,使单元的刚度较实际连续体加大了,因此连续体的整体刚度随之增加,离散后的刚度比实际刚度大,求得的位移近似解总体上(而不是每一点)将小于精确解。

1.6　预备知识

　　为便于下面各章的学习,本节介绍弹性力学基本方程的矩阵表示,然后介绍作为有限元位移法理论基础的变形体虚位移原理。对上述内容熟悉的读者,可以越过本节,直接学习后面的内容。

1.6.1　弹性力学基本方程的矩阵表示

　　1. 应力向量

　　物体内一点的应力状态由 σ_x、σ_y、σ_z、τ_{xy}、τ_{yz}、τ_{zx} 六个应力分量完全确定,且六个分量为

x、y、z 的函数。将六个应力分量按一定顺序排列成一向量,表示为

$$\{\sigma\} = \begin{bmatrix} \sigma_x & \sigma_y & \sigma_z & \tau_{xy} & \tau_{yz} & \tau_{zx} \end{bmatrix}^T$$

$\{\sigma\}$ 称为应力向量,对平面问题,$\{\sigma\} = \begin{bmatrix} \sigma_x & \sigma_y & \tau_{xy} \end{bmatrix}^T$。

2. 应变向量

物体内一点的应变状态由 ε_x、ε_y、ε_z、γ_{xy}、γ_{yz}、γ_{zx} 六个应变分量完全确定,且六个分量为 x、y、z 的函数。将六个应变分量按一定顺序排列成一向量,表示为

$$\{\varepsilon\} = \begin{bmatrix} \varepsilon_x & \varepsilon_y & \varepsilon_z & \gamma_{xy} & \gamma_{yz} & \gamma_{zx} \end{bmatrix}^T$$

$\{\varepsilon\}$ 称为应变向量,对平面问题,$\{\varepsilon\} = \begin{bmatrix} \varepsilon_x & \varepsilon_y & \gamma_{xy} \end{bmatrix}^T$。

3. 位移向量

物体内一点的位移由沿 x、y、z 方向的三个位移分量 u、v、w 表示,且 u、v、w 为 x、y、z 的函数。将三个位移分量按一定顺序排列成一向量,表示为

$$\{f\} = \begin{Bmatrix} u \\ v \\ w \end{Bmatrix}$$

$\{f\}$ 称为位移向量,对平面问题,$\{f\} = \begin{Bmatrix} u \\ v \end{Bmatrix}$。

4. 体积力向量

设 F_{bx}、F_{by}、F_{bz} 分别为体积力沿 x、y、z 轴的投影,将三个量排列成一向量,表示为

$$\{F_b\} = \begin{Bmatrix} F_{bx} \\ F_{by} \\ F_{bz} \end{Bmatrix}$$

$\{F_b\}$ 称为体积力向量,对平面问题,$\{F_b\} = \begin{Bmatrix} F_{bx} \\ F_{by} \end{Bmatrix}$。体积力简称体力。

5. 面积力向量

设 F_{Tx}、F_{Ty}、F_{Tz} 为面积力分别沿 x、y、z 轴的投影,将三个量排列成一向量,表示为

$$\{F_T\} = \begin{Bmatrix} F_{Tx} \\ F_{Ty} \\ F_{Tz} \end{Bmatrix}$$

$\{F_T\}$ 称为面积力向量,对平面问题 $\{F_T\} = \begin{Bmatrix} F_{Tx} \\ F_{Ty} \end{Bmatrix}$。面积力简称面力。

6. 弹性力学平衡方程的矩阵表示

弹性体在直角坐标系下的平衡方程为

$$\left. \begin{aligned} \frac{\partial \sigma_x}{\partial x} + \frac{\partial \tau_{xy}}{\partial y} + \frac{\partial \tau_{xz}}{\partial z} + F_{bx} = 0 \\ \frac{\partial \tau_{yx}}{\partial x} + \frac{\partial \sigma_y}{\partial y} + \frac{\partial \tau_{yz}}{\partial z} + F_{by} = 0 \\ \frac{\partial \tau_{zx}}{\partial x} + \frac{\partial \tau_{zy}}{\partial y} + \frac{\partial \sigma_z}{\partial z} + F_{bz} = 0 \end{aligned} \right\}$$

表示为矩阵形式为

$$\begin{bmatrix} \dfrac{\partial}{\partial x} & 0 & 0 & \dfrac{\partial}{\partial y} & 0 & \dfrac{\partial}{\partial z} \\[2mm] 0 & \dfrac{\partial}{\partial y} & 0 & \dfrac{\partial}{\partial x} & \dfrac{\partial}{\partial z} & 0 \\[2mm] 0 & 0 & \dfrac{\partial}{\partial z} & 0 & \dfrac{\partial}{\partial y} & \dfrac{\partial}{\partial x} \end{bmatrix} \begin{Bmatrix} \sigma_x \\ \sigma_y \\ \sigma_z \\ \tau_{xy} \\ \tau_{yz} \\ \tau_{zx} \end{Bmatrix} + \begin{Bmatrix} F_{bx} \\ F_{by} \\ F_{bz} \end{Bmatrix} = \begin{Bmatrix} 0 \\ 0 \\ 0 \end{Bmatrix}$$

记 $[L] = \begin{bmatrix} \dfrac{\partial}{\partial x} & 0 & 0 \\[2mm] 0 & \dfrac{\partial}{\partial y} & 0 \\[2mm] 0 & 0 & \dfrac{\partial}{\partial z} \\[2mm] \dfrac{\partial}{\partial y} & \dfrac{\partial}{\partial x} & 0 \\[2mm] 0 & \dfrac{\partial}{\partial z} & \dfrac{\partial}{\partial y} \\[2mm] \dfrac{\partial}{\partial z} & 0 & \dfrac{\partial}{\partial x} \end{bmatrix}$，$[L]$ 称为偏微分算子矩阵,上式简记为

$$[L]^{\mathrm{T}} \{\sigma\} + \{F_b\} = \{0\} \tag{1-1}$$

7. 弹性力学几何方程的矩阵表示

小变形时,弹性体几何方程为

$$\varepsilon_x = \frac{\partial u}{\partial x}, \quad \varepsilon_y = \frac{\partial v}{\partial y}, \quad \varepsilon_z = \frac{\partial w}{\partial z}$$

$$\gamma_{xy} = \frac{\partial u}{\partial y} + \frac{\partial v}{\partial x}, \quad \gamma_{yz} = \frac{\partial v}{\partial z} + \frac{\partial w}{\partial y}, \quad \gamma_{zx} = \frac{\partial w}{\partial x} + \frac{\partial u}{\partial z}$$

表示为矩阵形式为

$$\begin{Bmatrix} \varepsilon_x \\ \varepsilon_y \\ \varepsilon_z \\ \gamma_{xy} \\ \gamma_{yz} \\ \gamma_{zx} \end{Bmatrix} = \begin{bmatrix} \dfrac{\partial}{\partial x} & 0 & 0 \\[2mm] 0 & \dfrac{\partial}{\partial y} & 0 \\[2mm] 0 & 0 & \dfrac{\partial}{\partial z} \\[2mm] \dfrac{\partial}{\partial y} & \dfrac{\partial}{\partial x} & 0 \\[2mm] 0 & \dfrac{\partial}{\partial z} & \dfrac{\partial}{\partial y} \\[2mm] \dfrac{\partial}{\partial z} & 0 & \dfrac{\partial}{\partial x} \end{bmatrix} \begin{Bmatrix} u \\ v \\ w \end{Bmatrix}$$，上式简记为

$$\{\varepsilon\} = [L]\{f\} \tag{1-2}$$

8. 弹性力学物理方程的矩阵表示

物理方程为

$$\left.\begin{array}{l}\varepsilon_x = \dfrac{1}{E}[\sigma_x - \mu(\sigma_y + \sigma_z)] \\[2mm] \varepsilon_y = \dfrac{1}{E}[\sigma_y - \mu(\sigma_z + \sigma_x)] \\[2mm] \varepsilon_z = \dfrac{1}{E}[\sigma_z - \mu(\sigma_x + \sigma_y)] \\[2mm] \gamma_{xy} = \dfrac{2(1+\mu)}{E}\tau_{xy} \\[2mm] \gamma_{yz} = \dfrac{2(1+\mu)}{E}\tau_{yz} \\[2mm] \gamma_{zx} = \dfrac{2(1+\mu)}{E}\tau_{zx} \end{array}\right\}$$

表示为矩阵形式为

$$\begin{Bmatrix}\varepsilon_x \\ \varepsilon_y \\ \varepsilon_z \\ \gamma_{xy} \\ \gamma_{yz} \\ \gamma_{zx}\end{Bmatrix} = \frac{1}{E}\begin{bmatrix} 1 & -\mu & -\mu & 0 & 0 & 0 \\ -\mu & 1 & -\mu & 0 & 0 & 0 \\ -\mu & -\mu & 1 & 0 & 0 & 0 \\ 0 & 0 & 0 & 2(1+\mu) & 0 & 0 \\ 0 & 0 & 0 & 0 & 2(1+\mu) & 0 \\ 0 & 0 & 0 & 0 & 0 & 2(1+\mu) \end{bmatrix}\begin{Bmatrix}\sigma_x \\ \sigma_y \\ \sigma_z \\ \tau_{xy} \\ \tau_{yz} \\ \tau_{zx}\end{Bmatrix}$$

上式简记为

$$\{\varepsilon\} = [C]\{\sigma\}$$

若记 $[D] = [C]^{-1}$，则上式记为

$$\{\sigma\} = [D]\{\varepsilon\} \tag{1-3}$$

其中 $[D] = \dfrac{E}{(1+\mu)(1-2\mu)}\begin{bmatrix} 1-\mu & \mu & \mu & 0 & 0 & 0 \\ \mu & 1-\mu & \mu & 0 & 0 & 0 \\ \mu & \mu & 1-\mu & 0 & 0 & 0 \\ 0 & 0 & 0 & \dfrac{1-2\mu}{2} & 0 & 0 \\ 0 & 0 & 0 & 0 & \dfrac{1-2\mu}{2} & 0 \\ 0 & 0 & 0 & 0 & 0 & \dfrac{1-2\mu}{2} \end{bmatrix}$

$[D]$ 称为材料的弹性矩阵。

1.6.2　变形体虚位移原理

变形体虚位移原理可叙述为：变形体平衡的条件为外力在虚位移上的虚功与内力在虚应变上的虚功之和等于零。

虚位移分量为 u^*、v^*、w^*，表示成向量为 $\{f^*\} = \begin{Bmatrix} u^* \\ v^* \\ w^* \end{Bmatrix}$。

虚应变分量为 ε_x^*、ε_y^*、ε_z^*、γ_{xy}^*、γ_{yz}^*、γ_{zx}^*，表示成向量为

$$\{\varepsilon^*\} = \begin{bmatrix} \varepsilon_x^* & \varepsilon_y^* & \varepsilon_z^* & \gamma_{xy}^* & \gamma_{yz}^* & \gamma_{zx}^* \end{bmatrix}^T$$

于是,体力虚功为 $\int_V \{f^*\}^T\{F_b\}\mathrm{d}V$,面力虚功为 $\int_A \{f^*\}^T\{F_T\}\mathrm{d}A$,内力的虚功为

$-\int_V \{\varepsilon^*\}^T\{\sigma\}\mathrm{d}V$。

变形体的虚功方程为

$$\int_V \{f^*\}^T\{F_b\}\mathrm{d}V + \int_A \{f^*\}^T\{F_T\}\mathrm{d}A = \int_V \{\varepsilon^*\}^T\{\sigma\}\mathrm{d}V \tag{1-4}$$

习　题

1-1　叙述有限元法的基本思想。

1-2　有限元法有哪些主要优点?

1-3　试述有限元法求解工程实际问题的一般过程。

1-4　什么是有限元位移法? 位移解为什么有下限性?

1-5　为了保证有限元解的收敛性,位移函数应满足哪些条件,为什么?

1-6　什么是协调单元? 什么是非协调单元?

1-7　有限元位移法中应力解的精度比位移解低,试解释原因。

1-8　目前已有大量的有限元软件可供选择和使用,你认为掌握有限元理论与使用有限元软件的关系如何?

第2章

平面问题的有限元法

本章主要介绍弹性力学平面问题有限元法的全过程。通过分析平面问题,使读者对有限元法有较全面的了解。本章介绍的单元以三角形常应变单元为主,其他单元只作一般介绍。

2.1　弹性力学平面问题

严格地说,任何一个实际的弹性体都是空间问题。弹性体在载荷作用下,体内任一点的应力状态可由六个应力分量 σ_x、σ_y、σ_z、τ_{xy}、τ_{yz}、τ_{zx} 表示;弹性体在载荷作用下,还将产生位移和变形,弹性体内任一点的位移可由沿直角坐标轴方向的三个位移分量 u、v、w 表示,弹性体内任一点的应变可由六个应变分量 ε_x、ε_y、ε_z、γ_{xy}、γ_{yz}、γ_{zx} 表示。但是,如果所考虑的弹性体具有某种特殊的形状,并且承受某种特殊的外力,就可以将空间问题简化为平面问题。这样处理,分析和计算工作量将大大减少,而所得的结果仍能满足工程上对精度的要求。弹性力学平面问题包括平面应力问题和平面应变问题。

2.1.1　平面应力问题

满足以下条件的问题可视为平面应力问题。

(1) 弹性体在一个坐标方向的几何尺寸远小于其他两个坐标方向的几何尺寸,例如等厚度薄板。

(2) 作用于边缘的表面力平行于板面,且沿板厚 t 均匀分布。

(3) 顶面和底面上没有载荷作用。

(4) 体积力平行于板面且沿板厚均匀分布。

研究这种薄板时,坐标面总是取在平分板厚的中面内,z 轴垂直于板面,如图 2-1 所示。由于薄板两侧面是自由表面,故在 $z=\pm t/2$ 的上下表面上,$\sigma_z=0$,$\tau_{zx}=0$,$\tau_{zy}=0$。因为板很薄,外力又不沿板的厚度变化,所以可以近似认为在整个薄板上的所有各点都有 $\sigma_z=0$,$\tau_{zx}=0$,$\tau_{zy}=0$。考虑到剪应力互等定理,六个应力分量中只剩下 σ_x、σ_y、τ_{xy} 三个应力分量,这三个应力分量都平行于 xy 面。

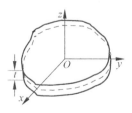

图 2-1　平面应力问题

同样也因为板很薄，外力不沿板厚变化，可以认为这三个应力分量沿板厚 t 不变，即与点的 z 坐标无关，只是坐标 x、y 的函数，由此可见，平面应力问题的应力向量为

$$\{\sigma\} = \begin{Bmatrix} \sigma_x \\ \sigma_y \\ \tau_{xy} \end{Bmatrix} = \begin{bmatrix} \sigma_x & \sigma_y & \tau_{xy} \end{bmatrix}^{\mathrm{T}}$$

将 $\tau_{zx} = \tau_{zy} = \sigma_z = 0$ 代入弹性力学空间问题的物理方程中，可得

$$\gamma_{zx} = 0, \quad \gamma_{zy} = 0, \quad \varepsilon_z = -\frac{\mu}{E}(\sigma_x + \sigma_y)$$

即 ε_z 一般不为零，但它不独立，只取决于 σ_x、σ_y。因此在平面应力问题中需考虑的应变分量只有 ε_x、ε_y、γ_{xy}。同理，与 ε_z 直接相关的 z 方向的位移 w 也不独立。将上述各量代入弹性体空间问题的几何方程，得出

$$\left. \begin{aligned} \varepsilon_x &= \frac{\partial u}{\partial x} \\ \varepsilon_y &= \frac{\partial v}{\partial y} \\ \gamma_{xy} &= \frac{\partial v}{\partial x} + \frac{\partial u}{\partial y} \end{aligned} \right\}$$

上式为平面应力问题的几何方程。

将 $\sigma_z = 0$ 代入弹性体空间问题的物理方程，得

$$\left. \begin{aligned} \varepsilon_x &= \frac{1}{E}(\sigma_x - \mu\sigma_y) \\ \varepsilon_y &= \frac{1}{E}(\sigma_y - \mu\sigma_x) \\ \gamma_{xy} &= \frac{2(1+\mu)}{E}\tau_{xy} \end{aligned} \right\}$$

上式称为平面应力问题的物理方程，写成矩阵形式为

$$\begin{Bmatrix} \sigma_x \\ \sigma_y \\ \tau_{xy} \end{Bmatrix} = \frac{E}{1-\mu^2} \begin{bmatrix} 1 & \mu & 0 \\ \mu & 1 & 0 \\ 0 & 0 & \frac{1-\mu}{2} \end{bmatrix} \begin{Bmatrix} \varepsilon_x \\ \varepsilon_y \\ \gamma_{xy} \end{Bmatrix}$$

简记为 $\{\sigma\} = [D]\{\varepsilon\}$，$[D]$ 称为平面应力问题的弹性矩阵。于是

$$[D] = \frac{E}{1-\mu^2} \begin{bmatrix} 1 & \mu & 0 \\ \mu & 1 & 0 \\ 0 & 0 & \frac{1-\mu}{2} \end{bmatrix}$$

根据上述特点，对平面应力问题，只要取中面分析即可。

在工程实际中，许多机械零件都可近似地作为平面应力问题处理。例如，发动机连杆、直齿圆柱齿轮、平面凸轮等。

2.1.2 平面应变问题

满足以下条件的问题可视为平面应变问题。

（1）弹性体沿一个坐标轴（例如 z 轴）方向的尺寸很长，且所有垂直于 z 轴的横截面都相同，位移约束条件或支承条件沿 z 方向也是相同的。例如很长的等直柱体。

（2）柱体侧表面承受的表面力均垂直于 z 轴，且分布规律不随 z 坐标变化。

（3）体积力垂直于 z 轴，且分布规律不随 z 坐标变化。

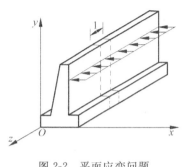

图 2-2　平面应变问题

研究这种很长的等直柱体时，总是取 z 轴沿长度方向，如图 2-2 所示。分析时，假想柱体无限长，这样所有的应力分量、应变分量、位移分量都不沿 z 方向变化，只是 x、y 的函数。同样由于柱体无限长，任一截面都可看成对称面，因此各点都只有 x、y 方向的位移，且平面内的两个位移 u、v 也与坐标 z 无关，只是 x、y 的函数。根据上述位移的特点，由空间问题的几何方程可知，$\varepsilon_z = \gamma_{zx} = \gamma_{zy} = 0$，只剩平行于 xy 面的三个应变分量 ε_x、ε_y、γ_{xy}。与平面应力问题类似，可写出平面应变问题的几何方程与物理方程。

简单推导可知，平面应变问题与平面应力问题有相同的几何方程，平面应变问题的物理方程与平面应力问题形式完全相同，只要将平面应力问题弹性矩阵中的 E 换成 $\dfrac{E}{1-\mu^2}$，将 μ 换成 $\dfrac{\mu}{1-\mu}$，就可得出平面应变问题的弹性矩阵。

根据上述特点，对平面应变问题，只要取横截面分析即可。

有些问题，例如挡土墙、重力坝、某些轴类零件、长花键轴以及承受均匀内压或外压的长厚壁圆筒等等，是很接近平面应变问题的。虽然这些结构不是无限长的，而且在靠近两端之处，横截面的形状也往往是变化的，并不符合无限长柱体的条件，但是，实践证明，对于离开两端稍远之处，按平面应变问题进行分析计算，得出的结果满足工程要求。

2.2　三角形单元位移函数和形函数

从本节起，重点研究在平面问题有限元分析中应用最多的三节点三角形单元。

图 2-3 所示为一个三角形单元。单元节点的局部编号为1、2、3（逆时针），3 个节点的坐标分别为 (x_1,y_1)，(x_2,y_2)，(x_3,y_3)。

在平面问题中，每个节点有 2 个位移分量（即 2 个自由度），即 x 方向的位移 u 与 y 方向的位移 v。节点 $i(i=1,2,3)$ 的位移向量为

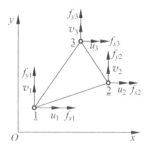

$$\{\delta_i\} = \begin{Bmatrix} u_i \\ v_i \end{Bmatrix}$$

3 个节点共 6 个位移分量，称单元有 6 个自由度。于是，三角形单元的节点位移向量（或列阵）可以写为

图 2-3　三角形单元

$$\{\delta\}^e = \begin{Bmatrix} \{\delta_1\} \\ \{\delta_2\} \\ \{\delta_3\} \end{Bmatrix} = \begin{bmatrix} u_1 & v_1 & u_2 & v_2 & u_3 & v_3 \end{bmatrix}^T$$

节点位移是位移法中的基本未知量,与 6 个节点位移分量相对应的是 6 个节点力分量。单元节点力向量为

$$\{F\}^e = \begin{Bmatrix} \{F_1\} \\ \{F_2\} \\ \{F_3\} \end{Bmatrix} = \begin{bmatrix} f_{x1} & f_{y1} & f_{x2} & f_{y2} & f_{x3} & f_{y3} \end{bmatrix}^T$$

节点力是节点给单元的作用力。建立单元特性的主要任务是确定单元节点力向量 $\{F\}^e$ 和单元节点位移向量 $\{\delta\}^e$ 之间的关系

$$\{F\}^e = [k]^e \{\delta\}^e$$

其中,矩阵 $[k]^e$ 叫做单元刚度矩阵。显然,三节点三角形单元的 $[k]^e$ 是 6×6 阶矩阵。确定单元刚度矩阵 $[k]^e$ 是有限元分析的基本任务之一。

2.2.1　单元位移函数

因为三节点三角形单元共有 6 个节点位移分量,即单元的自由度数目为 6,根据第 1 章介绍的位移函数选取的原则,可选取如下位移函数:

$$\left. \begin{aligned} u &= \alpha_1 + \alpha_2 x + \alpha_3 y \\ v &= \alpha_4 + \alpha_5 x + \alpha_6 y \end{aligned} \right\} \tag{2-1}$$

其中,α_1、α_2、$\cdots$、α_6 为 6 个待定常数。把 3 个节点的节点坐标代入式(2-1)将得到相应的节点位移为

$$\begin{cases} u_1 = \alpha_1 + \alpha_2 x_1 + \alpha_3 y_1 \\ u_2 = \alpha_1 + \alpha_2 x_2 + \alpha_3 y_2 \\ u_3 = \alpha_1 + \alpha_2 x_3 + \alpha_3 y_3 \end{cases}$$

$$\begin{cases} v_1 = \alpha_4 + \alpha_5 x_1 + \alpha_6 y_1 \\ v_2 = \alpha_4 + \alpha_5 x_2 + \alpha_6 y_2 \\ v_3 = \alpha_4 + \alpha_5 x_3 + \alpha_6 y_3 \end{cases}$$

写成矩阵形式为

$$\begin{Bmatrix} u_1 \\ u_2 \\ u_3 \end{Bmatrix} = \begin{bmatrix} 1 & x_1 & y_1 \\ 1 & x_2 & y_2 \\ 1 & x_3 & y_3 \end{bmatrix} \begin{Bmatrix} \alpha_1 \\ \alpha_2 \\ \alpha_3 \end{Bmatrix} \tag{2-2}$$

与

$$\begin{Bmatrix} v_1 \\ v_2 \\ v_3 \end{Bmatrix} = \begin{bmatrix} 1 & x_1 & y_1 \\ 1 & x_2 & y_2 \\ 1 & x_3 & y_3 \end{bmatrix} \begin{Bmatrix} \alpha_4 \\ \alpha_5 \\ \alpha_6 \end{Bmatrix} \tag{2-3}$$

由式(2-2)、式(2-3)求得 α_1、α_2、$\cdots$、α_6 为

$$\begin{Bmatrix} \alpha_1 \\ \alpha_2 \\ \alpha_3 \end{Bmatrix} = \begin{bmatrix} 1 & x_1 & y_1 \\ 1 & x_2 & y_2 \\ 1 & x_3 & y_3 \end{bmatrix}^{-1} \begin{Bmatrix} u_1 \\ u_2 \\ u_3 \end{Bmatrix}, \quad \begin{Bmatrix} \alpha_4 \\ \alpha_5 \\ \alpha_6 \end{Bmatrix} = \begin{bmatrix} 1 & x_1 & y_1 \\ 1 & x_2 & y_2 \\ 1 & x_3 & y_3 \end{bmatrix}^{-1} \begin{Bmatrix} v_1 \\ v_2 \\ v_3 \end{Bmatrix} \tag{2-4}$$

若用 Δ 表示三角形单元的面积,则有

$$2\Delta = \begin{vmatrix} 1 & x_1 & y_1 \\ 1 & x_2 & y_2 \\ 1 & x_3 & y_3 \end{vmatrix} \tag{2-5}$$

应该注意,只有逆时针方向编号的1、2、3(图 2-3),上式计算出的面积才为正。由式(2-4)得到

$$\begin{Bmatrix} \alpha_1 \\ \alpha_2 \\ \alpha_3 \end{Bmatrix} = \frac{1}{2\Delta} \begin{bmatrix} a_1 & a_2 & a_3 \\ b_1 & b_2 & b_3 \\ c_1 & c_2 & c_3 \end{bmatrix} \begin{Bmatrix} u_1 \\ u_2 \\ u_3 \end{Bmatrix}, \quad 即 \begin{cases} \alpha_1 = \dfrac{1}{2\Delta}(a_1 u_1 + a_2 u_2 + a_3 u_3) \\ \alpha_2 = \dfrac{1}{2\Delta}(b_1 u_1 + b_2 u_2 + b_3 u_3) \\ \alpha_3 = \dfrac{1}{2\Delta}(c_1 u_1 + c_2 u_2 + c_3 u_3) \end{cases} \tag{2-6}$$

$$\begin{Bmatrix} \alpha_4 \\ \alpha_5 \\ \alpha_6 \end{Bmatrix} = \frac{1}{2\Delta} \begin{bmatrix} a_1 & a_2 & a_3 \\ b_1 & b_2 & b_3 \\ c_1 & c_2 & c_3 \end{bmatrix} \begin{Bmatrix} v_1 \\ v_2 \\ v_3 \end{Bmatrix}, \quad 即 \begin{cases} \alpha_4 = \dfrac{1}{2\Delta}(a_1 v_1 + a_2 v_2 + a_3 v_3) \\ \alpha_5 = \dfrac{1}{2\Delta}(b_1 v_1 + b_2 v_2 + b_3 v_3) \\ \alpha_6 = \dfrac{1}{2\Delta}(c_1 v_1 + c_2 v_2 + c_3 v_3) \end{cases} \tag{2-7}$$

式中,a_i、b_i、$c_i(i=1,2,3)$是由式(2-4)中的三阶方阵求逆过程中确定的,是只与单元节点坐标有关的常数,即

$$\left.\begin{aligned} a_1 &= \begin{vmatrix} x_2 & y_2 \\ x_3 & y_3 \end{vmatrix} = x_2 y_3 - x_3 y_2 \\ b_1 &= -\begin{vmatrix} 1 & y_2 \\ 1 & y_3 \end{vmatrix} = y_2 - y_3 \\ c_1 &= \begin{vmatrix} 1 & x_2 \\ 1 & x_3 \end{vmatrix} = x_3 - x_2 = -(x_2 - x_3) \end{aligned}\right\} \tag{2-8}$$

其余的 a_i、b_i、c_i 可由下标1、2、3轮换得到。由此可得

$$\sum_{i=1}^{3} a_i = a_1 + a_2 + a_3 = (x_2 y_3 - x_3 y_2) + (x_3 y_1 - x_1 y_3) + (x_1 y_2 - x_2 y_1)$$

$$= \begin{vmatrix} x_2 & y_2 \\ x_3 & y_3 \end{vmatrix} + (-1)\begin{vmatrix} x_1 & y_1 \\ x_3 & y_3 \end{vmatrix} + \begin{vmatrix} x_1 & y_1 \\ x_2 & y_2 \end{vmatrix} = \begin{vmatrix} 1 & x_1 & y_1 \\ 1 & x_2 & y_2 \\ 1 & x_3 & y_3 \end{vmatrix} = 2\Delta$$

$$\sum_{i=1}^{3} b_i = b_1 + b_2 + b_3 = (y_2 - y_3) + (y_3 - y_1) + (y_1 - y_2) = 0$$

$$\sum_{i=1}^{3} c_i = c_1 + c_2 + c_3 = -(x_2 - x_3) - (x_3 - x_1) - (x_1 - x_2) = 0$$

即

$$\sum_{i=1}^{3} a_i = 2\Delta, \quad \sum_{i=1}^{3} b_i = \sum_{i=1}^{3} c_i = 0 \tag{2-9}$$

将式(2-6)和式(2-7)代入式(2-1)中,有

$$u = N_1 u_1 + N_2 u_2 + N_3 u_3 = \sum_{i=1}^{3} N_i u_i$$

$$v = N_1 v_1 + N_2 v_2 + N_3 v_3 = \sum_{i=1}^{3} N_i v_i \quad\quad (2\text{-}10)$$

其中

$$N_i = \frac{1}{2\Delta}(a_i + b_i x + c_i y), \quad i = 1,2,3 \quad\quad (2\text{-}11)$$

式(2-10)亦可用矩阵表示为

$$\{f\} = \begin{Bmatrix} u \\ v \end{Bmatrix} = \begin{bmatrix} N_1 & 0 & N_2 & 0 & N_3 & 0 \\ 0 & N_1 & 0 & N_2 & 0 & N_3 \end{bmatrix} [u_1 \quad v_1 \quad u_2 \quad v_2 \quad u_3 \quad v_3]^{\mathrm{T}} = [N]\{\delta\}^e$$

$$(2\text{-}12)$$

位移函数表达式(2-10)以及式(2-12)是单元内真实位移场的插值多项式,它是由单元节点向单元内部插值得到的。N_i 叫做插值函数,它们是坐标的函数,反映了单元的位移形态,在有限元法中称之为形函数。随后可以看到,形函数在有限元分析中起着非常重要的作用。矩阵 $[N]$ 叫做单元的形函数矩阵,它是由节点位移求单元内任一点位移的转换矩阵。

2.2.2　位移函数的收敛性

选定位移函数后,必须讨论其收敛性。现在,将按1.5.4节介绍的收敛性条件讨论位移函数表达式(2-1)的收敛性。

1. 单元内的连续性分析

因 u、v 是 x、y 的二元一次多项式,在单元内一定连续。

2. 位移函数是否反映常应变

由式(2-1)知

$$\varepsilon_x = \frac{\partial u}{\partial x} = \alpha_2, \quad \varepsilon_y = \frac{\partial v}{\partial y} = \alpha_6, \quad \gamma_{xy} = \frac{\partial u}{\partial y} + \frac{\partial v}{\partial x} = \alpha_3 + \alpha_5$$

因 α_i 为任意常数,所以以假定的位移函数描述了常应变状态。

3. 位移函数是否反映刚体位移

平面问题中,刚体位移只可能有三种,即 x 方向平移、y 方向平移、xy 面内转动。为说明位移函数反映刚体位移,改写位移函数表达式(2-1),从位移函数中分离出常应变成分,于是得

$$u = \alpha_2 x + \frac{\alpha_3 + \alpha_5}{2} y + \alpha_1 - \frac{\alpha_5 - \alpha_3}{2} y$$

$$v = \alpha_6 y + \frac{\alpha_3 + \alpha_5}{2} x + \alpha_4 + \frac{\alpha_5 - \alpha_3}{2} x \quad\quad (2\text{-}13)$$

前面部分是常应变成分,从后面两项中寻找刚体位移。

当发生平移刚体位移 $u = u_0$ 时,单元内任一点的位移分量 $u = u_0$,于是节点位移为 $u_1 = u_2 = u_3 = u_0$,由式(2-6),有

$$\alpha_1 = \frac{1}{2\Delta}(a_1 u_1 + a_2 u_2 + a_3 u_3) = u_0, \quad \left(\sum_{i=1}^{3} a_i = 2\Delta\right)$$

$$\alpha_2 = \frac{1}{2\Delta}(b_1 u_1 + b_2 u_2 + b_3 u_3) = 0, \quad \left(\sum_{i=1}^{3} b_i = 0\right)$$

$$\alpha_3 = \frac{1}{2\Delta}(c_1 u_1 + c_2 u_2 + c_3 u_3) = 0, \quad \left(\sum_{i=1}^{3} c_i = 0\right)$$

同理,当发生平移刚体位移 $v = v_0$ 时,$\alpha_4 = v_0$,$\alpha_5 = \alpha_6 = 0$。将求得的 $\alpha_1 \sim \alpha_6$ 代入位移函数式 (2-1) 中,得到

$$u = \alpha_1 = u_0, \quad v = \alpha_4 = v_0 \tag{2-14}$$

由此可见,α_1 表示 x 方向平移的刚体位移,α_4 表示 y 方向平移的刚体位移,即位移函数式 (2-1) 反映了刚体平移状态。

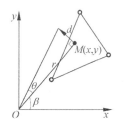

图 2-4　单元绕坐标原点转动

如图 2-4 所示,在单元内任取一点 $M(x,y)$,若单元绕原点 O 转动微小角度 θ,则 M 点的位移大小为 $d = \theta r$,于是 M 点在 x 方向的位移分量为

$$u = -d\sin\beta = -\theta r\sin\beta = -\theta y$$

M 点在 y 方向的位移分量为

$$v = d\cos\beta = \theta r\cos\beta = \theta x$$

由此可见,单元绕原点 O 转动微小角度 θ 时,单元 3 个节点的位移为

$$u_i = -\theta y_i, \quad v_i = \theta x_i, \quad i = 1,2,3$$

将上式代入式 (2-6) 与式 (2-7) 中,得到

$$\alpha_1 = 0, \quad \alpha_2 = 0, \quad \alpha_3 = -\theta, \quad \alpha_4 = 0, \quad \alpha_5 = \theta, \quad \alpha_6 = 0$$

将上述各量代入式 (2-1),得到

$$u = -\theta y, \quad v = \theta x \tag{2-15}$$

比较式 (2-15) 与式 (2-13),知 $\theta = \dfrac{\alpha_5 - \alpha_3}{2}$,由此可见位移函数式 (2-1) 中包含了绕原点转动的刚体位移。

通过上述分析可知,位移函数表达式 (2-1) 中包含了足够的刚体位移项。而且不难发现,对常应变三角形单元而言,只要位移函数中包含常数项和完整的一次项,就能反映所有的刚体位移与常应变。

4. 单元间位移的连续性分析

设有两相邻单元 e_1 与 e_2,如图 2-5 所示,公共边界为 ij 边,在 ij 边上任取一点 M,设 $iM = s$,ij 边与 x 轴正向的夹角为 α,于是 ij 边上 M 点的坐标 x、y 为

$$x = x_i + s\cos\alpha$$
$$y = y_i + s\sin\alpha \tag{2-16}$$

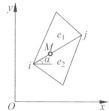

图 2-5　相邻单元公共边界

其中 x_i、y_i 为 i 节点的坐标。由式 (2-16) 可见,x、y 是 s 的一次函数。因位移函数式 (2-1) 中的 u、v 是 x、y 的二元一次函数,所以一般来说,在 ij 边上,u、v 也是 x、y 的二元一次函数。于是在 ij 边上,u、v 应是 s 的一次函数,故可设 ij 边上位移为

$$
\left.\begin{array}{l}
u = A_1 + A_2 s \\
v = A_3 + A_4 s
\end{array}\right\} \tag{2-17}
$$

已知条件为 $s=0,u=u_i$；$s=0,v=v_i$；$s=l_{ij},u=u_j$；$s=l_{ij},v=v_j$。上述 4 个条件唯一确定式(2-17)中的四个待定参数 A_1、A_2、A_3、A_4，因此单元间的位移是连续的。

综上所述，三角形单元是完备协调单元。当网格细分时，其有限元解收敛到精确解。

2.2.3 形函数的性质

现在讨论前面得到的位移函数表达式(2-10)中形函数 $N_i(x,y)$ 的性质。

(1) 根据函数插值的知识，形函数 $N_i(x,y)$ 是基本插值函数，它满足

$$
N_i(x_j,y_j) = \begin{cases} 1, & i=j \\ 0, & i \neq j \end{cases} \qquad (i,j=1,2,3) \tag{2-18}
$$

即 N_i 在节点 i 处值为 1，在其他节点处值为 0，这是形函数的第一条性质。

(2) 由式(2-11)知，$N_i = \dfrac{1}{2\Delta}(a_i + b_i x + c_i y)$，$i=1,2,3$。结合式(2-9)有

$$
\begin{aligned}
\sum_{i=1}^{3} N_i(x,y) &= \sum_{i=1}^{3} \frac{1}{2\Delta}(a_i + b_i x + c_i y) = \frac{1}{2\Delta}\Big[\sum_{i=1}^{3}a_i + \Big(\sum_{i=1}^{3}b_i\Big)x + \Big(\sum_{i=1}^{3}c_i\Big)y\Big] \\
&= \frac{1}{2\Delta}(2\Delta + 0 + 0) = 1
\end{aligned}
$$

不失一般性

$$
\sum_{i=1}^{n} N_i(x,y) = 1 \tag{2-19}
$$

即所有形函数的和为 1，这是形函数的第二条性质。

(3) 由 $N_i = \dfrac{1}{2\Delta}(a_i + b_i x + c_i y)$，而 a_i、b_i、c_i 只与节点 1、2、3 坐标 x_i、y_i 有关，与 x、y 无关，故 $N_i(x,y)$ 是 x、y 的二元一次多项式。即形函数与位移函数是阶次相同的多项式。这是形函数的第三条性质。

2.2.4 位移函数和形函数的几何意义

1. 形函数的几何意义

当 $u_1=1,u_2=u_3=0$ 时，$u = \sum\limits_{i=1}^{3} N_i u_i = N_1$，这说明 N_1 反映了当节点 1 在 x 方向的位移为 1，节点 2 和节点 3 在 x 方向位移为零时，单元内各点沿 x 方向的位移。N_2、N_3 的含义可类推。

从几何上看，在三维空间 (x,y,N_i) 中，形函数 $N_i = \dfrac{1}{2\Delta}(a_i + b_i x + c_i y)$ 是一空间平面，由三点可以确定这一空间平面。$N_1(x,y)$ 在节点 1 的值为 1，在节点 2 和节点 3 的值为零，因此 N_1 平面通过三点 $(x_1,y_1,1)$，$(x_2,y_2,0)$，$(x_3,y_3,0)$，由此可作出 N_1 平面如图 2-6 所示。同理可作出 N_2、N_3 平面。

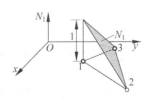

图 2-6　三角形单元形函数图

由图 2-6 可知,形函数在单元边界上线性变化,每个单元边上的 $N_i(x,y)$ 值,可按比例关系简单求出,而且在 23 边上,$N_1=0$;在 12 边上,$N_3=0$,在 13 边上,$N_2=0$;单元形心坐标为 (x_c,y_c),且 $x_c=\dfrac{x_1+x_2+x_3}{3}$,$y_c=\dfrac{y_1+y_2+y_3}{3}$,可以通过计算得到 $N_i(x_c,y_c)=\dfrac{1}{3}$,$i=1,2,3$。

对于三角形网格划分的整个二维区域来说,$N_i(x,y)$ 是如图 2-7 所示的角锥函数。用数学式子表示为

$$N_i(x,y)=\begin{cases}1, & \text{在节点 } i \\ \text{线性函数}, & \text{在节点 } i \text{ 周围的每个三角形单元上} \\ 0, & \text{在其他区域}\end{cases}$$

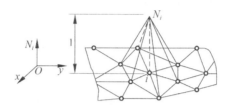

图 2-7　二维区域上的形函数图

2. 位移函数的几何意义

位移函数 $u=\sum\limits_{i=1}^{3}N_iu_i$ 是坐标 (x,y) 的一次多项式,在三维空间 (x,y,u) 中,位移函数 $u(x,y)$ 是一空间平面,可由三点确定这一空间平面。

在图 2-8 所示的三角形单元 e 上,设节点 1、2、3 的 u 向位移分量依次为 u_1^e、u_2^e、u_3^e,则 $u(x,y)$ 平面通过三点 (x_1,y_1,u_1^e),(x_2,y_2,u_2^e),(x_3,y_3,u_3^e),由此可知单元 e 的 u 向位移 $u^e(x,y)=\sum\limits_{i=1}^{3}N_iu_i$ 是如图 2-8 所示的小三角形平面。

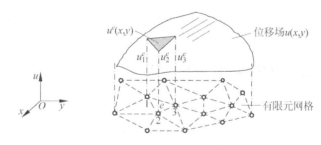

图 2-8　位移函数几何意义

当采用三角形网格和线性位移函数式(2-1)时,真实位移场 $u(x,y)$ 这一空间曲面用一组三角形平面的组合折面来近似。显然,网格越细,近似程度越高。

2.3　单元等效节点载荷向量

单元节点载荷向量由两部分组成,一部分为作用于单元节点上的集中载荷;另一部分为单元非节点载荷移置而来的单元等效节点载荷。本节主要介绍单元非节点载荷如何进行

移置。

在建立有限元计算模型时,规定外载荷只作用在节点上。当单元上作用有非节点载荷时,应按照虚功等效的原则将它们移置到节点上,称为等效节点载荷。所谓虚功等效是指原载荷与等效节点载荷在任意虚位移上的虚功相等。载荷移置的结果取决于位移函数,在一定的位移函数下,移置的结果是唯一的。

一个单元所受的非节点载荷一般包括集中载荷、分布体力和分布面力。在划分网格时,集中载荷作用点应设置节点,一般没有集中载荷移置问题。但为了便于说明面力和体力移置,从集中载荷移置开始阐述。

2.3.1 集中载荷的等效节点载荷

如图 2-9 所示,设单元 123 内任一点 $M(x,y)$ 上作用有集中载荷 F_P,其分量为 F_{Px} 和

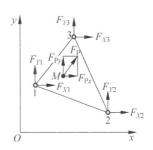

图 2-9 集中载荷的等效移置

F_{Py},用矩阵表示为 $\{F_P\} = \begin{Bmatrix} F_{Px} \\ F_{Py} \end{Bmatrix}$,将 $\{F_P\}$ 移置到该单元节点上的等效节点载荷向量为

$$\{R\}_{F_P}^e = \begin{bmatrix} F_{X1} & F_{Y1} & F_{X2} & F_{Y2} & F_{X3} & F_{Y3} \end{bmatrix}^T$$

假设该单元产生了虚位移 $\{f^*\} = \begin{bmatrix} u^* & v^* \end{bmatrix}^T$,单元各节点的虚位移为

$$\{\delta^*\}^e = \begin{bmatrix} u_1^* & v_1^* & u_2^* & v_2^* & u_3^* & v_3^* \end{bmatrix}^T$$

将 $\{f^*\}$ 与 $\{\delta^*\}^e$ 代入式(2-12)得

$$\{f^*\} = \begin{Bmatrix} u^* \\ v^* \end{Bmatrix} = [N]\{\delta^*\}^e$$

现在要求载荷作用点 M 的虚位移,只需将 M 的坐标 (x,y) 代入上式即可。根据虚功等效原则,有

$$\{\delta^*\}^{eT}\{R\}_{F_P}^e = \{f^*\}^T\{F_P\} = \begin{bmatrix} u_M^* & v_M^* \end{bmatrix}\{F_P\} = \{\delta^*\}^{eT}[N]^T\{F_P\}$$

由于虚位移 $\{\delta^*\}^e$ 是任意的,则

$$\{R\}_{F_P}^e = [N]^T\{F_P\} \tag{2-20}$$

即

$$\{R\}_{F_P}^e = \begin{Bmatrix} F_{X1} \\ F_{Y1} \\ F_{X2} \\ F_{Y2} \\ F_{X3} \\ F_{Y3} \end{Bmatrix} = \begin{Bmatrix} N_1 F_{Px} \\ N_1 F_{Py} \\ N_2 F_{Px} \\ N_2 F_{Py} \\ N_3 F_{Px} \\ N_3 F_{Py} \end{Bmatrix}$$

或者

$$\begin{cases} F_{Xi} = N_i F_{Px} \\ F_{Yi} = N_i F_{Py} \end{cases}, \quad i = 1,2,3 \tag{2-21}$$

应该注意,式(2-20)适用于任意形状的单元,移置的结果取决于 $[N]$。因而,位移函数不同,移置的结果也不同。另外,式(2-20)中的 $[N]$ 是指载荷作用点的 $[N]$。由式(2-21)可

以看出

$$\sum_{i=1}^{3} F_{Xi} = \sum_{i=1}^{3} N_i F_{Px} = F_{Px}, \quad \sum_{i=1}^{3} F_{Yi} = \sum_{i=1}^{3} N_i F_{Py} = F_{Py}$$

即等效节点载荷在 x、y 方向的分量之和分别等于 F_{Px}、F_{Py}。

2.3.2　分布体力的等效节点载荷

如果单元上作用有分布体力 $\{F_b\}$（如重力、离心力等），单位体积内的体力分量为 F_{bx}、F_{by}、F_{bz}，体力向量为 $\{F_b\} = \begin{bmatrix} F_{bx} & F_{by} & F_{bz} \end{bmatrix}^T$。将微元体积 dV 上的体力 $\{F_b\}dV$ 当作集中载荷 F_P，由式(2-20)知，微元上体力 $\{F_b\}dV$ 的等效节点载荷向量为 $[N]^T\{F_b\}dV$，于是整个单元上分布体力的等效节点载荷向量为

$$\{R\}_{F_b}^e = \int_V [N]^T \{F_b\} dV \tag{2-22}$$

式中，$\{R\}_{F_b}^e$ 表示分布体力的等效节点载荷向量。需要说明，式(2-22)适用于任意形状的单元，$[N]$ 中 N_i 为表示体力处的形函数值。

对平面问题，$dV = t dx dy$，式(2-22)变为

$$\{R\}_{F_b}^e = \iint_A [N]^T \{F_b\} t dx dy \tag{2-23}$$

若为平面问题的三角形单元，$\{R\}_{F_b}^e = \iint_\Delta [N]^T \{F_b\} t dx dy$。

若三角形单元的厚度 t 为常数，且体力均匀分布时，F_{bx}、F_{by} 在单元内是常量，可以提到积分号外。而因

$$\iint_\Delta N_i(x,y) dx dy = \frac{1}{3}\Delta, \quad i = 1,2,3$$

以 N_1 为例来说明，$\iint_\Delta N_1(x,y) dx dy$ 表示如图 2-6 所示三棱锥的体积。$\iint_\Delta N_2(x,y) dx dy$、$\iint_\Delta N_3(x,y) dx dy$ 与之类似。于是

$$\{R\}_{F_b}^e = \begin{Bmatrix} F_{X1} \\ F_{Y1} \\ F_{X2} \\ F_{Y2} \\ F_{X3} \\ F_{Y3} \end{Bmatrix} = \iint_\Delta \begin{bmatrix} N_1 & 0 \\ 0 & N_1 \\ N_2 & 0 \\ 0 & N_2 \\ N_3 & 0 \\ 0 & N_3 \end{bmatrix} \begin{Bmatrix} F_{bx} \\ F_{by} \end{Bmatrix} t dx dy = \frac{1}{3}\Delta t \begin{Bmatrix} F_{bx} \\ F_{by} \\ F_{bx} \\ F_{by} \\ F_{bx} \\ F_{by} \end{Bmatrix} \tag{2-24}$$

对于均质等厚的三角形单元，当分布体力为重力且重力方向与 y 轴方向相反时，$\{F_b\} = \begin{bmatrix} 0 & -\rho g \end{bmatrix}^T$，其中 ρg 为重力集度，则三角形单元重量 $W = \Delta t \rho g$。由式(2-24)得到

$$\{R\}_{F_b}^e = -\frac{W}{3} \begin{bmatrix} 0 & 1 & 0 & 1 & 0 & 1 \end{bmatrix}^T$$

即对均质等厚的三角形单元自重进行移置时，只需将自重的 1/3 移置到 3 个节点上即可。

2.3.3　分布面力的等效节点载荷

若单元上作用有分布面力 $\{F_T\}$，可将微元面积 dA 上的面力 $\{F_T\}dA$ 看作集中载荷

$\{F_P\}$，同理得到整个单元上分布面力的等效节点载荷向量为

$$\{R\}_{F_T}^e = \iint_A [N]^T \{F_T\} dA \tag{2-25}$$

式中，$\{R\}_{F_T}^e$ 表示分布面力的等效节点载荷向量。需要说明，式(2-25)适用于任意形状的单元，$[N]$ 中 N_i 为表示面力处的形函数值。

对平面问题，若单元在某一边界上的面力为 $\{F_T\} = [F_{Tx} \quad F_{Ty}]^T$，微元面积 $dA = tds$，则式(2-25)变为

$$\{R\}_{F_T}^e = \int_l [N]^T \{F_T\} tds \tag{2-26}$$

由此可见，对平面问题，积分沿受载边进行。

如果单元既有分布体力 $\{F_b\}$ 作用，又有分布面力 $\{F_T\}$ 作用，则直接由式(2-22)和式(2-25)叠加，得到等效节点载荷向量 $\{R\}^e$ 为

$$\{R\}^e = \{R\}_{F_b}^e + \{R\}_{F_T}^e = \int_V [N]^T \{F_b\} dV + \iint_A [N]^T \{F_T\} dA \tag{2-27}$$

对于三角形单元，上式变为

$$\{R\}^e = \iint_\Delta [N]^T \{F_b\} t dx dy + \int_l [N]^T \{F_T\} tds \tag{2-28}$$

如果三角形单元节点上原作用有节点载荷向量 $\{F_r\}^e$，则此单元的节点载荷向量 $\{F_P\}^e$ 为

$$\{F_P\}^e = \{F_r\}^e + \{R\}_{F_b}^e + \{R\}_{F_T}^e = \{F_r\}^e + \iint_\Delta [N]^T \{F_b\} t dx dy + \int_l [N]^T \{F_T\} tds \tag{2-29}$$

例 2-1　如图 2-10 所示，三角形单元的边 12 上作用沿 x 方向的载荷 P，P 作用点 d 距节点 1、2 的距离依次为 l_1、l_2，12 边长为 l，单元厚度为 t。求集中载荷 P 的等效节点载荷。

解　$\{F_P\} = \begin{Bmatrix} P \\ 0 \end{Bmatrix}$，在 d 点处，$N_1 = \dfrac{l_2}{l}$，$N_2 = \dfrac{l_1}{l}$，$N_3 = 0$，将以上各量代入式(2-20)，得到

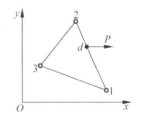

图 2-10　三角形单元受集中载荷

$$\{R\}_{F_P}^e = [N]^T \{F_P\} = \begin{bmatrix} N_1 & 0 \\ 0 & N_1 \\ N_2 & 0 \\ 0 & N_2 \\ N_3 & 0 \\ 0 & N_3 \end{bmatrix} \begin{Bmatrix} P \\ 0 \end{Bmatrix} = \begin{bmatrix} \dfrac{l_2}{l} & 0 \\ 0 & \dfrac{l_2}{l} \\ \dfrac{l_1}{l} & 0 \\ 0 & \dfrac{l_1}{l} \\ 0 & 0 \\ 0 & 0 \end{bmatrix} \begin{Bmatrix} P \\ 0 \end{Bmatrix} = \dfrac{P}{l} \begin{Bmatrix} l_2 \\ 0 \\ l_1 \\ 0 \\ 0 \\ 0 \end{Bmatrix}$$

例 2-2   如图 2-11 所示，三角形单元 123 的边 12 上受到三角形分布载荷，在节点 1 的集度为 q，其方向沿 x 轴。12 边长为 l，单元厚度为 t，求该面力的等效节点载荷。

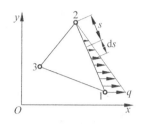

图 2-11   三角形单元受分布面力

解   在距 2 节点为 s 处，$\{F_T\} = \begin{bmatrix} \dfrac{q}{l}s & 0 \end{bmatrix}^T$，$N_1 = \dfrac{s}{l}$，$N_2 = 1 - \dfrac{s}{l}$，$N_3 = 0$，将以上各量代入式(2-26)，得到

$$\{R\}^e_{F_T} = \int_0^l \begin{bmatrix} \dfrac{s}{l} & 0 \\[2mm] 0 & \dfrac{s}{l} \\[2mm] 1-\dfrac{s}{l} & 0 \\[2mm] 0 & 1-\dfrac{s}{l} \\[2mm] 0 & 0 \\[2mm] 0 & 0 \end{bmatrix} \left\{ \begin{array}{c} \dfrac{s}{l}q \\[2mm] 0 \end{array} \right\} t\,\mathrm{d}s = \dfrac{qlt}{2} \left\{ \begin{array}{c} \dfrac{2}{3} \\[2mm] 0 \\[2mm] \dfrac{1}{3} \\[2mm] 0 \\[2mm] 0 \\[2mm] 0 \end{array} \right\}$$

即，将总载荷的 2/3 移置到节点 1，总载荷的 1/3 移置到节点 2。等效节点载荷沿着原载荷方向，仅作用在受载边节点上。

例 2-3   如图 2-12 所示，均布侧压 q 作用在 12 边上，令 12 边长为 l，单元厚度为 t，求该面力的等效节点载荷。

解   设侧压 q 在 x 和 y 方向的分量分别为 q_x、q_y，则

$$q_x = q\sin\alpha = \frac{q}{l}(y_1 - y_2)$$

$$q_y = -q\cos\alpha = \frac{q}{l}(x_2 - x_1)$$

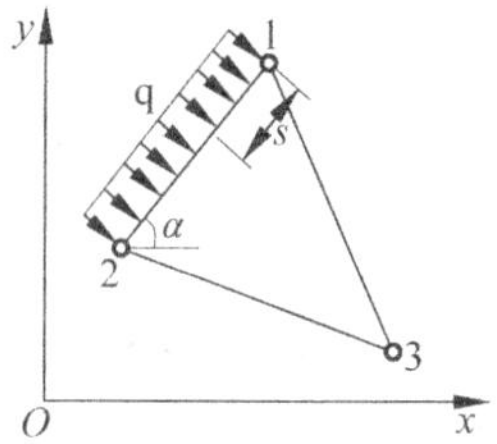

图 2-12   三角形单元受均布面力

边 12 上的面力为

$$\{F_T\} = \begin{bmatrix} q_x & q_y \end{bmatrix}^T$$

在 12 边上，$N_3 = 0$，距节点 1 为 s 处，$N_1 = 1 - \dfrac{s}{l}$，$N_2 = \dfrac{s}{l}$，上述各量代入式(2-26)，有

$$\{R\}^e_{F_T} = \int_0^l \begin{bmatrix} 1-\dfrac{s}{l} & 0 \\[2mm] 0 & 1-\dfrac{s}{l} \\[2mm] \dfrac{s}{l} & 0 \\[2mm] 0 & \dfrac{s}{l} \\[2mm] 0 & 0 \\[2mm] 0 & 0 \end{bmatrix} \frac{q}{l} \left\{ \begin{array}{c} y_1 - y_2 \\[2mm] x_2 - x_1 \end{array} \right\} t\,\mathrm{d}s = \frac{qt}{2} \left\{ \begin{array}{c} y_1 - y_2 \\[2mm] x_2 - x_1 \\[2mm] y_1 - y_2 \\[2mm] x_2 - x_1 \\[2mm] 0 \\[2mm] 0 \end{array} \right\}$$

2.4 应变矩阵、应力矩阵和单元刚度矩阵

确定了单元的位移函数后,就可以确定单元内任一点的应变和应力(它们也是用基本未知量——节点位移来表示的),进而可以确定单元的节点力和节点位移的关系。

2.4.1 应变矩阵

将单元位移函数式(2-10)代入平面问题几何方程中,得到

$$\varepsilon_x = \frac{\partial u}{\partial x} = \frac{\partial N_1}{\partial x}u_1 + \frac{\partial N_2}{\partial x}u_2 + \frac{\partial N_3}{\partial x}u_3$$

$$\varepsilon_y = \frac{\partial v}{\partial y} = \frac{\partial N_1}{\partial y}v_1 + \frac{\partial N_2}{\partial y}v_2 + \frac{\partial N_3}{\partial y}v_3$$

$$\gamma_{xy} = \frac{\partial u}{\partial y} + \frac{\partial v}{\partial x} = \frac{\partial N_1}{\partial y}u_1 + \frac{\partial N_2}{\partial y}u_2 + \frac{\partial N_3}{\partial y}u_3 + \frac{\partial N_1}{\partial x}v_1 + \frac{\partial N_2}{\partial x}v_2 + \frac{\partial N_3}{\partial x}v_3$$

用矩阵表示上述关系,得到

$$\{\varepsilon\} = \left\{ \begin{array}{c} \varepsilon_x \\ \varepsilon_y \\ \gamma_{xy} \end{array} \right\} = \begin{bmatrix} \dfrac{\partial N_1}{\partial x} & 0 & \dfrac{\partial N_2}{\partial x} & 0 & \dfrac{\partial N_3}{\partial x} & 0 \\ 0 & \dfrac{\partial N_1}{\partial y} & 0 & \dfrac{\partial N_2}{\partial y} & 0 & \dfrac{\partial N_3}{\partial y} \\ \dfrac{\partial N_1}{\partial y} & \dfrac{\partial N_1}{\partial x} & \dfrac{\partial N_2}{\partial y} & \dfrac{\partial N_2}{\partial x} & \dfrac{\partial N_3}{\partial y} & \dfrac{\partial N_3}{\partial x} \end{bmatrix} \left\{ \begin{array}{c} u_1 \\ v_1 \\ u_2 \\ v_2 \\ u_3 \\ v_3 \end{array} \right\}$$

即

$$\{\varepsilon\} = [B]\{\delta\}^e \tag{2-30}$$

其中

$$[B]_{3\times 6} = \begin{bmatrix} \dfrac{\partial N_1}{\partial x} & 0 & \dfrac{\partial N_2}{\partial x} & 0 & \dfrac{\partial N_3}{\partial x} & 0 \\ 0 & \dfrac{\partial N_1}{\partial y} & 0 & \dfrac{\partial N_2}{\partial y} & 0 & \dfrac{\partial N_3}{\partial y} \\ \dfrac{\partial N_1}{\partial y} & \dfrac{\partial N_1}{\partial x} & \dfrac{\partial N_2}{\partial y} & \dfrac{\partial N_2}{\partial x} & \dfrac{\partial N_3}{\partial y} & \dfrac{\partial N_3}{\partial x} \end{bmatrix}$$

将 $N_i = \dfrac{1}{2\Delta}(a_i + b_i x + c_i y)$, $i = 1, 2, 3$ 代入上式,得到

$$[B] = \frac{1}{2\Delta}\begin{bmatrix} b_1 & 0 & b_2 & 0 & b_3 & 0 \\ 0 & c_1 & 0 & c_2 & 0 & c_3 \\ c_1 & b_1 & c_2 & b_2 & c_3 & b_3 \end{bmatrix} = [B_1 \quad B_2 \quad B_3]$$

其中

$$[B_i] = \frac{1}{2\Delta}\begin{bmatrix} b_i & 0 \\ 0 & c_i \\ c_i & b_i \end{bmatrix}, \quad i = 1, 2, 3$$

矩阵 $[B]$ 是由节点位移求单元内任一点应变的转换矩阵,称为应变矩阵。$[B]$ 的元素是

与三角形单元的几何性质有关的常数,因而,每一个单元中应变分量 ε_x、ε_y、γ_{xy} 均为常量,故称三角形单元是常应变三角形单元。显然,单元间应变有突变(即应变不连续)。

2.4.2　应力矩阵

将式(2-30)代入物理方程 $\{\sigma\} = [D]\{\varepsilon\}$ 中,得到

$$\{\sigma\} = [D]\{\varepsilon\} = [D][B]\{\delta\}^e = [S]\{\delta\}^e \tag{2-31}$$

其中

$$[S] = [D][B]$$

$[S]$ 是由单元节点位移求单元内任一点应力的转换矩阵,称为应力矩阵。由于 $[D]$、$[B]$ 中的元素都是常量,$[S]$ 中的元素也都是常量,单元中的应力分量即为常量。所以,三角形单元既是常应变单元,也是常应力单元。相邻单元将有不同的应力,在它们的公共边界上应力将有突变。随着网格的细化,这种突变将急剧缩小,并不妨碍有限元解答收敛于正确解。

由于平面应力问题与平面应变问题的弹性矩阵 $[D]$ 不同,因而它们的应力矩阵也不同,将应力矩阵写成如下分块形式:

$$[S] = [\,S_1\quad S_2\quad S_3\,]$$

对于平面应力问题

$$[S_i] = \frac{E}{2(1-\mu^2)\Delta}\begin{bmatrix} b_i & \mu c_i \\ \mu b_i & c_i \\ \dfrac{1-\mu}{2}c_i & \dfrac{1-\mu}{2}b_i \end{bmatrix}, \quad i = 1,2,3$$

对于平面应变问题,将 E 换为 $\dfrac{E}{1-\mu^2}$,μ 换为 $\dfrac{\mu}{1-\mu}$,得到

$$[S_i] = \frac{E(1-\mu)}{2(1+\mu)(1-2\mu)\Delta}\begin{bmatrix} b_i & \dfrac{\mu}{1-\mu}c_i \\ \dfrac{\mu}{1-\mu}b_i & c_i \\ \dfrac{1-2\mu}{2(1-\mu)}c_i & \dfrac{1-2\mu}{2(1-\mu)}b_i \end{bmatrix}, \quad i = 1,2,3$$

2.4.3　单元刚度矩阵

利用变形体虚功方程可导出单元刚度矩阵表达式。

变形体的虚功原理可描述为:要使变形体在某一形变位置处于平衡,其充要条件是在这一形变位置,所有外力和内力在任何虚位移上所作的虚功之和为零,即

$$W_I^* + W_E^* = 0 \tag{2-32}$$

式(2-32)称为变形体的虚功方程。

不失一般性,以三节点三角形单元为例推导单元刚度矩阵。由于已经将作用在单元上的外载荷全部移置到了节点上,所以,单元节点力是作用于单元的唯一外力。设三角形单元产生一虚位移,单元节点相应的虚位移为 $\{\delta^*\}^e$,单元内部相应的虚应变为 $\{\varepsilon^*\}$,则外力虚功为 $W_E^* = \{\delta^*\}^{eT}\{F\}^e$,内力虚功为 $W_I^* = -\displaystyle\int_V \{\varepsilon^*\}^T\{\sigma\}\mathrm{d}V$,于是变形体的虚功方程可以

表示为

$$\{\delta^*\}^{e\mathrm{T}}\{F\}^e = \int_V \{\varepsilon^*\}^{\mathrm{T}}\{\sigma\}\,\mathrm{d}V \qquad (2\text{-}33)$$

其中

$$\left.\begin{array}{l} \{F\}^e = \begin{bmatrix} f_{x1} & f_{y1} & f_{x2} & f_{y2} & f_{x3} & f_{y3} \end{bmatrix}^{\mathrm{T}} \\[4pt] \{\delta^*\}^e = \begin{bmatrix} u_1^* & v_1^* & u_2^* & v_2^* & u_3^* & v_3^* \end{bmatrix}^{\mathrm{T}} \\[4pt] \{\varepsilon^*\} = \begin{bmatrix} \varepsilon_x^* & \varepsilon_y^* & \gamma_{xy}^* \end{bmatrix}^{\mathrm{T}} = [B]\{\delta^*\}^e \end{array}\right\} \qquad (2\text{-}34)$$

$\{\sigma\}$ 的表达式如式(2-31)。$\{\delta^*\}^e$ 表示节点虚位移，$\{\delta\}^e$ 表示节点位移。将式(2-31)和式(2-34)代入式(2-33)中，得

$$\{\delta^*\}^{e\mathrm{T}}\{F\}^e = \{\delta^*\}^{e\mathrm{T}}\int_V [B]^{\mathrm{T}}[D][B]\{\delta\}^e\,\mathrm{d}V \qquad (2\text{-}35)$$

因虚位移是任意的，故向量 $\{\delta^*\}^{e\mathrm{T}}$ 也是任意的，由式(2-35)得

$$\{F\}^e = \left(\int_V [B]^{\mathrm{T}}[D][B]\,\mathrm{d}V\right)\{\delta\}^e$$

上述推导中，因为 $\{\delta^*\}^{e\mathrm{T}}$ 和 $\{\delta\}^e$ 中的元素是常量，所以可以提到积分号外。

令

$$[k]^e = \int_V [B]^{\mathrm{T}}[D][B]\,\mathrm{d}V \qquad (2\text{-}36)$$

则有

$$\{F\}^e = [k]^e\{\delta\}^e \qquad (2\text{-}37)$$

式(2-37)建立了单元节点力和节点位移的关系。矩阵 $[k]^e$ 是由单元节点位移求单元节点力的转换矩阵，称为单元刚度矩阵。对平面问题，$\mathrm{d}V = t\,\mathrm{d}x\,\mathrm{d}y$，式(2-36)可以表示为

$$[k]^e = \iint_A [B]^{\mathrm{T}}[D][B]t\,\mathrm{d}x\,\mathrm{d}y \qquad (2\text{-}38)$$

对于三角形单元来说，式(2-38)的积分是在三角形单元上进行的。由于三角形单元是常应变单元，$[B]$、$[D]$ 中的元素都是常数，设单元等厚度，则 t 为常数，于是式(2-38)可以写为

$$[k]^e = [B]^{\mathrm{T}}[D][B]t\Delta = [B]^{\mathrm{T}}[S]t\Delta \qquad (2\text{-}39)$$

显然，三角形单元的单元刚度矩阵 $[k]^e$ 是 6×6 阶矩阵，式(2-37)的完整形式是

$$\begin{array}{c} \text{单元自由度号} \\ \begin{matrix} 1 \\ 2 \\ 3 \\ 4 \\ 5 \\ 6 \end{matrix} \end{array} \begin{Bmatrix} F_{x1} \\ F_{y1} \\ F_{x2} \\ F_{y2} \\ F_{x3} \\ F_{y3} \end{Bmatrix} = \begin{bmatrix} k_{11} & k_{12} & k_{13} & k_{14} & k_{15} & k_{16} \\ k_{21} & k_{22} & k_{23} & k_{24} & k_{25} & k_{26} \\ k_{31} & k_{32} & k_{33} & k_{34} & k_{35} & k_{36} \\ k_{41} & k_{42} & k_{43} & k_{44} & k_{45} & k_{46} \\ k_{51} & k_{52} & k_{53} & k_{54} & k_{55} & k_{56} \\ k_{61} & k_{62} & k_{63} & k_{64} & k_{65} & k_{66} \end{bmatrix} \begin{Bmatrix} u_1 \\ v_1 \\ u_2 \\ v_2 \\ u_3 \\ v_3 \end{Bmatrix} \begin{array}{c} \text{单元自由度号} \\ \begin{matrix} 1 \\ 2 \\ 3 \\ 4 \\ 5 \\ 6 \end{matrix} \end{array} \qquad (2\text{-}40)$$

式(2-40)也可以写成如下分块形式：

$$\begin{Bmatrix} \{F_1\} \\ \{F_2\} \\ \{F_3\} \end{Bmatrix}^e = \begin{bmatrix} [k_{11}] & [k_{12}] & [k_{13}] \\ [k_{21}] & [k_{22}] & [k_{23}] \\ [k_{31}] & [k_{32}] & [k_{33}] \end{bmatrix}^e \begin{Bmatrix} \{\delta_1\} \\ \{\delta_2\} \\ \{\delta_3\} \end{Bmatrix}^e$$

式中，$\{F_i\}=[F_{xi}\quad F_{yi}]^{\mathrm{T}}$ 为节点 i 的节点力向量；$\{\delta_i\}=[u_i\quad v_i]^{\mathrm{T}}$ 为节点 i 的节点位移向量。

$$[k_{ij}]=\begin{bmatrix} k_{2i-1,2j-1} & k_{2i-1,2j} \\ k_{2i,2j-1} & k_{2i,2j} \end{bmatrix}, i,j=1,2,3，它是 2×2 阶子矩阵。$$

k_{ij} 是影响系数，它表示第 j 个自由度节点位移为 1，其余节点位移为 0 时，所引起的第 i 个自由度对应的单元节点力，这里，i、j 指单元的局部自由度。$[k_{ij}]$ 是影响系数矩阵，它表示 $\{\delta_j\}$ 对 $\{F_i\}$ 的影响。

单元刚度矩阵 $[k]^e$ 具有下列性质：

（1）对称性。$[k]^e$ 的表达式为 $[k]^e=\int_V [B]^{\mathrm{T}}[D][B]\mathrm{d}V$，因为 $[D]$ 为对称矩阵，$[D]^{\mathrm{T}}=[D]$，于是 $[[B]^{\mathrm{T}}[D][B]]^{\mathrm{T}}=[B]^{\mathrm{T}}[D]^{\mathrm{T}}[B]=[B]^{\mathrm{T}}[D][B]$，即 $[k]^{e\mathrm{T}}=[k]^e$，所以 $[k]^e$ 是对称矩阵。

（2）奇异性。如果令 $u_1=1$，其余节点位移分量为 0，由式（2-40）有

$$\begin{Bmatrix} F_{x1} \\ F_{y1} \\ F_{x2} \\ F_{y2} \\ F_{x3} \\ F_{y3} \end{Bmatrix}=\begin{Bmatrix} k_{11} \\ k_{21} \\ k_{31} \\ k_{41} \\ k_{51} \\ k_{61} \end{Bmatrix}$$

即单元刚度矩阵第一列元素的物理意义是：当 $u_1=1$，其余节点位移分量都为 0 时所产生的各节点位移分量对应的节点力满足 $F_{x1}=k_{11}$，$F_{y1}=k_{21}$，$\cdots$，$F_{y3}=k_{61}$。由于单元在这些节点力的作用下处于平衡，所以有

$$\sum_{i=1}^{3}F_{xi}=0,\quad 即\ k_{11}+k_{31}+k_{51}=0$$

$$\sum_{i=1}^{3}F_{yi}=0,\quad 即\ k_{21}+k_{41}+k_{61}=0$$

由此得到

$$k_{11}+k_{21}+k_{31}+k_{41}+k_{51}+k_{61}=0$$

同理可知，单元刚度矩阵 $[k]^e$ 的各列元素之和均为 0，即单元刚度矩阵 $[k]^e$ 是奇异矩阵。

单元刚度矩阵是奇异的，其物理意义是，在无约束条件下，单元可作刚体运动。

对常应变三角形单元，单元刚度矩阵还有如下性质：

（1）对常应变三角形单元，若单元为各对应边平行的平面图形，如果具有相同的材料参数和厚度，并且相应节点的局部编号相同，则它们具有相同的单元刚度矩阵。

如图 2-13(a)所示的两个三角形单元相似，则

$$\frac{l_{1'2'}}{l_{12}}=\frac{l_{2'3'}}{l_{23}}=\frac{l_{3'1'}}{l_{31}}=n$$

如图 2-13(b)所示，b_1、c_1 的绝对值分别是边 23 的长 l_{23} 在 y 方向和 x 方向的投影，且

$$\frac{b_1'}{b_1}=\frac{c_1'}{c_1}=\frac{l_{2'3'}}{l_{23}}=n$$

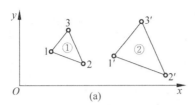

图 2-13　相似单元

同理

$$\frac{b_2'}{b_2} = \frac{c_2'}{c_2} = \frac{b_3'}{b_3} = \frac{c_3'}{c_3} = n$$

相似三角形面积比等于边长之比的平方，即

$$\frac{\Delta'}{\Delta} = n^2$$

利用上述关系得

$$[B_i'] = \frac{1}{2\Delta'}\begin{bmatrix} b_i' & 0 \\ 0 & c_i' \\ c_i' & b_i' \end{bmatrix} = \frac{1}{2n^2\Delta}\begin{bmatrix} nb_i & 0 \\ 0 & nc_i \\ nc_i & nb_i \end{bmatrix} = \frac{1}{n}[B_i], \quad i = 1, 2, 3$$

于是 $[k']^e = [B']^{\mathrm{T}}[D][B']t\Delta' = \frac{1}{n}[B]^{\mathrm{T}}[D]\frac{1}{n}[B]tn^2\Delta = [k]^e$。

（2）对常应变三角形单元，若单元在自身平面内水平或竖向平移，或旋转 180°，则单元刚度矩阵不变。

下面通过例题说明计算单元刚度矩阵的过程。

例 2-4　如图 2-14 所示的平面应力三角形单元，已知厚度 $t = 0.1$，弹性模量 $E = 4 \times 10^4$，泊松比 $\mu = 0.3$，试求单元的刚度矩阵。

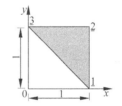

图 2-14　平面应力三角形单元

解　该单元的面积为 $\Delta = \dfrac{1}{2}$。在图示坐标中，节点 1、2、3 的坐标依次为 $(1,0)$，$(1,1)$，$(0,1)$，于是

$$b_1 = y_2 - y_3 = 0, \quad c_1 = -(x_2 - x_3) = -1$$
$$b_2 = y_3 - y_1 = 1, \quad c_2 = -(x_3 - x_1) = 1$$
$$b_3 = y_1 - y_2 = -1, \quad c_3 = -(x_1 - x_2) = 0$$

应变矩阵为

$$[B] = \frac{1}{2\Delta}\begin{bmatrix} b_1 & 0 & b_2 & 0 & b_3 & 0 \\ 0 & c_1 & 0 & c_2 & 0 & c_3 \\ c_1 & b_1 & c_2 & b_2 & c_3 & b_3 \end{bmatrix} = \begin{bmatrix} 0 & 0 & 1 & 0 & -1 & 0 \\ 0 & -1 & 0 & 1 & 0 & 0 \\ -1 & 0 & 1 & 1 & 0 & -1 \end{bmatrix}$$

对平面应力问题，弹性矩阵为

$$[D] = \frac{E}{1-\mu^2}\begin{bmatrix} 1 & \mu & 0 \\ \mu & 1 & 0 \\ 0 & 0 & \dfrac{1-\mu}{2} \end{bmatrix} = 4.4 \times 10^4 \begin{bmatrix} 1 & 0.3 & 0 \\ 0.3 & 1 & 0 \\ 0 & 0 & 0.35 \end{bmatrix}$$

单元刚度矩阵为

$$[k]^e = [B]^\mathrm{T}[D][B]t\Delta$$

$$= 2.2 \times 10^3 \begin{bmatrix} 0 & 0 & -1 \\ 0 & -1 & 0 \\ 1 & 0 & 1 \\ 0 & 1 & 1 \\ -1 & 0 & 0 \\ 0 & 0 & -1 \end{bmatrix} \begin{bmatrix} 1 & 0.3 & 0 \\ 0.3 & 1 & 0 \\ 0 & 0 & 0.35 \end{bmatrix} \begin{bmatrix} 0 & 0 & 1 & 0 & -1 & 0 \\ 0 & -1 & 0 & 1 & 0 & 0 \\ -1 & 0 & 1 & 1 & 0 & -1 \end{bmatrix}$$

$$\approx \begin{bmatrix} 769 & 0 & -769 & -769 & 0 & 769 \\ 0 & 2197 & -659 & -2197 & 659 & 0 \\ -769 & -659 & 2967 & 1427 & -2197 & -769 \\ -769 & -2197 & 1427 & 2967 & -659 & -769 \\ 0 & 659 & -2197 & -659 & 2197 & 0 \\ 769 & 0 & -769 & -769 & 0 & 769 \end{bmatrix}$$

2.4.4　计算单元刚度矩阵的程序设计

有限元法主要由程序实现,本节以三节点三角形单元为例,简要说明单元刚度矩阵的程序设计。

计算三节点三角形单元的单元刚度矩阵程序框图如图 2-15 所示。已知数据应包括材料参数(弹性模量、泊松比)、几何参数(单元厚度、节点坐标),问题类型应包括平面应力问题、平面应变问题。输入数据可以是数据文件,也可以采用可视化编程由界面输入。

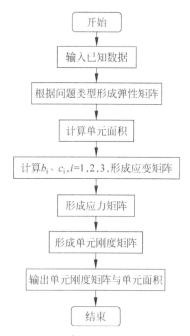

图 2-15　三角形单元的单元刚度矩阵程序框图

读者可编制平面问题三角形单元的单元刚度矩阵程序,并用它计算图 2-14 所示的平面应力三角形单元的单元刚度矩阵,与手算结果进行比较,体会程序的有效快捷。

2.5 整体平衡方程与整体刚度矩阵

2.5.1 由节点平衡建立整体平衡方程

为简单起见,以图 2-16(a)所示离散化结构为例,说明整体平衡方程的建立过程。

分别以单元①、单元②、节点 2 为研究对象,受力如图 2-16(b)、图 2-16(c)、图 2-16(d)所示。

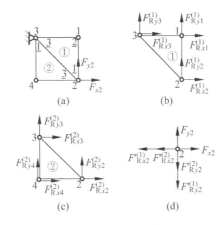

图 2-16 离散化结构及受力图

对节点 2,由平衡方程得

$$F'^{(1)}_{Rx2} + F'^{(2)}_{Rx2} = F_{x2}$$
$$F'^{(1)}_{Ry2} + F'^{(2)}_{Ry2} = F_{y2}$$

写成矩阵形式为

$$\left\{ \begin{array}{c} F'^{(1)}_{Rx2} \\ F'^{(1)}_{Ry2} \end{array} \right\} + \left\{ \begin{array}{c} F'^{(2)}_{Rx2} \\ F'^{(2)}_{Ry2} \end{array} \right\} = \left\{ \begin{array}{c} F_{x2} \\ F_{y2} \end{array} \right\}$$

简记为

$$\{F_2\}^{(1)} + \{F_2\}^{(2)} = \{F_2\} \tag{2-41}$$

表示①单元给 2 节点的力加②单元给 2 节点的力等于 2 节点的节点载荷。

同理分别考查 1、3、4 节点的平衡,得到类似表达式如下:

$$\{F_1\}^{(1)} + \{F_1\}^{(2)} = \{F_1\}, \quad \{F_3\}^{(1)} + \{F_3\}^{(2)} = \{F_3\}, \quad \{F_4\}^{(1)} + \{F_4\}^{(2)} = \{F_4\} \tag{2-42}$$

上式中有些项为零,但为了形式上的一致,仍表示出来。

对单元①,单元的刚度方程为

$$\{F\}^{(1)} = [k]^{(1)} \{\delta\}^{(1)} \tag{2-43}$$

上式是按单元节点的局部编号排序的。根据局部编号与整体编号的对应关系,先将局部编号换成对应的整体编号,再按整体编号从小到大的顺序重新排序,将排序后的式(2-43)写成分块形式为

$$
\left\{
\begin{array}{c}
\{F_1\}^{(1)} \\
\{F_2\}^{(1)} \\
\{F_3\}^{(1)}
\end{array}
\right\}
=
\left[
\begin{array}{ccc}
[k_{11}]^{(1)} & [k_{12}]^{(1)} & [k_{13}]^{(1)} \\
[k_{21}]^{(1)} & [k_{22}]^{(1)} & [k_{23}]^{(1)} \\
[k_{31}]^{(1)} & [k_{32}]^{(1)} & [k_{33}]^{(1)}
\end{array}
\right]
\left\{
\begin{array}{c}
\{\delta_1\} \\
\{\delta_2\} \\
\{\delta_3\}
\end{array}
\right\}^{(1)}
\tag{2-44}
$$

将位移扩充为整体节点位移向量

$$
\{\delta\} = \begin{bmatrix} u_1 & v_1 & u_2 & v_2 & u_3 & v_3 & u_4 & v_4 \end{bmatrix}^{\mathrm{T}} = \begin{bmatrix} \{\delta_1\}^{\mathrm{T}} & \{\delta_2\}^{\mathrm{T}} & \{\delta_3\}^{\mathrm{T}} & \{\delta_4\}^{\mathrm{T}} \end{bmatrix}^{\mathrm{T}}
$$

于是式(2-44)扩充为

$$
\left\{
\begin{array}{c}
\{F_1\}^{(1)} \\
\{F_2\}^{(1)} \\
\{F_3\}^{(1)} \\
\{0\}
\end{array}
\right\}
=
\left[
\begin{array}{cccc}
[k_{11}]^{(1)} & [k_{12}]^{(1)} & [k_{13}]^{(1)} & [0] \\
[k_{21}]^{(1)} & [k_{22}]^{(1)} & [k_{23}]^{(1)} & [0] \\
[k_{31}]^{(1)} & [k_{32}]^{(1)} & [k_{33}]^{(1)} & [0] \\
[0] & [0] & [0] & [0]
\end{array}
\right]
\left\{
\begin{array}{c}
\{\delta_1\} \\
\{\delta_2\} \\
\{\delta_3\} \\
\{\delta_4\}
\end{array}
\right\}
$$

将上式载荷向量中的$\{0\}$表示为$\{F_4\}^{(1)}$,则上式变为

$$
\left\{
\begin{array}{c}
\{F_1\}^{(1)} \\
\{F_2\}^{(1)} \\
\{F_3\}^{(1)} \\
\{F_4\}^{(1)}
\end{array}
\right\}
=
\left[
\begin{array}{cccc}
[k_{11}]^{(1)} & [k_{12}]^{(1)} & [k_{13}]^{(1)} & [0] \\
[k_{21}]^{(1)} & [k_{22}]^{(1)} & [k_{23}]^{(1)} & [0] \\
[k_{31}]^{(1)} & [k_{32}]^{(1)} & [k_{33}]^{(1)} & [0] \\
[0] & [0] & [0] & [0]
\end{array}
\right]
\left\{
\begin{array}{c}
\{\delta_1\} \\
\{\delta_2\} \\
\{\delta_3\} \\
\{\delta_4\}
\end{array}
\right\}
\tag{2-45}
$$

称式(2-45)左边向量为单元①节点载荷向量的贡献向量,称等式右边矩阵为单元①单元刚度矩阵的贡献矩阵。

同理,对单元②分析得,扩充后的单元平衡方程为

$$
\left\{
\begin{array}{c}
\{F_1\}^{(2)} \\
\{F_2\}^{(2)} \\
\{F_3\}^{(2)} \\
\{F_4\}^{(2)}
\end{array}
\right\}
=
\left[
\begin{array}{cccc}
[0] & [0] & [0] & [0] \\
[0] & [k_{22}]^{(2)} & [k_{23}]^{(2)} & [k_{24}]^{(2)} \\
[0] & [k_{32}]^{(2)} & [k_{33}]^{(2)} & [k_{34}]^{(2)} \\
[0] & [k_{42}]^{(2)} & [k_{43}]^{(2)} & [k_{44}]^{(2)}
\end{array}
\right]
\left\{
\begin{array}{c}
\{\delta_1\} \\
\{\delta_2\} \\
\{\delta_3\} \\
\{\delta_4\}
\end{array}
\right\}
$$

式(2-45)与上式两边分别相加得

$$
\left\{
\begin{array}{c}
\{F_1\}^{(1)}+\{F_1\}^{(2)} \\
\{F_2\}^{(1)}+\{F_2\}^{(2)} \\
\{F_3\}^{(1)}+\{F_3\}^{(2)} \\
\{F_4\}^{(1)}+\{F_4\}^{(2)}
\end{array}
\right\}
=
\left[
\begin{array}{cccc}
[k_{11}]^{(1)} & [k_{12}]^{(1)} & [k_{13}]^{(1)} & [0] \\
[k_{21}]^{(1)} & [k_{22}]^{(1)}+[k_{22}]^{(2)} & [k_{23}]^{(1)}+[k_{23}]^{(2)} & [k_{24}]^{(2)} \\
[k_{31}]^{(1)} & [k_{32}]^{(1)}+[k_{32}]^{(2)} & [k_{33}]^{(1)}+[k_{33}]^{(2)} & [k_{34}]^{(2)} \\
[0] & [k_{42}]^{(2)} & [k_{43}]^{(2)} & [k_{44}]^{(2)}
\end{array}
\right]
\left\{
\begin{array}{c}
\{\delta_1\} \\
\{\delta_2\} \\
\{\delta_3\} \\
\{\delta_4\}
\end{array}
\right\}
$$

将式(2-41)、式(2-42)代入上式得

$$
\left\{
\begin{array}{c}
\{F_1\} \\
\{F_2\} \\
\{F_3\} \\
\{F_4\}
\end{array}
\right\}
=
\left[
\begin{array}{cccc}
[k_{11}]^{(1)} & [k_{12}]^{(1)} & [k_{13}]^{(1)} & [0] \\
[k_{21}]^{(1)} & [k_{22}]^{(1)}+[k_{22}]^{(2)} & [k_{23}]^{(1)}+[k_{23}]^{(2)} & [k_{24}]^{(2)} \\
[k_{31}]^{(1)} & [k_{32}]^{(1)}+[k_{32}]^{(2)} & [k_{33}]^{(1)}+[k_{33}]^{(2)} & [k_{34}]^{(2)} \\
[0] & [k_{42}]^{(2)} & [k_{43}]^{(2)} & [k_{44}]^{(2)}
\end{array}
\right]
\left\{
\begin{array}{c}
\{\delta_1\} \\
\{\delta_2\} \\
\{\delta_3\} \\
\{\delta_4\}
\end{array}
\right\}
$$

简记为

$$
[K]\{\delta\} = \{F_{\mathrm{P}}\}
\tag{2-46}
$$

式(2-46)称为结构的整体平衡方程。其中,$[K]$为整体刚度矩阵,$\{\delta\}$为按结构自由度顺序排列的整体节点位移向量,$\{F_{\mathrm{P}}\}$为按结构自由度顺序排列的整体节点力向量。若结构有n个节点,则式(2-46)的完整形式为

$$\begin{bmatrix} K_{11} & K_{12} & \cdots & K_{1,2n} \\ K_{21} & K_{22} & \cdots & K_{2,2n} \\ \vdots & \vdots & & \vdots \\ K_{2n,1} & K_{2n,2} & \cdots & K_{2n,2n} \end{bmatrix} \begin{Bmatrix} u_1 \\ v_1 \\ u_2 \\ v_2 \\ \vdots \\ u_n \\ v_n \end{Bmatrix} = \begin{Bmatrix} F_{Px1} \\ F_{Py1} \\ F_{Px2} \\ F_{Py2} \\ \vdots \\ F_{Pxn} \\ F_{Pyn} \end{Bmatrix} \tag{2-47}$$

其中 K_{IJ} 是影响系数,它表示沿结构的第 J 个自由度方向产生单位位移而其余节点位移为零时,在第 I 个自由度方向需施加的外力,这里 I,J 表示节点的整体编号。

式(2-47)的分块形式为

$$\begin{bmatrix} [K_{11}] & [K_{12}] & \cdots & [K_{1n}] \\ [K_{21}] & [K_{22}] & \cdots & [K_{2n}] \\ \vdots & \vdots & & \vdots \\ [K_{n1}] & [K_{n2}] & \cdots & [K_{nn}] \end{bmatrix} \begin{Bmatrix} \{\delta_1\} \\ \{\delta_2\} \\ \vdots \\ \{\delta_n\} \end{Bmatrix} = \begin{Bmatrix} \{F_{P1}\} \\ \{F_{P2}\} \\ \vdots \\ \{F_{Pn}\} \end{Bmatrix}$$

其中, $\{F_{PI}\} = [F_{PxI} \quad F_{PyI}]^T$, $\{\delta_I\} = [u_I \quad v_I]^T$, $[K_{IJ}]_{2\times2} = \begin{bmatrix} K_{2I-1,2J-1} & K_{2I-1,2J} \\ K_{2I,2J-1} & K_{2I,2J} \end{bmatrix}$。

2.5.2　整体刚度矩阵的集成

由上述推导过程知,整体刚度矩阵$[K]$由各单元的单元刚度矩阵叠加后得到,单元刚度矩阵扩充为贡献矩阵时要补充零子块。单元数目越多,需要扩充的阶数越大,补充的零子块越多,因此这种生成整体刚度矩阵的方法并不实用。但是该方法思路清晰,可用于理论描述。在具体实施时,应从上述过程找出规律,将单元刚度矩阵中的元素依据一定的规则叠加到整体刚度矩阵的行、列中,形成整体刚度矩阵。

从上一节的推导过程可知,组集整体刚度矩阵的基本思路是:①单元刚度矩阵按 2×2 的子块直接送入整体刚度矩阵中;②单元刚度矩阵子块进入整体刚度矩阵中的列号、行号分别取决于该节点的节点位移向量、节点载荷向量在整体节点自由度编号中的排序。

具体组集整体刚度矩阵的方法如下:

(1) 建立每个单元的节点局部编号与结构整体节点编号的对应关系。

(2) 对单元刚度矩阵的各子块"对号入座"地送入整体刚度矩阵相应的位置。

(3) 送入同一位置的子块相加,无子块送入的位置置零子块。

下面通过例题说明组集整体刚度矩阵的过程。

图 2-17　离散化结构

例 2-5　如图 2-17 所示结构有限元网格,设单元①、单元②的单元刚度矩阵的分块形式如下,试组集整体刚度矩阵。

$$[k]^{(1)} = \begin{bmatrix} [k_{11}]^{(1)} & [k_{12}]^{(1)} & [k_{13}]^{(1)} \\ [k_{21}]^{(1)} & [k_{22}]^{(1)} & [k_{23}]^{(1)} \\ [k_{31}]^{(1)} & [k_{32}]^{(1)} & [k_{33}]^{(1)} \end{bmatrix}, \quad [k]^{(2)} = \begin{bmatrix} [k_{11}]^{(2)} & [k_{12}]^{(2)} & [k_{13}]^{(2)} \\ [k_{21}]^{(2)} & [k_{22}]^{(2)} & [k_{23}]^{(2)} \\ [k_{31}]^{(2)} & [k_{32}]^{(2)} & [k_{33}]^{(2)} \end{bmatrix}$$

解　各单元局部编号与整体编号的对应关系为

单元号	①	②
单元节点局部编号	对应的节点整体编号	
1	2	3
2	1	4
3	3	2

先放$[k]^{(1)}$中的各子块。因单元①的局部节点编号1对应的整体节点编号为2，局部节点编号2对应整体节点编号为1，故将$[k_{12}]^{(1)}$子块送到整体刚度矩阵的$[K_{21}]$子块位置。其他依次类推。放完$[k]^{(1)}$中的各子块后的结果如下：

整体节点编号   1   2   3   4

$$
\begin{array}{c}
1 \\
2 \\
3 \\
4
\end{array}
\begin{bmatrix}
[k_{22}]^{(1)} & [k_{21}]^{(1)} & [k_{23}]^{(1)} & \\
[k_{12}]^{(1)} & [k_{11}]^{(1)} & [k_{13}]^{(1)} & \\
[k_{32}]^{(1)} & [k_{31}]^{(1)} & [k_{33}]^{(1)} & \\
& & &
\end{bmatrix}
$$

再放$[k]^{(2)}$中的各子块，放到同一位置的子块相加，全部放完后结果如下：

整体节点编号   1   2   3   4

$$
\begin{array}{c}
1 \\
2 \\
3 \\
4
\end{array}
\begin{bmatrix}
[k_{22}]^{(1)} & [k_{21}]^{(1)} & [k_{23}]^{(1)} & \\
[k_{12}]^{(1)} & [k_{11}]^{(1)}+[k_{33}]^{(2)} & [k_{13}]^{(1)}+[k_{31}]^{(2)} & [k_{32}]^{(2)} \\
[k_{32}]^{(1)} & [k_{31}]^{(1)}+[k_{13}]^{(2)} & [k_{33}]^{(1)}+[k_{11}]^{(2)} & [k_{12}]^{(2)} \\
& [k_{23}]^{(2)} & [k_{21}]^{(2)} & [k_{22}]^{(2)}
\end{bmatrix}
$$

$[K_{14}]$与$[K_{41}]$位置无子块送入，置$[0]$子块，则得到整体刚度矩阵的分块形式为

$$
[K]=\begin{bmatrix}
[k_{22}]^{(1)} & [k_{21}]^{(1)} & [k_{23}]^{(1)} & [0] \\
[k_{12}]^{(1)} & [k_{11}]^{(1)}+[k_{33}]^{(2)} & [k_{13}]^{(1)}+[k_{31}]^{(2)} & [k_{32}]^{(2)} \\
[k_{32}]^{(1)} & [k_{31}]^{(1)}+[k_{13}]^{(2)} & [k_{33}]^{(1)}+[k_{11}]^{(2)} & [k_{12}]^{(2)} \\
[0] & [k_{23}]^{(2)} & [k_{21}]^{(2)} & [k_{22}]^{(2)}
\end{bmatrix}
$$

由此可见，本例中的整体刚度矩阵为8×8的方阵。

2.5.3 整体刚度矩阵的特点

1. 对称性

和单元刚度矩阵一样，整体刚度矩阵也是对称矩阵。利用其对称性，可以只存储其上三角或下三角部分，从而节省计算机存储空间。

2. 稀疏性

整体刚度矩阵是一个稀疏矩阵。稀疏性是指对于节点较多的网格来说，$[K]$的大多数元素都是零，非零元素只占元素总数的少部分。

为说明稀疏性，引入相关节点的概念。将处于同一单元的节点叫相关节点，否则称为非相关节点。例如图2-18(a)中，节点5的相关节点为2、3、4、5、6、8、9。由于一个节点的节点位移只对同一单元上的节点力有影响，所以在整体刚度矩阵中，相关节点对应的子块是非零

子块,而非相关节点对应的子块一定是零子块。

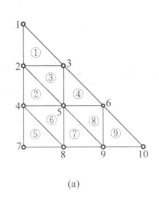 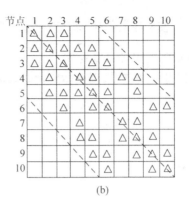

(a)   (b)

图 2-18 整体刚度矩阵的稀疏性

以图 2-18(a)所示的 10 节点网格为例,其整体刚度矩阵[K]中的非零子块(用△表示)分布如图 2-18(b)所示。以第一行为例,节点 1 的相关节点为 1、2、3,因而只有[K_{11}]、[K_{12}]、[K_{13}]三个子块不为零,其余均为非相关节点对应的零子块。

在弹性力学平面问题中,以三角形单元为例,1 个节点的相关节点一般不会超过 9 个(最常见的是 7 个)。而一个实际的工程问题,取 200 个节点并不算多,此时,[K]的一行中非零子块最多占 9/200,即 5% 以下。网格分得越细,节点越多,整体刚度矩阵的稀疏性就越突出。利用这一特点,在程序设计中可设法只存储[K]中的非零元素,或者存储尽量少的零元素。这样,既可节省内存,又可节省运算时间。

3. 奇异性

整体刚度矩阵和单元刚度矩阵一样是奇异阵,证明方法相同。其物理意义是:整个结构在无约束条件下可作刚体运动。因而在解题时必须引入约束条件,以消除刚体位移,亦即消除整体刚度矩阵的奇异性。

整体刚度矩阵的奇异性亦可这样来说明:整体刚度矩阵的每行元素是由单元刚度阵的对应行元素组成,因为单元刚度阵每行元素之和为零,所以,整体刚度矩阵每行元素之和也为零,整体刚度矩阵是奇异阵。

4. 带状分布

由图 2-18(b)可以看出,整体刚度矩阵[K]的非零元素分布在以对角线为中心的带状区域内,这种矩阵叫做带状矩阵。在包括对角线元素在内的半个带状区域内,每行包含的最多元素个数叫该行的半带宽。在图 2-18 中,半带中每行最多有 5 个子块(每个子块为 2×2 子矩阵),即 10 个元素,故最大半带宽 $d=10$。

半带宽的计算公式为

$$d = (单元节点号的最大差值+1)\times 节点自由度$$

在平面问题中,节点自由度为 2,所以半带宽为 $d=(单元节点号的最大差值+1)\times 2$。

图 2-18 共有 9 个单元,先计算每个单元节点整体编号的最大差值,并从中选出最大差值为 4,于是 $d=(4+1)\times 2=10$。

在图 2-18 中,9 号单元节点号差值为最大(等于 4),它表示在整体刚度矩阵的第六行中,最左边一个非零子块[$K_{6,10}$]与对角线子块[K_{66}]中间相隔的子块数,再加上对角线子块,共有 5 个子块,故半带宽为 10。

2.5.4 整体刚度矩阵的存储

1. 带状矩阵的半等带宽存储

如果网格有 n 个节点,则整体刚度矩阵有 $2n \times 2n$ 个元素,这个数字往往很大,可能会超出计算机的内存容量。利用整体刚度矩阵的对称性和带状特点,只需在计算机中存储其上半带的元素,并将斜带改成竖带,也就是将上半带元素存放在 $2n$ 行、d 列的二维数组中(图 2-19)。这时,存储量由 $2n \times 2n$ 减少为 $2n \times d$,为原存储量的 $d/(2n)$。可见,半带宽越小,存储量也越小;n 越大,节省内存越多。

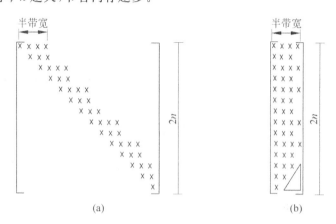

图 2-19 带状矩阵半等带宽存储

由图 2-19 可知,斜带改成竖带就是从第 2 行开始逐行向左移 1 格、2 格……即向左看齐。第 i 行向左移 $i-1$ 格,因而第 i 行的元素列号均减少 $i-1$。于是,第 i 行第 j 列元素在竖带中变为第 i 行第 $j-(i-1) = j-i+1$ 列元素。

$$K_{ij} = K^*_{i,j-i+1}$$

斜带和竖带的元素间的关系如表 2-1 所示。这种存储方式叫做 $[K]$ 的半等带宽存储。

表 2-1 斜带和竖带元素间的关系

斜带 $[K]$	竖带 $[K^*]$
对角线元素	第一列元素
第 i 行元素	第 i 行元素
第 s 列元素	从 K^*_{S1} 引出的 $45°$ 斜线上的元素
i 行 j 列元素	i 行 $(j-i+1)$ 列元素 $K_{ij} = K^*_{i,j-i+1}$

2. $[K]$ 作为一维数组的存储

由图 2-18 可以看出,带状区域内仍有不少零子块。如果每行元素中存储第一个非零元素到对角线元素(图 2-20 所示下半带阴影区),则可节省不少存储单元。由于各行的半带宽一般不同,将图 2-20 所示非零元素区元素一行接一行用一个一维数组 $R(M)$ 来存储,这种存储方法叫变带宽一维存储。M 表示一维数组 R 的元素序号,第一行只有一

图 2-20 下半带元素

个元素 K_{11}，它就是 $R(1)$，或者说，$R(1)=K_{11}$。

现在，建立 $[K]$ 中下半带阴影区任一元素 K_{ij} 在一维数组 R 中的位置 M。设 $S(i)$ 表示对角元项 K_{ii} 在数组 R 中的位置，显然有，$S(1)=1$。$S(i)$ 也表示前 i 行非零元素的个数，于是

$$S(i) = S(i-1) + d_i = S(i-1) + i - I_i + 1, \quad i = 2,3,\cdots,n \qquad (2\text{-}48)$$

式中：d_i 表示第 i 行的左侧半带宽；I_i 表示第 i 行第一个非零元素的列号。

设 $[K]$ 为 $n\times n$ 阶方阵，则 K_{ij} 在 R 中的位置为

$$M = S(i) - (i-j) = S(i) - i + j, \quad I_i \leqslant j \leqslant i$$

即

$$R(M) = R(S(i) - i + j) = K_{ij}$$

可见，只要确定了对角线元素 K_{ii} 在数组 R 中的位置 $S(i)$（$S(i)$ 又叫做对角元指针），就可确定元素 K_{ij} 在 R 中的位置。$S(i)$ 从 $S(1)=1$ 出发，按照式(2-48)的递推公式求得。显然，总的存储量为

$$S(n) = S(n-1) + d_n = S(n-1) + n - I_n + 1$$

实际上，它也等于 $\sum\limits_{i=1}^{n} d_i$。

图 2-21 所示为对称矩阵 $[K]$ 的对角元指针 $S(i)$ 与一维数组 $R(M)$。

$$\begin{bmatrix} K_{11} & & & & \\ K_{21} & K_{22} & & & \\ 0 & 0 & K_{33} & & \\ 0 & K_{42} & K_{43} & K_{44} & \\ 0 & 0 & 0 & K_{54} & K_{55} \end{bmatrix}$$

(a)

i	1	2	3	4	5
$S(i)$	1	3	4	7	9

M	1	2	3	4	5	6	7	8	9
$R(M)$	K_{11}	K_{21}	K_{22}	K_{33}	K_{42}	K_{43}	K_{44}	K_{54}	K_{55}

(b)

图 2-21　某对称矩阵

2.5.5　形成整体刚度矩阵的程序设计

形成整体刚度矩阵的程序框图如图 2-22 所示。

几点说明：

(1) 由计算机程序组装整体刚度矩阵的一般做法是：边形成单元刚度矩阵，边组装整体刚度矩阵，且单元刚度矩阵元素一个一个放入整体刚度矩阵，即一个单元的单元刚度矩阵形成后，立即将它的元素送到整体刚度矩阵的相应位置。全部单元处理完毕，整体刚度矩阵就形成了。

(2) 在处理某一个单元时，根据该单元的局部节点编号和整体节点编号的对应关系将单元刚度矩阵中的每一个元素放到整体刚度矩阵的相应位置上。例如，若单元 e 的局部编号 i 对应于整体编号 I，局部编号 j 对应于整体编号 J，则将 $[k_{ij}]^e$ 送到 $[K_{IJ}]$ 中，亦即

$$\begin{bmatrix} k_{2i-1,2j-1} & k_{2i-1,2j} \\ k_{2i,2j-1} & k_{2i,2j} \end{bmatrix}^e \rightarrow \begin{bmatrix} K_{2I-1,2J-1} & K_{2I-1,2J} \\ K_{2I,2J-1} & K_{2I,2J} \end{bmatrix}$$

也就是

$$k_{2i-1,2j-1}^e \rightarrow K_{2I-1,2J-1}, \quad k_{2i-1,2j}^e \rightarrow K_{2I-1,2J}, \quad k_{2i,2j-1}^e \rightarrow K_{2I,2J-1}, \quad k_{2i,2j}^e \rightarrow K_{2I,2J}, \quad i,j = 1,2,3$$

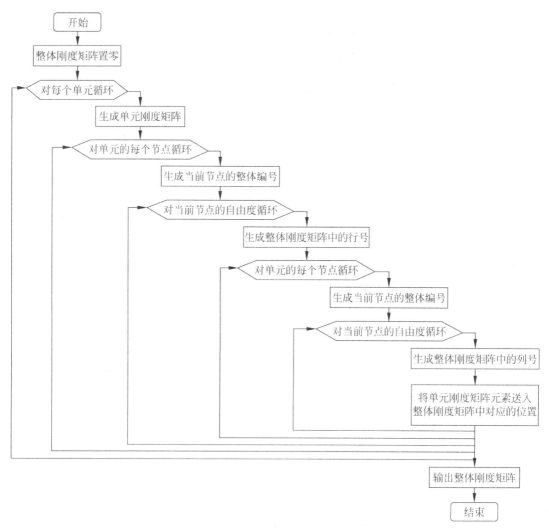

图 2-22　形成整体刚度矩阵程序框图

全部单元处理完毕,整体刚度矩阵就形成了。在编程时,对当前节点 i 的自由度(2个)循环找 $2I-1$、$2I$,对当前节点 j 的自由度(2个)循环找 $2J-1$、$2J$。

(3) 手工组集整体刚度矩阵采用"对号入座"的方法,在编程时,一般通过布尔矩阵确定单元局部节点编号与整体节点编号的对应关系。

例如,一个有限元网格包括 4 个单元,单元局部节点编号与整体节点编号的对应关系为

单元节点局部编号　整体节点编号　单元号	1	2	3
①	1	2	3
②	2	4	5
③	5	3	2
④	3	5	1

则布尔矩阵为

$$\text{LNODS}(4,3) = \begin{bmatrix} 1 & 2 & 3 \\ 2 & 4 & 5 \\ 5 & 3 & 2 \\ 3 & 5 & 1 \end{bmatrix}$$

即布尔矩阵的行号表示单元号,列号表示局部节点编号。

(4) 当单元个数不多时,也可利用转换矩阵将单元刚度矩阵的元素置入整体刚度矩阵中,表达式为

$$[K]^{(m)} = [K]^{(m-1)} + [G]^{\mathrm{T}}[k]^{m}[G] \tag{2-49}$$

式(2-49)中,$[K]^{(m-1)}$ 为叠加单元刚度矩阵 $[k]^{m}$ 前一步的整体刚度矩阵,$[K]^{(m)}$ 为叠加单元刚度矩阵 $[k]^{m}$ 后的整体刚度矩阵,$[G]$ 为单元 m 的转换矩阵,其行数为结构整体的自由度数,列数为单元自由度数。以 2.5.2 节中图 2-17 的离散化结构为例,单元的自由度数为 6,结构整体自由度数为 8,则 $[G]$ 为 8×6 矩阵,单元②的局部自由度编号 1、2、3、4、5、6,对应的整体自由度编号为 5、6、7、8、3、4,则 $[G]$ 的表达式如下。即若单元的局部自由度编号 i 对应的整体自由度编号为 I,则 $[G]$ 中 I 行 i 列的元素为 1,即 $G_{Ii}=1$,而 $[G]$ 中 I 行其他列的元素、i 列其他行的元素均为 0。

$$
[G] =
\begin{matrix}
\text{整体自由} \\ \text{度编号}
\end{matrix}
\begin{matrix}
\quad\;\; 1 \;\; 2 \;\; 3 \;\; 4 \;\; 5 \;\; 6 \;\text{单元局部自由度编号}\\
\begin{array}{c}1\\2\\3\\4\\5\\6\\7\\8\end{array}
\begin{bmatrix}
0 & 0 & 0 & 0 & 0 & 0 \\
0 & 0 & 0 & 0 & 0 & 0 \\
0 & 0 & 0 & 0 & 1 & 0 \\
0 & 0 & 0 & 0 & 0 & 1 \\
1 & 0 & 0 & 0 & 0 & 0 \\
0 & 1 & 0 & 0 & 0 & 0 \\
0 & 0 & 1 & 0 & 0 & 0 \\
0 & 0 & 0 & 1 & 0 & 0
\end{bmatrix}
\end{matrix}
$$

(5) 为节省内存,整体刚度矩阵可采用半带存储。

2.6　整体节点载荷向量

2.6.1　整体节点载荷向量的集成

对于有 n 个节点的结构来说,其整体节点载荷向量 $\{F_{\mathrm{P}}\}$ 是一个 $2n \times 1$ 阶矩阵,它由按结构自由度顺序排列的各节点的载荷分量组成。单元是有限元计算的基本单位,首先应形成各个单元的节点载荷向量 $\{F_{\mathrm{P}}\}^{e}$($\{F_{\mathrm{P}}\}^{e} = \{F_{r}\}^{e} + \{R\}^{e}_{F_{\mathrm{b}}} + \{R\}^{e}_{F_{\mathrm{T}}}$),然后一个单元接一个单元进行集成。仿照组集整体刚度矩阵的方法,形成整体节点载荷向量的方法如下:

(1) 形成每个单元的节点载荷向量;

(2) 确定整体节点载荷向量的阶数;

(3) 建立每个单元的节点局部编号与结构整体节点编号的对应关系;

（4）对各单元节点载荷向量按分块形式"对号入座"地送入整体节点载荷向量相应的位置；

（5）送入同一位置的子块相加，无子块送入的位置置零子块。

下面通过例题说明组集整体节点载荷向量的过程。

例 2-6　如图 2-23 所示结构网格，考虑自重，写出其整体节点载荷向量。设单元自重为 W，为了概念清楚，将约束力写入 $\{F_\mathrm{P}\}$ 中。图中，约束力用 $F_{\mathrm{R}xI}$、$F_{\mathrm{R}yI}$ 表示。

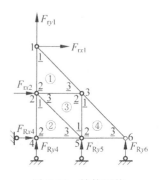

图 2-23　结构网格

解　第一步，形成各单元节点载荷向量。

$$\{F_\mathrm{P}\}^{(1)} = \{F_\mathrm{r}\}^{(1)} + \{R\}_{F_\mathrm{b}}^{(1)}$$

$$= \begin{bmatrix} F_{\mathrm{r}x1} & F_{\mathrm{r}y1} & F_{\mathrm{r}x2} & 0 & 0 & 0 \end{bmatrix}^\mathrm{T} + \begin{bmatrix} 0 & \left(-\dfrac{W}{3}\right) & 0 & \left(-\dfrac{W}{3}\right) & 0 & \left(-\dfrac{W}{3}\right) \end{bmatrix}^\mathrm{T}$$

$$= \begin{bmatrix} F_{\mathrm{r}x1} & \left(F_{\mathrm{r}y1}-\dfrac{W}{3}\right) & F_{\mathrm{r}x2} & \left(-\dfrac{W}{3}\right) & 0 & \left(-\dfrac{W}{3}\right) \end{bmatrix}^\mathrm{T}$$

$$\{F_\mathrm{P}\}^{(2)} = \{F_\mathrm{r}\}^{(2)} + \{R\}_{F_\mathrm{b}}^{(2)}$$

$$= \begin{bmatrix} 0 & 0 & F_{\mathrm{R}x4} & F_{\mathrm{R}y4} & 0 & F_{\mathrm{R}y5} \end{bmatrix}^\mathrm{T} + \begin{bmatrix} 0 & \left(-\dfrac{W}{3}\right) & 0 & \left(-\dfrac{W}{3}\right) & 0 & \left(-\dfrac{W}{3}\right) \end{bmatrix}^\mathrm{T}$$

$$= \begin{bmatrix} 0 & \left(-\dfrac{W}{3}\right) & F_{\mathrm{R}x4} & \left(F_{\mathrm{R}y4}-\dfrac{4}{3}\right) & 0 & \left(F_{\mathrm{R}y5}-\dfrac{W}{3}\right) \end{bmatrix}^\mathrm{T}$$

$$\{F_\mathrm{P}\}^{(3)} = \{R\}_{F_\mathrm{b}}^{(3)} = \begin{bmatrix} 0 & \left(-\dfrac{W}{3}\right) & 0 & \left(-\dfrac{W}{3}\right) & 0 & \left(-\dfrac{W}{3}\right) \end{bmatrix}^\mathrm{T}$$

$$\{F_\mathrm{P}\}^{(4)} = \{F_\mathrm{r}\}^{(4)} + \{R\}_{F_\mathrm{b}}^{(4)}$$

$$= \begin{bmatrix} 0 & 0 & 0 & 0 & 0 & F_{\mathrm{R}y6} \end{bmatrix}^\mathrm{T} + \begin{bmatrix} 0 & \left(-\dfrac{W}{3}\right) & 0 & \left(-\dfrac{W}{3}\right) & 0 & \left(-\dfrac{W}{3}\right) \end{bmatrix}^\mathrm{T}$$

$$= \begin{bmatrix} 0 & \left(-\dfrac{W}{3}\right) & 0 & \left(-\dfrac{W}{3}\right) & 0 & \left(F_{\mathrm{R}y6}-\dfrac{W}{3}\right) \end{bmatrix}^\mathrm{T}$$

第二步，确定整体节点载荷向量的阶数。

结构有 6 个节点，故 $\{F_\mathrm{P}\}$ 为 12×1 阶向量。

第三步，找出各单元局部节点编号与整体节点编号的对应关系。

单元号	①	②	③	④
单元节点局部编号	对应的节点整体编号			
1	1	2	5	3
2	2	4	3	5
3	3	5	2	6

第四步，将各单元的节点载荷向量按分块形式（2×1）对号入座地送入整体节点载荷向量相应的位置，送入同一位置的子块相加，无子块送入的置零子块。

先放 $\{F_\mathrm{P}\}^{(1)}$ 中的各子块。因单元①的局部节点编号1对应的整体节点编号为1，局部节点编号2对应整体节点编号为2，局部节点编号3对应整体节点编号为3，故将 $\{F_\mathrm{P}\}^{(1)}$ 子块送到整体节点载荷向量的前六行对应位置。放完 $\{F_\mathrm{P}\}^{(1)}$ 中的各子块后的结果如下：

整体节点编号

$$
\begin{array}{c}
1 \quad \left\{\begin{array}{c} F_{rx1} \\ F_{ry1} - \dfrac{W}{3} \end{array}\right. \\[1.5em]
2 \quad \left\{\begin{array}{c} F_{rx2} \\ -\dfrac{W}{3} \end{array}\right. \\[1.5em]
3 \quad \left\{\begin{array}{c} 0 \\ -\dfrac{W}{3} \end{array}\right. \\[1.5em]
4 \quad \left\{\begin{array}{c} \\ \end{array}\right. \\[1.5em]
5 \quad \left\{\begin{array}{c} \\ \end{array}\right. \\[1.5em]
6 \quad \left\{\begin{array}{c} \\ \end{array}\right.
\end{array}
$$

再放 $\{F_P\}^{(2)}$ 中的各子块。因单元②的局部节点编号 1 对应的整体节点编号为 2，局部节点编号 2 对应整体节点编号为 4，局部节点编号 3 对应整体节点编号为 5，故将 $\{F_P\}^{(2)}$ 子块送到整体节点载荷向量子块对应的位置为整体节点编号为 2、4、5 的位置。放到同一位置的子块相加，$\{F_P\}^{(2)}$ 中的各子块全部放完后结果如下：

整体节点编号

$$
\begin{array}{c}
1 \quad \left\{\begin{array}{c} F_{rx1} \\ F_{ry1} - \dfrac{W}{3} \end{array}\right. \\[1.5em]
2 \quad \left\{\begin{array}{c} F_{rx2} \\ -\dfrac{W}{3} - \dfrac{W}{3} \end{array}\right. \\[1.5em]
3 \quad \left\{\begin{array}{c} 0 \\ -\dfrac{W}{3} \end{array}\right. \\[1.5em]
4 \quad \left\{\begin{array}{c} F_{Rx4} \\ F_{Ry4} - \dfrac{W}{3} \end{array}\right. \\[1.5em]
5 \quad \left\{\begin{array}{c} 0 \\ F_{Ry5} - \dfrac{W}{3} \end{array}\right. \\[1.5em]
6 \quad \left\{\begin{array}{c} \\ \end{array}\right.
\end{array}
$$

类似处理 $\{F_P\}^{(3)}$、$\{F_P\}^{(4)}$，处理完毕后的结果如下：

整体节点编号

$$
\begin{array}{c}
1 \\[2pt] \\
2 \\[2pt] \\
3 \\[2pt] \\
4 \\[2pt] \\
5 \\[2pt] \\
6
\end{array}
\left\{
\begin{array}{c}
F_{rx1} \\
F_{ry1}-\dfrac{W}{3} \\
\hline
F_{rx2} \\
-W \\
\hline
0 \\
-W \\
\hline
F_{Rx4} \\
F_{Ry4}-\dfrac{W}{3} \\
\hline
0 \\
F_{Ry5}-W \\
\hline
0 \\
F_{Ry6}-\dfrac{W}{3}
\end{array}
\right\}
$$

每个位置均有子块放入，于是整体节点载荷向量为

$$
\{F_P\}=\left[F_{rx1},\left(F_{ry1}-\frac{W}{3}\right),F_{rx2},-W,0,-W,F_{Rx4},\left(F_{Ry4}-\frac{W}{3}\right),0,(F_{Ry5}-W),0,\left(F_{Ry6}-\frac{W}{3}\right)\right]^{T}
$$

2.6.2 注意事项

(1) 如果整体编号为 I 的节点上作用一集中载荷 $\{F_Q\}=\begin{bmatrix}F_{Qx} & F_{Qy}\end{bmatrix}^{T}$，而节点 I 又为 m 个单元所共有，只需将 $\{F_Q\}$ 作为其中任何一个单元的节点集中载荷分量，不得出现重复。一般将 $\{F_Q\}$ 安排在单元编号最小的单元上。

(2) 关于结构受约束节点处的约束力。由于约束力是未知数，在结构的节点位移确定之后才能确定。因而在形成结构节点载荷向量的程序中一般不包括约束力。随后可以看到，$\{F_P\}$ 中是否包括约束力对于方程求解并没有影响。关于约束力的计算将在下一节介绍。

2.6.3 形成单元节点载荷向量和整体节点载荷向量的程序设计

1. 单元节点载荷向量

由式(2-29)知，单元的等效节点载荷向量 $\{F_P\}^{e}$ 为

$$
\{F_P\}^{e}=\{F_r\}^{e}+\{R\}^{e}_{F_b}+\{R\}^{e}_{F_T}=\{F_r\}^{e}+\iint\limits_{\Delta}[N]^{T}\{F_b\}t\mathrm{d}x\mathrm{d}y+\int_{l}[N]^{T}\{F_T\}t\mathrm{d}s
$$

一般地，t、$\{F_r\}^{e}$、$\{F_b\}$、$\{F_T\}$ 由输入文件(或界面)直接读入；而后两项积分可调用数值积分程序完成。

特别地，如果均布体力是重力，单元厚度为常数，重力 $W=$ 单元面积×厚度×重量密

度,单元面积编程实现容易,厚度、重量密度读入后,重力的计算较为简单。若面力是均布面力,则只要计算相应节点坐标之间的差值,由输入的面力集度及单元厚度值,很易得到等效节点载荷向量,因此编程实现也比较简单。

2. 整体节点载荷向量

整体节点载荷向量的组装过程和整体刚度矩阵的组装过程完全相同,所以在编程时,二者同时进行。由单元节点载荷向量组装整体节点载荷向量的程序框图如图 2-24 所示。

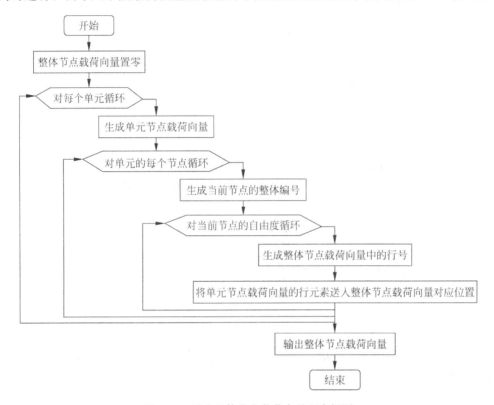

图 2-24　形成整体节点载荷向量程序框图

2.7　约束条件的引入

2.7.1　引入约束条件的过程

因为整体刚度矩阵[K]是奇异矩阵,所以 2.5 节的整体平衡方程式(2-46)不能求解。必须引入约束条件限制结构的刚体位移,方可消除整体刚度矩阵的奇异性。

边界受约束节点的约束条件通常有零位移和非零位移两种。零位移对应于刚性支承(如支杆,铰链连接等)。非零位移一般有两种情况,一种是弹性支撑,另一种是对于网格中某一应力集中区域进行局部网格细化时,局部细化区域边界上用粗网格计算得到的节点位移就是用细网格分析时对应边界点的约束条件。

与结构力学的做法一样,引入约束条件,就是对[K]和$\{F_P\}$作相应修改。下面按零位移约束、非零位移约束、一般方法分别讨论。

1. 引入零位移约束过程

引入零位移约束的过程与离散结构所含的单元个数无关。为了突出引入约束的方法，假设结构只有一个单元，如图 2-25 所示。

位移约束条件为

$$u_2 = v_2 = v_3 = 0$$

结构整体节点位移向量为

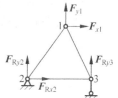

图 2-25　零位移约束

$$\{\delta\} = \begin{bmatrix} u_1 & v_1 & u_2 & v_2 & u_3 & v_3 \end{bmatrix}^T$$

或写为

$$\{\delta\} = \begin{bmatrix} u_1 & v_1 & 0 & 0 & u_3 & 0 \end{bmatrix}^T$$

设不考虑体力与面力，则整体节点载荷向量为

$$\{F\} = \begin{bmatrix} F_{x1} & F_{y1} & F_{Rx2} & F_{Ry2} & 0 & F_{Ry3} \end{bmatrix}^T$$

于是整体平衡方程的展开式为

$$\begin{bmatrix}
K_{11} & K_{12} & K_{13} & K_{14} & K_{15} & K_{16} \\
K_{21} & K_{22} & K_{23} & K_{24} & K_{25} & K_{26} \\
K_{31} & K_{32} & K_{33} & K_{34} & K_{35} & K_{36} \\
K_{41} & K_{42} & K_{43} & K_{44} & K_{45} & K_{46} \\
K_{51} & K_{52} & K_{53} & K_{54} & K_{55} & K_{56} \\
K_{61} & K_{62} & K_{63} & K_{64} & K_{65} & K_{66}
\end{bmatrix}
\begin{Bmatrix} u_1 \\ v_1 \\ 0 \\ 0 \\ u_3 \\ 0 \end{Bmatrix}
=
\begin{Bmatrix} F_{x1} \\ F_{y1} \\ F_{Rx2} \\ F_{Ry2} \\ 0 \\ F_{Ry3} \end{Bmatrix}$$

只求 u_1、v_1、u_3，划去整体刚度矩阵零位移对应的行列元素，同时划去整体载荷向量中零位移对应的行元素，得到降阶的方程为

$$\begin{bmatrix}
K_{11} & K_{12} & K_{15} \\
K_{21} & K_{22} & K_{25} \\
K_{51} & K_{52} & K_{55}
\end{bmatrix}
\begin{Bmatrix} u_1 \\ v_1 \\ u_3 \end{Bmatrix}
=
\begin{Bmatrix} F_{x1} \\ F_{y1} \\ 0 \end{Bmatrix}$$

上述方程可简写成如下形式

$$[K]^* \{\delta\} = \{F_P\}^* \tag{2-50}$$

其中 $[K]^*$、$\{F_P\}^*$ 称为修正的整体刚度矩阵和整体节点载荷向量，式(2-50)称为约束方程。

这种引入约束条件的过程称为划行划列法，或称降阶法。本方法特别适用于单元很少时采用，此时，手算很方便。

将上述降阶的方程扩为六个方程，应增加的三个方程为 $u_2 = 0$，$v_2 = 0$，$v_3 = 0$
扩充后的方程为

$$\begin{bmatrix}
K_{11} & K_{12} & 0 & 0 & K_{15} & 0 \\
K_{21} & K_{22} & 0 & 0 & K_{25} & 0 \\
0 & 0 & 1 & 0 & 0 & 0 \\
0 & 0 & 0 & 1 & 0 & 0 \\
K_{51} & K_{52} & 0 & 0 & K_{55} & 0 \\
0 & 0 & 0 & 0 & 0 & 1
\end{bmatrix}
\begin{Bmatrix} u_1 \\ v_1 \\ u_2 \\ v_2 \\ u_3 \\ v_3 \end{Bmatrix}
=
\begin{Bmatrix} F_{x1} \\ F_{y1} \\ 0 \\ 0 \\ 0 \\ 0 \end{Bmatrix}$$

上述修正整体刚度矩阵与整体节点载荷向量的方法可总结如下：

（1）整体刚度矩阵中与零位移对应行和列元素，除主对角线元素置 1 外，其余元素均置 0。

（2）整体节点载荷向量中，在零位移对应的行处置 0。

2. 引入非零位移约束过程

如图 2-26 所示，位移约束条件为 $u_2 = 0$，$v_2 = a$，$v_3 = b$。

引入非零位移约束最常用的方法是主对角线元素乘大数法，或称放大主对角线元素法。

放大主对角线元素法的做法是：在整体刚度矩阵中，用一个很大的数（例如 10^{10}）乘以已知位移对应的主对角线元素；在整体节点载荷向量中，用同样大的数乘以已知位移对应的整体刚度矩阵的主对角线元素，再乘以已知位移，以此代替整体节点载荷向量中对应的行元素。修正后的整体平衡方程为

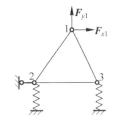

图 2-26　非零位移约束

$$\begin{bmatrix} K_{11} & K_{12} & K_{13} & K_{14} & K_{15} & K_{16} \\ K_{21} & K_{22} & K_{23} & K_{24} & K_{25} & K_{26} \\ K_{31} & K_{32} & K_{33} \times 10^{10} & K_{34} & K_{35} & K_{36} \\ K_{41} & K_{42} & K_{43} & K_{44} \times 10^{10} & K_{45} & K_{46} \\ K_{51} & K_{52} & K_{53} & K_{54} & K_{55} & K_{56} \\ K_{61} & K_{62} & K_{63} & K_{64} & K_{65} & K_{66} \times 10^{10} \end{bmatrix} \begin{Bmatrix} u_1 \\ v_1 \\ u_2 \\ v_2 \\ u_3 \\ v_3 \end{Bmatrix} = \begin{Bmatrix} F_{x1} \\ F_{y1} \\ 0 \times K_{33} \times 10^{10} \\ a \times K_{44} \times 10^{10} \\ 0 \\ b \times K_{66} \times 10^{10} \end{Bmatrix}$$

展开第四个方程以说明问题。第四个方程为

$$K_{41} u_1 + K_{42} v_1 + K_{43} u_2 + K_{44} \times 10^{10} v_2 + K_{45} u_3 + K_{46} v_3 = a \times K_{44} \times 10^{10}$$

比起乘大数项，其他项均可忽略不计，上式近似与 $v_2 = a$ 等效。

由此可见，放大主对角线元素法对处理零位移约束也是适用的。此方法的优点是刚度矩阵的变动较少，工作量小。其缺点是：若相乘的大数取得过大，求解会溢出；若相乘的大数取得过小，则会引起较大的误差。

3. 引入位移约束条件的一般方法

先举一个简单的例子。

例 2-7　设结构有 n 个节点，每个节点有一个自由度，约束条件为 $u_1 = u_a$，$u_n = u_b$，其平衡方程为

$$[K]\{\delta\} = \{F_P\}$$

其中，$\{\delta\} = [u_1 \quad u_2 \quad \cdots \quad u_n]^T$，$\{F_P\} = [F_{P1} \quad F_{P2} \quad \cdots \quad F_{Pn}]^T$

即

$$K_{11} u_1 + K_{12} u_2 + \cdots + K_{1n} u_n = F_{P1}$$
$$K_{21} u_1 + K_{22} u_2 + \cdots + K_{2n} u_n = F_{P2}$$
$$\vdots$$
$$K_{n1} u_1 + K_{n2} u_2 + \cdots + K_{nn} u_n = F_{Pn}$$

由于 $u_1 = u_a$，$u_n = u_b$，为此，将上式中的第一个方程变为 $u_1 = u_a$，第 n 个方程变为 $u_n = u_b$，于是上式改写为

$$
\begin{aligned}
u_1 &&&& &&&&&&&& = u_a \\
K_{21}u_1 &+ K_{22}u_2 &+ \cdots &+ K_{2n}u_n &= F_{P2} \\
K_{31}u_1 &+ K_{32}u_2 &+ \cdots &+ K_{3n}u_n &= F_{P3} \\
&&&&\vdots \\
&&&& u_n &= u_b
\end{aligned}
$$

然后将 $u_1 = u_a, u_n = u_b$ 代入其余各方程,并将有关的项移到方程右边,得到

$$
\begin{aligned}
u_1 &+ 0 &+ 0 &+ \cdots &+ 0 &+ 0 &= &u_a \\
0 &+ K_{22}u_2 &+ K_{23}u_3 &+ \cdots &+ K_{2,n-1}u_{n-1} &+ 0 &= &F_{P2} - K_{21}u_a - K_{2n}u_b \\
0 &+ K_{32}u_2 &+ K_{33}u_3 &+ \cdots &+ K_{3,n-1}u_{n-1} &+ 0 &= &F_{P3} - K_{31}u_a - K_{3n}u_b \\
\vdots \\
0 &+ 0 &+ 0 &+ \cdots &+ 0 &+ u_n &= &u_b
\end{aligned}
$$

即

$$
\begin{bmatrix}
1 & 0 & 0 & \cdots & 0 & 0 \\
0 & K_{22} & K_{23} & \cdots & K_{2,n-1} & 0 \\
0 & K_{32} & K_{33} & \cdots & K_{3,n-1} & 0 \\
\vdots \\
0 & K_{n-1,2} & K_{n-1,3} & \cdots & K_{n-1,n-1} & 0 \\
0 & 0 & 0 & \cdots & 0 & 1
\end{bmatrix}
\begin{Bmatrix}
u_1 \\ u_2 \\ u_3 \\ \vdots \\ u_{n-1} \\ u_n
\end{Bmatrix}
=
\begin{Bmatrix}
u_a \\
F_{P2} - K_{21}u_a - K_{2n}u_b \\
F_{P3} - K_{31}u_a - K_{3n}u_b \\
\vdots \\
F_{Pn-1} - K_{n-1,1}u_a - K_{n-1,n}u_b \\
u_b
\end{Bmatrix}
$$

以上对 $[K]$ 与 $\{F_P\}$ 的修正可总结如下:

(1) 方程及矩阵的阶数不变。

(2) 修正 $[K]$ 的方法是:将已知位移分量对应的行、列元素作修正,修正方法为主对角线元素置 1,其余元素置 0;其他行、列元素不变。

(3) 修正 $\{F_P\}$ 的规则为:若已知第 j 个位移分量为 $\bar{u}_j$,第 k 个位移分量为 $\bar{u}_k$,则 $\{F_P\}^*$ 中的元素为

$$
F_{Pj}^* = \bar{u}_j
$$

$$
F_{Pk}^* = \bar{u}_k
$$

$$
F_{Pi}^* = F_{Pi} - K_{ij}\bar{u}_j - K_{ik}\bar{u}_k, \quad i = 1, 2, \cdots, n, i \neq j, i \neq k
$$

还应注意,在程序设计时,一般是一个一个地引入约束条件,因在 F_{Pi}^* 中用到修改前的刚度矩阵元素 K_{ij}、K_{ik} 等,所以修改次序应为先修改 $\{F_P\}$,后修改 $[K]$。

例 2-8 已知结构有 n 个节点,每个节点有 2 个自由度,被约束的节点位移为 $u_1 = a, u_2 = b, u_n = c$,引入约束条件,写出修正后的整体刚度矩阵 $[K]^*$ 和整体节点载荷向量 $\{F_P\}^*$。

解 由例 2-7 中介绍的修正规则,写出修正后的 $[K]^*$ 和 $\{F_P\}^*$ 如下:

$$
[K]^* =
\begin{bmatrix}
1 & 0 & 0 & 0 & \cdots & 0 \\
0 & K_{22} & K_{23} & 0 & \cdots & 0 \\
0 & K_{32} & K_{33} & 0 & \cdots & 0 \\
0 & 0 & 0 & 1 & \cdots & 0 \\
\vdots \\
0 & 0 & 0 & 0 & \cdots & 1
\end{bmatrix}
$$

$$\{F_{\mathrm{P}}\}^* = \left\{\begin{array}{c} a-0\cdot b-0\cdot c \\ F_{\mathrm{P}y1}-aK_{21}-bK_{24}-cK_{2,2n} \\ F_{\mathrm{P}x2}-aK_{31}-bK_{34}-cK_{3,2n} \\ b-0\cdot c \\ F_{\mathrm{P}x5}-aK_{51}-bK_{54}-cK_{5,2n} \\ \vdots \\ F_{\mathrm{P}xn}-aK_{2n-1,1}-bK_{2n-1,4}-cK_{2n-1,2n} \\ c \end{array}\right\} = \left\{\begin{array}{c} a \\ F_{\mathrm{P}y1}-aK_{21}-bK_{24}-cK_{2,2n} \\ F_{\mathrm{P}x2}-aK_{31}-bK_{34}-cK_{3,2n} \\ b \\ F_{\mathrm{P}x5}-aK_{51}-bK_{54}-cK_{5,2n} \\ \vdots \\ F_{\mathrm{P}xn}-aK_{2n-1,1}-bK_{2n-1,4}-cK_{2n-1,2n} \\ c \end{array}\right\}$$

2.7.2 几点说明

(1) 因引入位移约束条件修改 $\{F_{\mathrm{P}}\}$ 时,对应于约束自由度的载荷项均被修改成相应的规定位移,所以 $\{F_{\mathrm{P}}\}^*$ 中不包括约束力,因此不能由约束方程 $[K]^*\{\delta\}=\{F_{\mathrm{P}}\}^*$ 求约束力。

(2) 对整体平衡方程 $[K]\{\delta\}=\{F_{\mathrm{P}}\}$,无论 $\{F_{\mathrm{P}}\}$ 中是否包含约束力,得到的约束方程 $[K]^*\{\delta\}=\{F_{\mathrm{P}}\}^*$ 是完全相同的,因此 $\{F_{\mathrm{P}}\}$ 中是否包含约束力,并不影响位移 $\{\delta\}$ 的求解。

既然不能由约束方程 $[K]^*\{\delta\}=\{F_{\mathrm{P}}\}^*$ 求约束力,那么如何求解约束力? 例 2-6 将给出答案。应注意,约束力是在求得位移向量 $\{\delta\}$ 后才求解。

例 2-9 求例 2-7 中的约束力。

解 首先确定约束力的个数。结构约束条件有 2 个: $u_1=u_a$,$u_n=u_b$,所以只在第一个与第 n 个自由度方向上有约束力。设对应约束位移 u_1 和 u_n 处的约束力分别为 $F_{\mathrm{R}1}$ 和 $F_{\mathrm{R}n}$,则包含约束力的整体平衡方程为

$$\begin{bmatrix} K_{11} & K_{12} & \cdots & K_{1n} \\ K_{21} & K_{22} & \cdots & K_{2n} \\ \vdots & & & \\ K_{n1} & K_{n2} & \cdots & K_{nn} \end{bmatrix} \begin{Bmatrix} u_1 \\ u_2 \\ \vdots \\ u_n \end{Bmatrix} = \begin{Bmatrix} F_{\mathrm{P}1}+F_{\mathrm{R}1} \\ F_{\mathrm{P}2} \\ \vdots \\ F_{\mathrm{P}n}+F_{\mathrm{R}n} \end{Bmatrix}$$

展开包括约束力的第一与第 n 个方程得

$$\sum_{j=1}^{n} K_{1j}u_j = F_{\mathrm{P}1}+F_{\mathrm{R}1}$$

$$\sum_{j=1}^{n} K_{nj}u_j = F_{\mathrm{P}n}+F_{\mathrm{R}n}$$

解得

$$F_{\mathrm{R}1} = \sum_{j=1}^{n} K_{1j}u_j - F_{\mathrm{P}1}$$

$$F_{\mathrm{R}n} = \sum_{j=1}^{n} K_{nj}u_j - F_{\mathrm{P}n}$$

2.7.3 引入约束条件的程序设计

引入约束条件就是对整体刚度矩阵和整体节点载荷向量进行修改。应当注意:约束条件一个一个引入,每次修改都是在前次修改的基础上进行。修改的顺序为先修改整体节点

载荷向量,再修改整体刚度矩阵。

以引入位移约束的一般方法为例,引入约束条件的程序框图如图 2-27 所示。

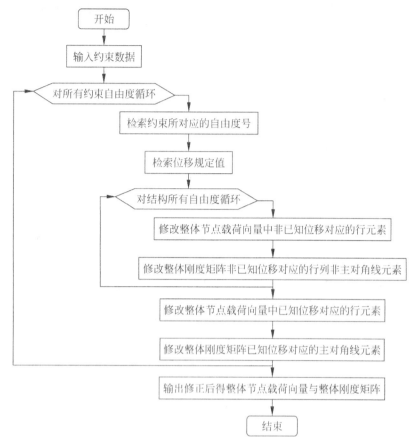

图 2-27　引入约束条件程序框图

2.8　求解

引入约束条件后,就可以求解约束方程组 $[K]^*\{\delta\}=\{F_P\}^*$ 了。解高阶线性方程组通常有两种方法:直接法和迭代法。有限元中最常用的直接法有高斯消去法、三角分解法、波前法,最常用的迭代法有雅可比迭代法、高斯-赛德尔迭代法和共轭梯度法。对于中小型方程组,常选用直接法,因为直接法能在预定的计算步数内求得可靠且效率高的解。对于高阶方程组,由于直接法的存储量和计算量太大,迭代法更具竞争力。有关这些方法的细节请参阅计算方法的有关书籍。

2.9　应力计算及结果整理

求解方程组得到节点位移向量 $\{\delta\}$ 后,应用公式 $\{\delta\}^e=[A]^e\{\delta\}$ 求得每个单元的 $\{\delta\}^e$,即可应用公式 $\{\varepsilon\}=[B]\{\delta\}^e$、$\{\sigma\}=[D][B]\{\delta\}^e=[S]\{\delta\}^e$ 计算每个单元内部各点的应

变与应力。因$[B]$是形函数对坐标求导后得到的矩阵,而求导将使多项式的次数降低,所以通过求导运算得到的应变与应力精度要比位移低,即利用以上两式得到的应变与应力的解答具有较大的误差。应力解的误差表现在:单元内部不满足平衡方程;单元与单元的交界处应力一般不连续;在边界上应力解一般与力的边界条件不相符合。在实际工程中,感兴趣的是单元边界和节点上的应力,因此需对计算得到的应力进行处理,以改善所得结果的精度。对于三角形单元来说,最常用的方法有如下三种。

1. 绕节点平均法

用围绕该节点的相关单元的应力平均值作为该节点的应力

$$\sigma_i = \frac{1}{m} \sum_{e=1}^{m} \sigma_i^e$$

式中:m 为围绕节点 i 的单元数;σ_i^e 为相关单元的应力。

2. 两单元平均法

把相邻两个单元的应力加以平均,用来表征这两个单元公共边中点的应力

$$\sigma_i = \frac{1}{2}(\sigma_{i1} + \sigma_{i2})$$

也可以采用如下的面积加权平均

$$\sigma_i = \frac{\sigma_{i1}\Delta_1 + \sigma_{i2}\Delta_2}{\Delta_1 + \Delta_2}$$

其中,Δ_1、Δ_2表示两个相邻单元的面积。

3. 外推法计算边界点应力

对于边界点 0(图 2-28)的应力,可用拉格朗日插值公式(外推)计算出来。将图 2-28 中的 0、1、2、3 等点的距离表示在图 2-29 中的横坐标上,以 σ 为纵坐标。根据已知节点 1、2、3 的应力 σ_{i1}、σ_{i2}、σ_{i3},利用三点插值公式求出任一点 x 处的应力为

$$\sigma_i(x) = \frac{(x-x_2)(x-x_3)}{(x_1-x_2)(x_1-x_3)}\sigma_{i1} + \frac{(x-x_1)(x-x_3)}{(x_2-x_1)(x_2-x_3)}\sigma_{i2} + \frac{(x-x_1)(x-x_2)}{(x_3-x_1)(x_3-x_2)}\sigma_{i3}$$

边界点 0 处的应力即 $x=0$ 时的 σ_i 值为 $\sigma_i(0)=\sigma_{i0}$。从几何上看,该应力值相当于将插值曲线延长与 σ 轴的交点处的 σ_i 值。对于应力高度集中处可取四点插值。一般情况下,取三点插值就足够精确了。

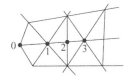

图 2-28 边界点的应力

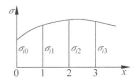

图 2-29 应力插值曲线

两点说明:

(1)上述应力计算结果的整理既可以对应力分量进行整理,也可以对主应力进行整理。即可以先整理应力分量,再求主应力、等效应力,也可以对主应力进行整理,再求等效应力,一般情况下,前者精度较高,但差异并不明显。

(2)若相邻单元的厚度或材料不同,则在理论上应力应当有突变。因此,只允许对厚度

及弹性常数都相同的单元采用上述方法。

2.10　较精密的平面单元

为了降低离散化带来的误差,更好地反映弹性体中的位移状态和应力状态,可以采用较精密的单元,也就是具有较高次位移函数的单元。本节介绍常用的矩形单元和六节点三角形单元,同时引入等参元的概念。

2.10.1　矩形单元

1. 矩形单元的位移函数

(1) 矩形单元位移函数的选取。矩形单元有四个节点,按逆时针顺序编号为 1、2、3、4,设长为 $2a$,宽为 $2b$,厚度为 t,为研究方便,使形心为坐标原点,如图 2-30所示。在平面问题中,每个节点有两个位移分量,单元自由度数为 8,根据位移函数的完整性和收敛性要求,单元位移函数选择为

$$\begin{cases} u = \alpha_1 + \alpha_2 x + \alpha_3 y + \alpha_4 xy \\ v = \alpha_5 + \alpha_6 x + \alpha_7 y + \alpha_8 xy \end{cases} \tag{2-51}$$

图 2-30　矩形单元

在平行于 x 轴的直线上,位移分量是 x 的线性函数,在平行于 y 轴的直线上,位移分量是 y 的线性函数,故将式(2-51)称为双线性位移函数,相应的矩形单元称为矩形双线性单元。

(2) 矩形单元位移函数的收敛性分析。

① 多项式(2-51)在单元内连续。

② 位移函数式(2-51)是完整的一次多项式,故能反映任一种常应变,能反映任一种刚体位移。

③ 单元间位移的协调性分析。

以图 2-30 中 23 边为例说明。沿 23 边,x 为常数,在该边上,位移 u、v 为 y 的一次函数,故可设该边上

$$\begin{cases} u = A_1 + A_2 y \\ v = A_3 + A_4 y \end{cases} \tag{2-52}$$

已知条件为 $y = -b, u = u_2$;$y = -b, v = v_2$;$y = b, u = u_3$;$y = b, v = v_3$。上述 4 个条件唯一确定式(2-52)中的 4 个待定参数 A_1、A_2、A_3、A_4,因此单元间的位移是连续的,故四节点矩形单元是完备的协调元。

(3) 矩形单元的形函数。在式(2-51)中代入节点位移和节点坐标后,可解出待定系数。将这些系数再代入式(2-51),可得

$$\begin{cases} u = \sum_{i=1}^{4} N_i u_i \\ v = \sum_{i=1}^{4} N_i v_i \end{cases} \tag{2-53}$$

式(2-53)中形函数为

$$N_1 = \frac{1}{4}\left(1 - \frac{x}{a}\right)\left(1 - \frac{y}{b}\right) \left.\begin{array}{l} \\ \\ \\ \\ \\ \\ \\ \end{array}\right.$$

$$N_2 = \frac{1}{4}\left(1 + \frac{x}{a}\right)\left(1 - \frac{y}{b}\right)$$

$$N_3 = \frac{1}{4}\left(1 + \frac{x}{a}\right)\left(1 + \frac{y}{b}\right) \tag{2-54}$$

$$N_4 = \frac{1}{4}\left(1 - \frac{x}{a}\right)\left(1 + \frac{y}{b}\right)$$

同理可得

$$\begin{Bmatrix} u \\ v \end{Bmatrix} = \begin{bmatrix} N_1 & 0 & N_2 & 0 & N_3 & 0 & N_4 & 0 \\ 0 & N_1 & 0 & N_2 & 0 & N_3 & 0 & N_4 \end{bmatrix} \begin{Bmatrix} u_1 \\ v_1 \\ u_2 \\ v_2 \\ u_3 \\ v_3 \\ u_4 \\ v_4 \end{Bmatrix}$$

简记为 $\{f\} = [N]\{\delta\}^e$，$[N]$ 称为四节点矩形单元的形函数矩阵，形函数 $N_1(x,y)$ 图如图 2-31 所示。同理可画出其他形函数图。由图 2-31 知，在距 1 节点为 s 的 d 处，4 个形函数的值为

$$N_1 = 1 - \frac{s}{2a}, \quad N_2 = \frac{s}{2a}, \quad N_3 = 0, \quad N_4 = 0$$

（4）标准化坐标系下矩形单元的形函数。令

$$\xi = \frac{x}{a}, \quad \eta = \frac{y}{b} \tag{2-55}$$

则图 2-30 的矩形单元变为 $\xi\eta$ 坐标系下边长为 2 的正方形单元，节点 1、2、3、4 的坐标依次为 $(-1,-1)$、$(1,-1)$、$(1,1)$、$(-1,1)$，如图 2-32 所示。$\xi\eta$ 坐标系称为标准化坐标系。式(2-54)相应变换为

$$N_i = \frac{1}{4}(1 + \xi_i\xi)(1 + \eta_i\eta), \quad i = 1,2,3,4 \tag{2-56}$$

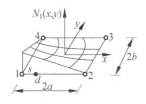

图 2-31　矩形单元形函数图

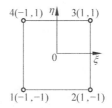

图 2-32　标准化坐标系下的正方形单元

于是位移函数可表示为

$$\begin{cases} u = \sum_{i=1}^{4} N_i(\xi, \eta) u_i \\ v = \sum_{i=1}^{4} N_i(\xi, \eta) v_i \end{cases} \tag{2-57}$$

式(2-55)的变换可写为

$$\begin{cases} x = a\xi \\ y = b\eta \end{cases}$$

也可写为

$$\begin{cases} x = \sum_{i=1}^{4} N_i(\xi, \eta) x_i \\ y = \sum_{i=1}^{4} N_i(\xi, \eta) y_i \end{cases} \tag{2-58}$$

这是因为

$$\sum_{i=1}^{4} N_i(\xi, \eta) x_i = \sum_{i=1}^{4} \frac{1}{4}(1 + \xi_i\xi)(1 + \eta_i\eta) x_i = \frac{1}{4}(1 - \xi)(1 - \eta)(-a) +$$
$$\frac{1}{4}(1 + \xi)(1 - \eta)a + \frac{1}{4}(1 + \xi)(1 + \eta)a + \frac{1}{4}(1 - \xi)(1 + \eta)(-a)$$
$$= a\xi = x$$

同理可证

$$\sum_{i=1}^{4} N_i(\xi, \eta) y_i = y$$

坐标变换式(2-58)与位移函数表达式(2-57)采用了相同的节点和相同的形函数插值而得,满足这一特征的单元称为等参元。由此可见,矩形单元是一种等参元。

2. 矩形单元的应变矩阵、应力矩阵与单元刚度矩阵

由平面问题几何方程得

$$\{\varepsilon\} = \left\{ \begin{array}{c} \dfrac{\partial u}{\partial x} \\ \dfrac{\partial v}{\partial y} \\ \dfrac{\partial u}{\partial y} + \dfrac{\partial v}{\partial x} \end{array} \right\} = \left\{ \begin{array}{c} \sum_{i=1}^{4} \dfrac{\partial N_i}{\partial x} u_i \\ \sum_{i=1}^{4} \dfrac{\partial N_i}{\partial y} v_i \\ \sum_{i=1}^{4} \left(\dfrac{\partial N_i}{\partial y} u_i + \dfrac{\partial N_i}{\partial x} v_i \right) \end{array} \right\}$$

$$= \begin{bmatrix} \dfrac{\partial N_1}{\partial x} & 0 & \dfrac{\partial N_2}{\partial x} & 0 & \dfrac{\partial N_3}{\partial x} & 0 & \dfrac{\partial N_4}{\partial x} & 0 \\ 0 & \dfrac{\partial N_1}{\partial y} & 0 & \dfrac{\partial N_2}{\partial y} & 0 & \dfrac{\partial N_3}{\partial y} & 0 & \dfrac{\partial N_4}{\partial y} \\ \dfrac{\partial N_1}{\partial y} & \dfrac{\partial N_1}{\partial x} & \dfrac{\partial N_2}{\partial y} & \dfrac{\partial N_2}{\partial x} & \dfrac{\partial N_3}{\partial y} & \dfrac{\partial N_3}{\partial x} & \dfrac{\partial N_4}{\partial y} & \dfrac{\partial N_4}{\partial x} \end{bmatrix} \left\{ \begin{array}{c} u_1 \\ v_1 \\ u_2 \\ v_2 \\ u_3 \\ v_3 \\ u_4 \\ v_4 \end{array} \right\} = [B]\{\delta\}^e \tag{2-59}$$

其中 $[B] = [\begin{matrix} B_1 & B_2 & B_3 & B_4 \end{matrix}]$

而

$$[B_i] = \begin{bmatrix} \dfrac{\partial N_i}{\partial x} & 0 \\[2mm] 0 & \dfrac{\partial N_i}{\partial y} \\[2mm] \dfrac{\partial N_i}{\partial y} & \dfrac{\partial N_i}{\partial x} \end{bmatrix}, \quad i = 1,2,3,4 \qquad (2\text{-}60)$$

$[B]$ 为 3×8 阶矩阵，在 xy 坐标系中，表达式为

$$[B] = \frac{1}{4ab} \begin{bmatrix} -(b-y) & 0 & b-y & 0 & b+y & 0 & -(b+y) & 0 \\ 0 & -(a-x) & 0 & -(a+x) & 0 & a+x & 0 & a-x \\ -(a-x) & -(b-y) & -(a+x) & b-y & a+x & b+y & a-x & -(b+y) \end{bmatrix}$$

$$(2\text{-}61)$$

由于

$$\frac{\partial N_i}{\partial x} = \frac{\partial N_i}{\partial \xi} \frac{\partial \xi}{\partial x} + \frac{\partial N_i}{\partial \eta} \frac{\partial \eta}{\partial x}$$

$$\frac{\partial N_i}{\partial y} = \frac{\partial N_i}{\partial \xi} \frac{\partial \xi}{\partial y} + \frac{\partial N_i}{\partial \eta} \frac{\partial \eta}{\partial y}$$

即

$$\begin{Bmatrix} \dfrac{\partial N_i}{\partial x} \\[2mm] \dfrac{\partial N_i}{\partial y} \end{Bmatrix} = \begin{bmatrix} \dfrac{\partial \xi}{\partial x} & \dfrac{\partial \eta}{\partial x} \\[2mm] \dfrac{\partial \xi}{\partial y} & \dfrac{\partial \eta}{\partial y} \end{bmatrix} \begin{Bmatrix} \dfrac{\partial N_i}{\partial \xi} \\[2mm] \dfrac{\partial N_i}{\partial \eta} \end{Bmatrix} = \begin{bmatrix} \dfrac{1}{a} & 0 \\[2mm] 0 & \dfrac{1}{b} \end{bmatrix} \begin{Bmatrix} \dfrac{\partial N_i}{\partial \xi} \\[2mm] \dfrac{\partial N_i}{\partial \eta} \end{Bmatrix}$$

于是，在 $\xi\eta$ 坐标系中

$$[B_i] = \frac{1}{ab} \begin{bmatrix} b \dfrac{\partial N_i}{\partial \xi} & 0 \\[2mm] 0 & a \dfrac{\partial N_i}{\partial \eta} \\[2mm] a \dfrac{\partial N_i}{\partial \eta} & b \dfrac{\partial N_i}{\partial \xi} \end{bmatrix} = \frac{1}{4ab} \begin{bmatrix} b\xi_i(1+\eta_i\eta) & 0 \\[2mm] 0 & a\eta_i(1+\xi_i\xi) \\[2mm] a\eta_i(1+\xi_i\xi) & b\xi_i(1+\eta_i\eta) \end{bmatrix}, \quad i=1,2,3,4 \quad (2\text{-}62)$$

应力矩阵 $[S] = [D][B] = [\begin{matrix} S_1 & S_2 & S_3 & S_4 \end{matrix}]$ 也是 3×8 阶矩阵。

对于平面应力问题，在 $\xi\eta$ 坐标系中，表达式为

$$[S_i] = \frac{E}{4ab(1-\mu^2)} \begin{bmatrix} b\xi_i(1+\eta_i\eta) & \mu a\eta_i(1+\xi_i\xi) \\[2mm] \mu b\xi_i(1+\eta_i\eta) & a\eta_i(1+\xi_i\xi) \\[2mm] \dfrac{1-\mu}{2} a\eta_i(1+\xi_i\xi) & \dfrac{1-\mu}{2} b\xi_i(1+\eta_i\eta) \end{bmatrix}, \quad i=1,2,3,4 \quad (2\text{-}63)$$

对于平面应变问题，只要将式(2-63)中的 E 换为 $\dfrac{E}{1-\mu^2}$，μ 换为 $\dfrac{\mu}{1-\mu}$ 即可。由 $[B]$ 与 $[S]$ 的表达式可以看出，矩形单元的应力和应变是坐标的一次函数，因而在计算网格中取相同的节点数时，矩形单元比常应变三角形单元精度高。

求得 $[B]$ 与 $[S]$ 后就可以计算单元刚度矩阵了，在 xy 坐标系中，单元刚度矩阵为

$$[k]^e = \iiint_V [B]^\mathrm{T}[D][B]\mathrm{d}V = \int_{-a}^a \int_{-b}^b [B]^\mathrm{T}[D][B]t\mathrm{d}x\mathrm{d}y = \int_{-a}^a \int_{-b}^b [B]^\mathrm{T}[S]t\mathrm{d}x\mathrm{d}y$$

在 $\xi\eta$ 坐标系中，$\mathrm{d}x\mathrm{d}y = |J|\mathrm{d}\xi\mathrm{d}\eta$，其中 $|J|$ 称为坐标变换的雅可比行列式，具体表达式为

$$|J| = \begin{vmatrix} \dfrac{\partial x}{\partial \xi} & \dfrac{\partial y}{\partial \xi} \\ \dfrac{\partial x}{\partial \eta} & \dfrac{\partial y}{\partial \eta} \end{vmatrix} = \begin{vmatrix} a & 0 \\ 0 & b \end{vmatrix} = ab \tag{2-64}$$

于是在 $\xi\eta$ 坐标系中，t 为常数时，单元刚度矩阵为

$$[k]^e = \int_{-a}^a \int_{-b}^b [B]^\mathrm{T}[D][B]t\mathrm{d}x\mathrm{d}y = \int_{-1}^1 \int_{-1}^1 [B]^\mathrm{T}[D][B]t|J|\mathrm{d}\xi\mathrm{d}\eta$$

$$= abt \int_{-1}^1 \int_{-1}^1 [B]^\mathrm{T}[D][B]\mathrm{d}\xi\mathrm{d}\eta \tag{2-65}$$

3. 矩形单元的等效节点载荷

当矩形单元受非节点载荷时，可采用与常应变三角形单元相同的方法与公式求得等效节点载荷。

例 2-10　矩形单元受均布体力为重力 W，单元厚度为常数 t，y 轴铅垂向上，求单元的等效节点载荷。

解

$$\{R\}_{F_b}^e = \iint_A [N]^\mathrm{T}\{F_b\}t\mathrm{d}x\mathrm{d}y = \iint_A \begin{bmatrix} N_1 & 0 \\ 0 & N_1 \\ N_2 & 0 \\ 0 & N_2 \\ N_3 & 0 \\ 0 & N_3 \\ N_4 & 0 \\ 0 & N_4 \end{bmatrix} \begin{Bmatrix} 0 \\ -\rho g \end{Bmatrix} t\mathrm{d}x\mathrm{d}y = -\rho g t \begin{Bmatrix} 0 \\ \iint_A N_1 \mathrm{d}x\mathrm{d}y \\ 0 \\ \iint_A N_2 \mathrm{d}x\mathrm{d}y \\ 0 \\ \iint_A N_3 \mathrm{d}x\mathrm{d}y \\ 0 \\ \iint_A N_4 \mathrm{d}x\mathrm{d}y \end{Bmatrix}$$

下面计算 $\iint_A N_1 \mathrm{d}x\mathrm{d}y$。

$$\iint_A N_1 \mathrm{d}x\mathrm{d}y = \int_{-b}^b \mathrm{d}y \int_{-a}^a \frac{1}{4}\left(1 - \frac{x}{a}\right)\left(1 - \frac{y}{b}\right)\mathrm{d}x = \frac{1}{4}\int_{-b}^b \left(1 - \frac{y}{b}\right)\mathrm{d}y \int_{-a}^a \left(1 - \frac{x}{a}\right)\mathrm{d}x$$

$$= \frac{1}{4} \cdot 2a \cdot 2b = \frac{1}{4}A$$

其中 A 为矩形单元面积。

同理得 $\iint_A N_i \mathrm{d}x\mathrm{d}y = \dfrac{1}{4}A, i = 1, 2, 3$。

于是

$$\{R\}_{F_b}^e = -\frac{1}{4}\rho g t A \begin{Bmatrix} 0 \\ 1 \\ 0 \\ 1 \\ 0 \\ 1 \\ 0 \\ 1 \end{Bmatrix} = \begin{Bmatrix} 0 \\ -\dfrac{W}{4} \\ 0 \\ -\dfrac{W}{4} \\ 0 \\ -\dfrac{W}{4} \\ 0 \\ -\dfrac{W}{4} \end{Bmatrix}$$

即将单元自重的 $1/4$ 移置到每个节点 y 轴的负向。

例 2-11 如图 2-33 所示,矩形单元边界作用三角形分布面力,单元厚度为常数 t,求单元的等效节点载荷。

解 在距 4 节点为 s 的点 d 处,面力向量为

$$\{F_T\} = \begin{Bmatrix} 0 \\ -q\dfrac{s}{2a} \end{Bmatrix}$$

而此处 $N_1=0$,$N_2=0$,$N_3=\dfrac{s}{2a}$,$N_4=1-\dfrac{s}{2a}$。于是,分布面力的等效节点载荷向量为

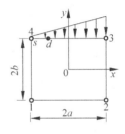

图 2-33 矩形单元受分布面力

$$\{R\}_{F_T}^e = \int_0^{2a}[N]^T\{F_T\}t\mathrm{d}s = \int_0^{2a}\begin{bmatrix} N_1 & 0 \\ 0 & N_1 \\ N_2 & 0 \\ 0 & N_2 \\ N_3 & 0 \\ 0 & N_3 \\ N_4 & 0 \\ 0 & N_4 \end{bmatrix}\begin{Bmatrix} 0 \\ -q\dfrac{s}{2a} \end{Bmatrix}t\mathrm{d}s = \int_0^{2a}\begin{bmatrix} 0 & 0 \\ 0 & 0 \\ 0 & 0 \\ 0 & 0 \\ \dfrac{s}{2a} & 0 \\ 0 & \dfrac{s}{2a} \\ 1-\dfrac{s}{2a} & 0 \\ 0 & 1-\dfrac{s}{2a} \end{bmatrix}\begin{Bmatrix} 0 \\ -q\dfrac{s}{2a} \end{Bmatrix}t\mathrm{d}s$$

$$= \begin{Bmatrix} 0 \\ 0 \\ 0 \\ 0 \\ 0 \\ \displaystyle\int_0^{2a}-q\dfrac{s^2}{4a^2}t\mathrm{d}s \\ 0 \\ \displaystyle\int_0^{2a}-q\left(1-\dfrac{s}{2a}\right)\dfrac{s}{2a^2}t\mathrm{d}s \end{Bmatrix} = -aqt\begin{Bmatrix} 0 \\ 0 \\ 0 \\ 0 \\ 0 \\ \dfrac{2}{3} \\ 0 \\ \dfrac{1}{3} \end{Bmatrix}$$

即将边界总面力的 2/3 移置到 3 节点,总面力的 1/3 移置到 4 节点,方向向下。

4. 应力结果的整理

与三节点三角形单元类似,可采用绕节点平均法、外推法、两单元平均法对应力结果进行整理。矩形单元采用绕节点平均法时,应将环绕该节点的各单元在该节点处的应力加以平均;采用两单元平均法时,应以两相邻单元公共边两端节点的 4 个应力的平均值作为公共边边中节点应力的近似值。对于边界节点处的应力,除了浅梁的挤压应力外,一般无须从内节点处的应力推算出来。

5. 矩形单元的优缺点

矩形单元是完备的协调单元,当网格加密后,有限元解将收敛于精确解。因矩形单元内的应力和应变是坐标 (x,y) 或 (ξ,η) 的线性函数,因而,它是非常应变和非常应力单元。在计算网格中取相同的节点数时,矩形单元比常应变三角形单元精度高。但是矩形单元不能适应曲线边界和斜交边界,不便于在不同部位采用大小不同的单元。为了弥补这一缺陷,可以将矩形单元和三角形单元混合使用。

2.10.2   六节点三角形单元

1. 六节点三角形单元的位移函数

在三角形单元的三条边中点各增加 1 个节点,这样的三角形单元称为六节点三角形单元,如图 2-34 所示。它有 6 个节点,单元自由度数为 12,故可选择如下位移函数

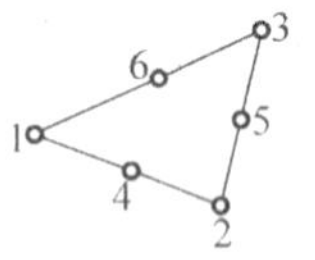

$$\begin{cases} u = \alpha_1 + \alpha_2 x + \alpha_3 y + \alpha_4 x^2 + \alpha_5 xy + \alpha_6 y^2 \\ v = \alpha_7 + \alpha_8 x + \alpha_9 y + \alpha_{10} x^2 + \alpha_{11} xy + \alpha_{12} y^2 \end{cases} \tag{2-66}$$

可证明六节点三角形单元是完备的协调单元。

图 2-34   六节点三角形单元

根据位移函数的阶次,常将三节点三角形单元叫做线性三角形单元,六节点三角形单元叫做二次(或二阶)三角形单元。

可以采用与三节点三角形单元同样的方法求单元刚度矩阵、等效节点载荷向量。但是,由于六节点三角形单元的位移函数式(2-66)比三节点三角形单元复杂,所以在求解单元刚度矩阵、等效节点载荷向量时,积分计算要复杂得多,为此,一般引入面积坐标进行研究。

2. 三角形单元的面积坐标

在图 2-35 所示的三角形单元内任取一点 $M(x,y)$,连接 $M1$、$M2$、$M3$,就将 △123 分为三个小三角形。设三个小三角形的面积分别为 Δ_1、Δ_2、Δ_3,将它们与 △123 面积 Δ 之比表示为

$$L_i = \frac{\Delta_i}{\Delta}, \quad i = 1,2,3$$

称 L_i 为 M 点的面积坐标。显然

$$\left. \begin{array}{l} L_1 + L_2 + L_3 = 1 \\ 0 \leqslant L_i \leqslant 1, \quad i = 1,2,3 \end{array} \right\} \tag{2-67}$$

它说明,△123 内任一点 M,必对应一组 L_i,$i=1,2,3$;反之,若给定一组满足式(2-67)的 L_i,$i=1,2,3$,必定能在 △123 内确定与之对应的 M 点。由于 $L_1+L_2+L_3=1$,所以 L_1、L_2、L_3 中只有

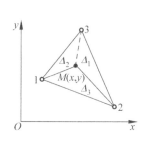

图 2-35   三角形单元

两个是独立的。面积坐标只在三角形单元的内部有意义,因而是一种局部坐标,而 xy 坐标适用于整个结构,故叫做整体坐标。

根据面积坐标的定义,当 M 在节点 1 时,$\Delta_1=\Delta$,$\Delta_2=\Delta_3=0$,此时 $L_1=1$,$L_2=L_3=0$。当 M 点在 23 边上时,$\Delta_1=0$,$L_1=0$。同理,在 13 边上,$L_2=0$。在 12 边上,$L_3=0$。在平行于 23 边的直线上的点(在三角形内部)具有相同的 L_1,它等于直线到 23 边的距离和节点 1 到 23 边距离之比。在 3 个节点处面积坐标分别为 $(1,0,0)$,$(0,1,0)$,$(0,0,1)$。如果 4、5、6 分别为三条边的中点(图 2-36),G 为三角形的形心,则它们的面积坐标为

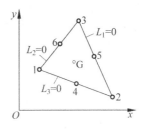

图 2-36　三角形单元的面积坐标

$$4:\left(\frac{1}{2},\frac{1}{2},0\right), \quad 5:\left(0,\frac{1}{2},\frac{1}{2}\right),$$

$$6:\left(\frac{1}{2},0,\frac{1}{2}\right), \quad G:\left(\frac{1}{3},\frac{1}{3},\frac{1}{3}\right)$$

3. 面积坐标与整体坐标的关系

三角形的 3 个节点 1、2、3 的坐标分别为 (x_1,y_1),(x_2,y_2),(x_3,y_3),M 点的坐标为 (x,y),则

$$\Delta_1=\frac{1}{2}\begin{vmatrix}1 & x & y \\ 1 & x_2 & y_2 \\ 1 & x_3 & y_3\end{vmatrix}=\frac{1}{2}\left[(x_2y_3-x_3y_2)+(y_2-y_3)x+(-x_2+x_3)y\right]$$

$$=\frac{1}{2}(a_1+b_1x+c_1y)$$

同理

$$\Delta_2=\frac{1}{2}(a_2+b_2x+c_2y)$$

$$\Delta_3=\frac{1}{2}(a_3+b_3x+c_3y)$$

a_i、b_i、c_i,$i=1,2,3$ 的定义同式(2-8)。上面三式可简写为

$$\Delta_i=\frac{1}{2}(a_i+b_ix+c_iy),\quad i=1,2,3$$

于是

$$L_i=\frac{\Delta_i}{\Delta}=\frac{1}{2\Delta}(a_i+b_ix+c_iy),\quad i=1,2,3 \tag{2-68}$$

与式(2-11)比较,得到

$$L_i=N_i,\quad i=1,2,3 \tag{2-69}$$

式(2-68)也可写成如下矩阵形式:

$$\begin{Bmatrix}L_1 \\ L_2 \\ L_3\end{Bmatrix}=\frac{1}{2\Delta}\begin{bmatrix}a_1 & b_1 & c_1 \\ a_2 & b_2 & c_2 \\ a_3 & b_3 & c_3\end{bmatrix}\begin{Bmatrix}1 \\ x \\ y\end{Bmatrix} \tag{2-70}$$

将 3 个节点 1、2、3 的面积坐标与直角坐标分别代入式(2-70),得到

$$\begin{Bmatrix} 1 \\ 0 \\ 0 \end{Bmatrix} = \frac{1}{2\Delta} \begin{bmatrix} a_1 & b_1 & c_1 \\ a_2 & b_2 & c_2 \\ a_3 & b_3 & c_3 \end{bmatrix} \begin{Bmatrix} 1 \\ x_1 \\ y_1 \end{Bmatrix}, \quad \begin{Bmatrix} 0 \\ 1 \\ 0 \end{Bmatrix} = \frac{1}{2\Delta} \begin{bmatrix} a_1 & b_1 & c_1 \\ a_2 & b_2 & c_2 \\ a_3 & b_3 & c_3 \end{bmatrix} \begin{Bmatrix} 1 \\ x_2 \\ y_2 \end{Bmatrix}, \quad \begin{Bmatrix} 0 \\ 0 \\ 1 \end{Bmatrix} = \frac{1}{2\Delta} \begin{bmatrix} a_1 & b_1 & c_1 \\ a_2 & b_2 & c_2 \\ a_3 & b_3 & c_3 \end{bmatrix} \begin{Bmatrix} 1 \\ x_3 \\ y_3 \end{Bmatrix}$$

整理得

$$\begin{bmatrix} 1 & 0 & 0 \\ 0 & 1 & 0 \\ 0 & 0 & 1 \end{bmatrix} = \frac{1}{2\Delta} \begin{bmatrix} a_1 & b_1 & c_1 \\ a_2 & b_2 & c_2 \\ a_3 & b_3 & c_3 \end{bmatrix} \begin{bmatrix} 1 & 1 & 1 \\ x_1 & x_2 & x_3 \\ y_1 & y_2 & y_3 \end{bmatrix}$$

结合式(2-70)得

$$\begin{Bmatrix} 1 \\ x \\ y \end{Bmatrix} = \begin{bmatrix} 1 & 1 & 1 \\ x_1 & x_2 & x_3 \\ y_1 & y_2 & y_3 \end{bmatrix} \begin{Bmatrix} L_1 \\ L_2 \\ L_3 \end{Bmatrix} \tag{2-71}$$

于是得到

$$\left. \begin{aligned} x = L_1 x_1 + L_2 x_2 + L_3 x_3 \\ y = L_1 y_1 + L_2 y_2 + L_3 y_3 \end{aligned} \right\} \tag{2-72}$$

$$x = \sum_{i=1}^{3} L_i x_i$$

或

$$y = \sum_{i=1}^{3} L_i y_i$$

对三节点三角形单元,由式(2-69)得

$$x = \sum_{i=1}^{3} N_i x_i$$

$$y = \sum_{i=1}^{3} N_i y_i$$

由此可见,常应变三角形单元也是一种等参元。

4. 标准化坐标系下的三角形单元

分别以面积坐标 L_1、L_2 作为横轴与纵轴建立坐标系,称为三角形单元的标准化坐标系。

将 (x,y) 平面上任一三角形单元 123 映射为 (L_1, L_2) 平面上的直角三角形单元 $\overline{1}\,\overline{2}\,\overline{3}$。反过来,也将 (L_1, L_2) 平面上的直角三角形单元 $\overline{1}\,\overline{2}\,\overline{3}$ 映射为 (x,y) 平面上任意三角形单元 123 (图 2-37)。由此可见,三角形单元在标准化坐标系下的像为直角边长为 1 的等腰直角三角形。

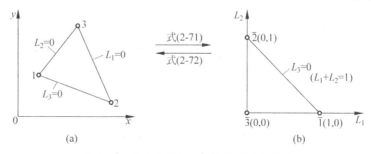

图 2-37   直角坐标与面积坐标的映射关系

5. 在标准化坐标系下直接构造三角形单元的形函数

（1）构造线性三角形单元的形函数。

线性三角形单元的位移函数是 x、y 的完整一次式，因 x、y 与面积坐标的变换是一次变换，所以线性三角形单元的位移函数应是面积坐标的一次式，而形函数是与位移函数阶次相同的多项式，故线性三角形单元的形函数是面积坐标的一次式。

先构造 N_1。在图 2-37(b) 中，N_1 在 $\bar{2}$、$\bar{3}$ 节点处值为 0，且因 N_1 是关于 L_i 的线性函数，所以 N_1 在 $\overline{23}$ 边上值为 0，$\overline{23}$ 边的方程为 $L_1=0$，故 N_1 应包含因子 L_1，可设 $N_1=\lambda_1 L_1$。在节点 $\bar{1}$ 处，$N_1=1$，$L_1=1$，代入 $N_1=\lambda_1 L_1$ 得 $\lambda_1=1$，于是 $N_1=L_1$。

同理得 $N_2=L_2$，$N_3=L_3$。

因 $\sum\limits_{i=1}^{3} N_i = L_1+L_2+L_3 = 1$，故所构造的 $N_i=L_i$，$i=1,2,3$ 即为线性三角形单元的形函数。

（2）构造六节点三角形单元的形函数。

六节点三角形单元的位移函数是 x、y 的完整二次式，因 x、y 与面积坐标的变换是一次变换，所以六节点三角形单元的位移函数应是面积坐标的二次式，而形函数是与位移函数阶次相同的多项式，故六节点三角形单元的形函数是面积坐标的二次式。

先构造角节点对应的形函数，以 N_1 为例。在图 2-38 中，N_1 在 $\bar{2}$、$\bar{3}$、$\bar{4}$、$\bar{5}$、$\bar{6}$ 节点处值为 0，$\bar{2}$、$\bar{3}$、$\bar{5}$ 节点在 $\overline{23}$ 边上，$\overline{23}$ 边的方程为 $L_1=0$，$\bar{4}$、$\bar{6}$ 节点在 $\overline{46}$ 边上，$\overline{46}$ 边的方程为 $2L_1-1=0$，故 N_1 应包含因子 L_1 与 $2L_1-1$，于是可设 $N_1=\lambda_1 L_1(2L_1-1)$。由形函数本处为 1 的性质知，$1=\lambda_1 \times 1 \times (2\times 1-1)$，$\lambda_1=1$，故 $N_1=L_1(2L_1-1)$。

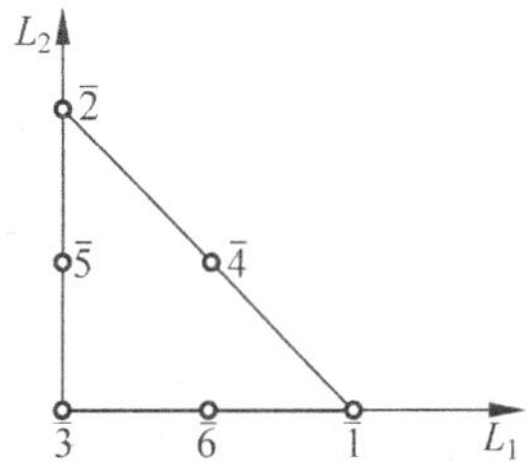

图 2-38　标准化坐标系下的六节点三角形单元

同理得 $N_2=L_2(2L_2-1)$，$N_3=L_3(2L_3-1)$。

再构造边中节点对应的形函数，以 N_4 为例。N_4 在 $\bar{1}$、$\bar{2}$、$\bar{3}$、$\bar{5}$、$\bar{6}$ 节点处值为 0，$\bar{1}$、$\bar{3}$、$\bar{6}$ 节点在 $L_2=0$，$\bar{2}$、$\bar{5}$ 节点在 $L_1=0$ 上，故 N_4 应包含因子 L_1 与 L_2，于是可设 $N_4=\lambda_4 L_1 L_2$。由形函数本处为 1 的性质知，$1=\lambda_4 \times \dfrac{1}{2} \times \dfrac{1}{2}$，$\lambda_4=4$，故 $N_4=4L_1 L_2$。

同理得 $N_5=4L_2 L_3$，$N_6=4L_3 L_1$。

因 $\sum\limits_{i=1}^{6} N_i = L_1(2L_1-1)+L_2(2L_2-1)+L_3(2L_3-1)+4L_1 L_2+4L_2 L_3+4L_3 L_1 = 2(L_1+L_2+L_3)^2-1=1$，故所构造的 N_i，$i=1,2,3,4,5,6$ 即为六节点三角形单元的形函数。

同理可证 $\begin{cases} x=\sum\limits_{i=1}^{6} N_i(L_1,L_2,L_3)x_i \\ y=\sum\limits_{i=1}^{6} N_i(L_1,L_2,L_3)y_i \end{cases}$，故六节点三角形单元也是一种等参元。

6. 面积坐标在计算积分时的应用

由式（2-72）可以得到从 (x,y) 到 (L_1,L_2) 坐标变换的雅可比矩阵为

$$[J] = \left[\frac{\partial(x,y)}{\partial(L_1,L_2)}\right] = \begin{bmatrix} \dfrac{\partial x}{\partial L_1} & \dfrac{\partial y}{\partial L_1} \\ \dfrac{\partial x}{\partial L_2} & \dfrac{\partial y}{\partial L_2} \end{bmatrix} = \begin{bmatrix} x_1 - x_3 & y_1 - y_3 \\ x_2 - x_3 & y_2 - y_3 \end{bmatrix} \tag{2-73}$$

于是雅可比矩阵的行列式为

$$|J| = \begin{vmatrix} x_1 - x_3 & y_1 - y_3 \\ x_2 - x_3 & y_2 - y_3 \end{vmatrix} = \begin{vmatrix} 1 & x_1 & y_1 \\ 1 & x_2 & y_2 \\ 1 & x_3 & y_3 \end{vmatrix} = 2\Delta \tag{2-74}$$

在计算单元刚度矩阵和等效节点载荷时,如果将被积函数用面积坐标表示,则在进行积分时将带来极大的方便。如

$$\iint\limits_{\Delta_{123}} F(L_1,L_2,L_3)\,\mathrm{d}x\mathrm{d}y = \iint\limits_{\Delta_{\bar1\bar2\bar3}} F(L_1,L_2,L_3)\,|J|\,\mathrm{d}L_1\mathrm{d}L_2$$

$$= 2\Delta_{123}\int_0^1 \mathrm{d}L_1 \int_0^{1-L_1} F(L_1,L_2,1-L_1-L_2)\,\mathrm{d}L_2$$

利用 $\int_0^1 t^m(1-t)^n\mathrm{d}t = \dfrac{m!\,n!}{(m+n+1)!}$(欧拉公式)可得到下面两个很有用的积分公式。

求面积坐标在单元面上的积分时有

$$\iint\limits_{\Delta_{123}} L_1^a L_2^b L_3^c\,\mathrm{d}x\mathrm{d}y = \frac{a!\,b!\,c!}{(a+b+c+2)!}2\Delta_{123} \tag{2-75}$$

求面积坐标在某个边上的积分时有

$$\int_{l_{ij}} L_i^a L_j^b\,\mathrm{d}s = \frac{a!\,b!}{(a+b+1)!}l_{ij} \tag{2-76}$$

其中 l_{ij} 为该边的长度。

式(2-75)有如下特例。

(1) $a=1,b=c=0$ 时,$\iint\limits_{\Delta_{123}} L_1\,\mathrm{d}x\mathrm{d}y = \dfrac{1!\,0!\,0!}{(1+0+0+2)!}\cdot 2\Delta_{123} = \dfrac{1}{6}\cdot 2\Delta_{123} = \dfrac{\Delta_{123}}{3}$;

同理 $\iint\limits_{\Delta_{123}} L_2\,\mathrm{d}x\mathrm{d}y = \iint\limits_{\Delta_{123}} L_3\,\mathrm{d}x\mathrm{d}y = \dfrac{\Delta_{123}}{3}$。

(2) $a=2,b=c=0$ 时,$\iint\limits_{\Delta_{123}} L_1^2\,\mathrm{d}x\mathrm{d}y = \dfrac{2!\,0!\,0!}{(2+0+0+2)!}\cdot 2\Delta_{123} = \dfrac{2}{24}\cdot 2\Delta_{123} = \dfrac{\Delta_{123}}{6}$;

同理 $\iint\limits_{\Delta_{123}} L_2^2\,\mathrm{d}x\mathrm{d}y = \iint\limits_{\Delta_{123}} L_3^2\,\mathrm{d}x\mathrm{d}y = \dfrac{\Delta_{123}}{6}$。

(3) $a=b=1,c=0$ 时,$\iint\limits_{\Delta_{123}} L_1 L_2\,\mathrm{d}x\mathrm{d}y = \dfrac{1!\,1!\,0!}{(1+1+0+2)!}\cdot 2\Delta_{123} = \dfrac{1}{24}\cdot 2\Delta_{123} = \dfrac{\Delta_{123}}{12}$;

同理 $\iint\limits_{\Delta_{123}} L_2 L_3\,\mathrm{d}x\mathrm{d}y = \iint\limits_{\Delta_{123}} L_3 L_1\,\mathrm{d}x\mathrm{d}y = \dfrac{\Delta_{123}}{12}$。

上述公式及特例用于计算六节点三角形单元的单元刚度矩阵与单元等效节点载荷。

下面作简单证明。先证明式(2-75)。设 $L_2=(1-L_1)t$,于是 L_2 从 0 变到 $1-L_1$,则 t 从 0 变到 1,于是

$$\iint\limits_{\Delta_{123}} L_1^a L_2^b L_3^c \,\mathrm{d}x\,\mathrm{d}y = 2\Delta_{123} \int_0^1 \mathrm{d}L_1 \int_0^{1-L_1} L_1^a L_2^b (1-L_1-L_2)^c \,\mathrm{d}L_2$$

$$= 2\Delta_{123} \int_0^1 L_1^a \left[\int_0^{1-L_1} L_2^{\,b} (1-L_1-L_2)^c \,\mathrm{d}L_2 \right] \mathrm{d}L_1$$

$$= 2\Delta_{123} \int_0^1 L_1^a \left\{ \int_0^1 (1-L_1)^b t^b \left[(1-L_1) - (1-L_1)t \right]^c (1-L_1)\,\mathrm{d}t \right\} \mathrm{d}L_1$$

$$= 2\Delta_{123} \int_0^1 L_1^a (1-L_1)^{b+c+1} \,\mathrm{d}L_1 \int_0^1 t^b (1-t)^c \,\mathrm{d}t$$

$$= 2\Delta_{123} \cdot \frac{a!\,(b+c+1)!}{(a+b+c+2)!} \cdot \frac{b!\,c!}{(b+c+1)!} = \frac{a!\,b!\,c!}{(a+b+c+2)!} 2\Delta_{123}$$

再证明式(2-76)。如图 2-39,在 ij 边上,$L_m = 0$,$L_i + L_j = 1$,即 $L_i = 1 - L_j$。设 ij 边边长为 l_{ij},高为 h,则 $\Delta_{ijm} = \dfrac{1}{2} l_{ij} h$,对 ij 边上任一点 M,$\Delta_j = \dfrac{1}{2} sh$,所以 $L_j = \dfrac{\Delta_j}{\Delta_{ijm}} = \dfrac{s}{l_{ij}}$,即 $s = l_{ij} L_j$,于是 $\mathrm{d}s = l_{ij}\,\mathrm{d}L_j$,故有

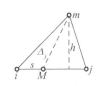

图 2-39　三角形单元

$$\int_{l_{ij}} L_i^a L_j^b \,\mathrm{d}s = \int_0^1 L_i^a L_j^b l_{ij}\,\mathrm{d}L_j = l_{ij} \int_0^1 L_j^b (1-L_j)^a \,\mathrm{d}L_j = l_{ij} \frac{a!\,b!}{(a+b+1)!} .$$

7. 六节点三角形单元的等效节点载荷

当六节点三角形单元受非节点载荷时,可采用与常应变三角形单元相同的公式求得等效节点载荷。

例 2-12　六节点三角形单元受均布体力为重力 W,单元厚度为常数 t,y 轴铅垂向上,求单元的等效节点载荷。

解

$$\{R\}_{F_b}^e = \iint\limits_{\Delta} [N]^{\mathrm{T}} \{F_b\} t\,\mathrm{d}x\,\mathrm{d}y = \iint\limits_{\Delta}
\begin{bmatrix} N_1 & 0 \\ 0 & N_1 \\ N_2 & 0 \\ 0 & N_2 \\ N_3 & 0 \\ 0 & N_3 \\ N_4 & 0 \\ 0 & N_4 \\ N_5 & 0 \\ 0 & N_5 \\ N_6 & 0 \\ 0 & N_6 \end{bmatrix}
\begin{Bmatrix} 0 \\ -\rho g \end{Bmatrix} t\,\mathrm{d}x\,\mathrm{d}y = -\rho g t
\begin{Bmatrix} 0 \\ \iint\limits_{\Delta} N_1 \,\mathrm{d}x\,\mathrm{d}y \\ 0 \\ \iint\limits_{\Delta} N_2 \,\mathrm{d}x\,\mathrm{d}y \\ 0 \\ \iint\limits_{\Delta} N_3 \,\mathrm{d}x\,\mathrm{d}y \\ 0 \\ \iint\limits_{\Delta} N_4 \,\mathrm{d}x\,\mathrm{d}y \\ 0 \\ \iint\limits_{\Delta} N_5 \,\mathrm{d}x\,\mathrm{d}y \\ 0 \\ \iint\limits_{\Delta} N_6 \,\mathrm{d}x\,\mathrm{d}y \end{Bmatrix}$$

下面计算 $\iint\limits_{\Delta} N_i \mathrm{d}x\mathrm{d}y$。

$$\iint\limits_{\Delta} N_1 \mathrm{d}x\mathrm{d}y = \iint\limits_{\Delta} L_1(2L_1-1)\mathrm{d}x\mathrm{d}y = 2\iint\limits_{\Delta} L_1^2 \mathrm{d}x\mathrm{d}y - \iint\limits_{\Delta} L_1 \mathrm{d}x\mathrm{d}y = 2\times\frac{\Delta}{6}-\frac{\Delta}{3}=0$$

同理得 $\iint\limits_{\Delta} N_2 \mathrm{d}x\mathrm{d}y = \iint\limits_{\Delta} N_3 \mathrm{d}x\mathrm{d}y = 0$。

$$\iint\limits_{\Delta} N_4 \mathrm{d}x\mathrm{d}y = \iint\limits_{\Delta} 4L_1L_2 \mathrm{d}x\mathrm{d}y = 4\times\frac{\Delta}{12}=\frac{\Delta}{3}$$

同理得 $\iint\limits_{\Delta} N_5 \mathrm{d}x\mathrm{d}y = \iint\limits_{\Delta} N_6 \mathrm{d}x\mathrm{d}y = \dfrac{\Delta}{3}$。

于是 $\{R\}^e_{F_b} = -\rho g t \begin{bmatrix} 0 & 0 & 0 & 0 & 0 & 0 & 0 & \dfrac{\Delta}{3} & 0 & \dfrac{\Delta}{3} & 0 & \dfrac{\Delta}{3} \end{bmatrix}^{\mathrm{T}}$

$$= \begin{bmatrix} 0 & 0 & 0 & 0 & 0 & 0 & 0 & -\dfrac{W}{3} & 0 & -\dfrac{W}{3} & 0 & -\dfrac{W}{3} \end{bmatrix}^{\mathrm{T}}$$

即将单元自重的 $1/3$ 分别移置到每个边中节点 y 的负向。

例 2-13 如图 2-40 所示，六节点三角形单元边界 23 作用沿 x 方向分布的三角形分布面力，载荷的最大集度为 q，23 边长为 l，单元厚度为常数 t，求单元的等效节点载荷。

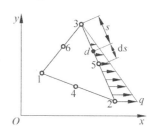

图 2-40 六节点三角形单元
受分布面力

解 在距 3 节点为 s 的点 d 处，面力向量为

$$\{F_{\mathrm{T}}\} = \begin{Bmatrix} qL_2 \\ 0 \end{Bmatrix}$$

而此处 $N_1 = N_4 = N_6 = 0$。于是，分布面力的等效节点载荷向量为

$$\{R\}^e_{F_{\mathrm{T}}} = \int_l [N]^{\mathrm{T}} \{F_{\mathrm{T}}\} t \mathrm{d}s$$

$$= \int_l \begin{bmatrix} N_1 & 0 & N_2 & 0 & N_3 & 0 & N_4 & 0 & N_5 & 0 & N_6 & 0 \\ 0 & N_1 & 0 & N_2 & 0 & N_3 & 0 & N_4 & 0 & N_5 & 0 & N_6 \end{bmatrix}^{\mathrm{T}} \begin{Bmatrix} qL_2 \\ 0 \end{Bmatrix} t \mathrm{d}s$$

$$= qt \int_l \begin{bmatrix} 0 & 0 & N_2L_2 & 0 & N_3L_2 & 0 & 0 & 0 & N_5L_2 & 0 & 0 & 0 \end{bmatrix}^{\mathrm{T}} \mathrm{d}s$$

$$= qt \begin{bmatrix} 0 & 0 & \int_l N_2L_2 \mathrm{d}s & 0 & \int_l N_3L_2 \mathrm{d}s & 0 & 0 & 0 & \int_l N_5L_2 \mathrm{d}s & 0 & 0 & 0 \end{bmatrix}^{\mathrm{T}}$$

式中：

$$\int_l N_2L_2 \mathrm{d}s = \int_l L_2(2L_2-1)L_2 \mathrm{d}s = 2\int_l L_2^3 \mathrm{d}s - \int_l L_2^2 \mathrm{d}s$$

$$= 2\cdot\frac{3!}{(3+1)!}l - \frac{2!}{(2+1)!}l = \frac{l}{6}$$

$$\int_l N_3L_2 \mathrm{d}s = \int_l L_3(2L_3-1)L_2 \mathrm{d}s = 2\int_l L_2L_3^3 \mathrm{d}s - \int_l L_2L_3 \mathrm{d}s$$

$$= 2\cdot\frac{1!2!}{(1+2+1)!}l - \frac{1!1!}{(1+1+1)!}l = 0$$

$$\int_l N_5L_2 \mathrm{d}s = \int_l 4L_2L_3L_2 \mathrm{d}s = 4\int_l L_2^2L_3 \mathrm{d}s = 4\cdot\frac{2!1!}{(2+1+1)!}l = \frac{l}{3}$$

于是

$$\{R\}^e_{F_T} = qt \begin{bmatrix} 0 & 0 & \dfrac{l}{6} & 0 & 0 & 0 & 0 & 0 & \dfrac{l}{3} & 0 & 0 & 0 \end{bmatrix}^T$$

$$= \frac{1}{2}qtl \begin{bmatrix} 0 & 0 & \dfrac{1}{3} & 0 & 0 & 0 & 0 & 0 & \dfrac{2}{3} & 0 & 0 & 0 \end{bmatrix}^T$$

即将边界总面力的 1/3 移置到 2 节点,总面力的 2/3 移置到边中节点 5。

8. 应变矩阵与应力矩阵

六节点三角形单元的形函数为

$$N_1 = L_1(2L_1 - 1), \quad N_2 = L_2(2L_2 - 1), \quad N_3 = L_3(2L_3 - 1)$$

$$N_4 = 4L_1 L_2, \quad N_5 = 4L_2 L_3, \quad N_6 = 4L_3 L_1$$

于是位移函数为

$$u = \sum_{i=1}^{6} N_i(L_1, L_2, L_3) u_i$$

$$v = \sum_{i=1}^{6} N_i(L_1, L_2, L_3) v_i$$

而 $\varepsilon_x = \dfrac{\partial u}{\partial x} = \sum\limits_{i=1}^{6} \dfrac{\partial N_i}{\partial x} u_i$,$\dfrac{\partial N_1}{\partial x} = \sum\limits_{i=1}^{3} \dfrac{\partial N_1}{\partial L_i} \cdot \dfrac{\partial L_i}{\partial x}$

因 $L_i = \dfrac{1}{2\Delta}(a_i + b_i x + c_i y)$,$i = 1, 2, 3$,于是 $\dfrac{\partial L_i}{\partial x} = \dfrac{b_i}{2\Delta}$,所以

$$\frac{\partial N_1}{\partial x} = \frac{\partial N_1}{\partial L_1} \cdot \frac{\partial L_1}{\partial x} + \frac{\partial N_1}{\partial L_2} \cdot \frac{\partial L_2}{\partial x} + \frac{\partial N_1}{\partial L_3} \cdot \frac{\partial L_3}{\partial x} = (4L_1 - 1) \cdot \frac{b_1}{2\Delta} + 0 + 0 = \frac{b_1}{2\Delta}(4L_1 - 1)$$

同理

$$\frac{\partial N_2}{\partial x} = \frac{b_2}{2\Delta}(4L_2 - 1), \quad \frac{\partial N_3}{\partial x} = \frac{b_3}{2\Delta}(4L_3 - 1)$$

$$\frac{\partial N_4}{\partial x} = \frac{\partial N_4}{\partial L_1} \cdot \frac{\partial L_1}{\partial x} + \frac{\partial N_4}{\partial L_2} \cdot \frac{\partial L_2}{\partial x} + \frac{\partial N_4}{\partial L_3} \cdot \frac{\partial L_3}{\partial x} = 4L_2 \cdot \frac{b_1}{2\Delta} + 4L_1 \cdot \frac{b_2}{2\Delta} = \frac{2}{\Delta}(L_2 b_1 + L_1 b_2)$$

同理

$$\frac{\partial N_5}{\partial x} = \frac{2}{\Delta}(L_3 b_2 + L_2 b_3), \quad \frac{\partial N_6}{\partial x} = \frac{2}{\Delta}(L_3 b_1 + L_1 b_3)$$

于是

$$\varepsilon_x = \frac{b_1}{2\Delta}(4L_1 - 1)u_1 + \frac{b_2}{2\Delta}(4L_2 - 1)u_2 + \frac{b_3}{2\Delta}(4L_3 - 1)u_3 + \frac{2}{\Delta}(L_2 b_1 + L_1 b_2)u_4 + \frac{2}{\Delta}(L_3 b_2 + L_2 b_3)u_5$$

$+ \dfrac{2}{\Delta}(L_3 b_1 + L_1 b_3)u_6$ 即 ε_x 是面积坐标的一次函数。

因 $L_i = \dfrac{1}{2\Delta}(a_i + b_i x + c_i y)$,$i = 1, 2, 3$,故 ε_x 是 x、y 的一次函数。同理 ε_y、γ_{xy} 也是 x、y 的一次函数,即六节点三角形单元是线性应变单元。

由 $\{\varepsilon\} = [B]\{\delta\}^e$ 与 $\{\sigma\} = [D]\{\varepsilon\}$ 知,应力分量也是 x、y 的一次函数,即六节点三角形单元是线性应力单元。

由此可见,六节点三角形单元内的应力、应变沿任何方向都是线性变化的。

9. 六节点三角形单元的优缺点

可以证明六节点三角形单元是完备的协调单元,当网格加密时,有限元解收敛于精确解。六节点三角形单元的位移函数是完整的二次多项式,多项式的阶次比线性三角形单元、矩形单元高,因而对实际位移场的逼近度就高;而且因六节点三角形单元的应力、应变在单元内沿任何方向都是线性变化的,在表示应力、应变时,比线性三角形单元好;六节点三角形单元能很好适应斜交边界与曲线边界,而且应力结果整理比较简单,无论是内节点还是边界节点,均可采用绕节点平均法。

但由于六节点三角形单元中 1 个节点的相关节点数较大,整体刚度矩阵的半带宽较大,所需计算机容量大,计算刚度矩阵、载荷向量所费机时较多,而且程序编制也较线性三角形单元复杂。

在保证达到相同精度的前提下,用六节点三角形单元可以采用很少的单元数目。一个典型的例子是,有研究人员在计算"楔形体受自重及齐顶水压"问题时,对于 7m×9m 的三角形截面,如果采用 66 个节点、100 个单元的线性三角形单元网格,其计算结果比用一个六节点三角形单元的精度还低。这个例子虽然比较特殊,但足以说明六节点三角形单元的优越性。

2.11   等参元

前面讨论的四节点矩形单元难以应用于斜线边界,三角形单元虽可应用于斜线边界,但对曲线边界问题,单元形状的近似仍会带来一定的误差。这时很自然地想到,能不能采用形状一般的直边单元或曲边单元进行有限元分析? 如果能的话,对这些单元如何建立位移函数? 能否采用待定系数法构造位移函数? 能否根据形函数性质直接构造形函数,进而得到位移函数? 下面先通过考查一种单元——一般四边形直边单元,来回答上述问题。

如图 2-41 为一般四边形直边单元,每个节点有两个自由度,单元的自由度为 8,由待定系数法可设单元的位移函数为

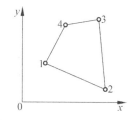

图 2-41   一般四边形直边单元

$$\begin{cases} u = \alpha_1 + \alpha_2 x + \alpha_3 y + \alpha_4 xy \\ v = \alpha_5 + \alpha_6 x + \alpha_7 y + \alpha_8 xy \end{cases} \quad (2\text{-}77)$$

四边形单元的任一边界为直边,y 与 x 呈线性关系,所以在单元边界上,u、v 一般是 x(或 y)的二次函数,于是可假设在边界上 $u = B_1 + B_2 x + B_3 x^2$($v$ 同理)。

上式有三个待定系数,而任一边界上只有 2 个节点,所以由节点条件不能唯一确定 B_1、B_2、B_3,因此在相邻单元公共边界上位移的连续性得不到保证。也就是说,利用式(2-77)作为一般四边形直边单元的位移函数,其有限元解答的收敛性没有保证。

要直接构造形函数,应在标准坐标系下进行。于是希望能通过某种坐标变换将一般四边形直边单元变换为标准化坐标系下的规则单元。

考查采用如下的坐标变换式,看看能否达到预期的目的:

$$\begin{cases} x = \sum\limits_{i=1}^{4} N_i(\xi,\eta)x_i \\ y = \sum\limits_{i=1}^{4} N_i(\xi,\eta)y_i \end{cases} \tag{2-78}$$

其中 $N_i(\xi,\eta) = \dfrac{1}{4}(1+\xi_i\xi)(1+\eta_i\eta)$ 为图 2-42 所示标准化坐标系下，边长为 2 的正方形单元的形函数。

下面说明，经过坐标变换式(2-78)，图 2-42 的正方形单元变换为图 2-41 一般四边形直边单元。

先考查图 2-42 中节点 $i(i=1,2,3,4)$ 变换为图 2-41 中对应的节点。节点 i 在图 2-42 中的坐标为 (ξ_i,η_i)，将 ξ_i、η_i 的值代入式(2-78)，并利用形函数本处为 1、它处为 0 的性质得 $x=x_i$，$y=y_i$，即图 2-42 中坐标为 (ξ_i,η_i) 的节点 i 变换为图 2-41 中坐标为 (x_i,y_i) 的节点。由此可见，采用坐标变换式(2-78)，可实现节点间的变换。

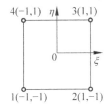

图 2-42　标准化坐标系下的正方形单元

再考查图 2-42 中正方形单元的边界映射为图 2-41 中一般四边形直边单元对应的边界。

因 $N_i(\xi,\eta)$ 为 ξ、η 的双线性函数，由式(2-78)知，x、y 也应是 ξ、η 的双线性函数，当 $\xi=$ 常数时，x、y 也应是 η 的线性函数，故可设 $x=A_1+A_2\eta$，$y=B_1+B_2\eta$，于是 $\dfrac{x-A_1}{A_2}=\dfrac{y-B_1}{B_2}$，这是 xy 坐标系下的直线方程。

由此可见，图 2-42 中 $\xi=$ 常数的坐标线均可映射为图 2-41 中的一条直线。同理，图 2-42 中 $\eta=$ 常数的坐标线均可映射为图 2-41 中的一条直线。上述结论对图 2-42 中 $\xi=\pm1$，$\eta=\pm1$ 边界同样成立。因此，图 2-42 中的正方形边界映射到图 2-41 中均为直线。

结合节点的对应关系可知，变换式(2-78)将正方形单元的边界映射为一般四边形单元的边界，而且图 2-42 中规则的网格对应于图 2-41 中不规则的网格。

通过上述讨论，了解到对一般四边形直边单元可以采用与矩形单元同样的方法研究，即在整体坐标系下，假定一般四边形单元的位移函数为

$$\begin{cases} u = \sum\limits_{i=1}^{4} N_i(\xi,\eta)u_i \\ v = \sum\limits_{i=1}^{4} N_i(\xi,\eta)v_i \end{cases} \tag{2-79}$$

而 $N_i(\xi,\eta) = \dfrac{1}{4}(1+\xi_i\xi)(1+\eta_i\eta)$ 为图 2-42 所示标准化坐标系下边长为 2 的正方形单元的形函数。

比较式(2-78)与式(2-79)知，一般四边形直边单元为等参元，而式(2-78)为相应的等参变换式。

由此可见，一般的直边单元或曲边单元不能由待定系数法直接建立位移函数，而是采用坐标变换，先将这些单元转化为规则单元，然后对规则单元进行有限元分析，得到计算结果，最后通过坐标变换得到原单元的解答。在有限元法中，最普遍采用的坐标变换方法是等参

变换。采用等参变换的单元称为等参元。借助于等参元可以对于一般的任意几何形状的工程问题和物理问题方便地进行有限元离散,因此,等参元的提出为有限元法成为工程实际领域最有效的数值分析方法迈出了极为重要的一步。

2.11.1 母单元与子单元

标准化坐标系下形状规则的单元称为母单元或标准元,而采用等参变换得到的 xy 坐标系下的单元称为等参元,或称子单元,因此等参元为实际单元。

当母单元确定时,节点数与形函数就确定了,于是坐标变换式(2-78)只与子单元的节点坐标有关,而子单元的节点坐标是单元划分时任意指定的,这就导致了一个母单元与一族子单元相对应。例如图 2-43 所示,一个母单元对应多个子单元。

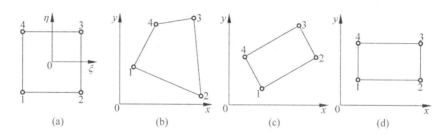

图 2-43 母单元与子单元

(a) 母单元;(b) 子单元之一;(c) 子单元之二;(d) 子单元之三

前面只对特殊形状的等参元——一般四边形直边单元作了介绍,下面考查一般情况。

如图 2-44(a)所示为八节点曲边四边形单元,根据该单元的形状,估计其母单元是如图 2-44(b)所示的边长为 2 的八节点正方形单元。

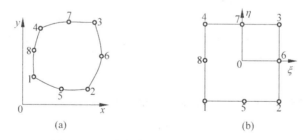

图 2-44 八节点曲边四边形单元与标准元

下面考查图 2-44(b)的母单元通过下面的等参变换式得到图 2-44(a)的子单元,变换中的 $N_i(\xi,\eta)$ 为图 2-44(b)八节点正方形单元的形函数。

$$\begin{cases} x = \sum_{i=1}^{8} N_i(\xi,\eta) x_i \\ y = \sum_{i=1}^{8} N_i(\xi,\eta) y_i \end{cases} \tag{2-80}$$

先考查图 2-44(b)中的 (ξ_i,η_i) 变换为图 2-44(a)中的 (x_i,y_i)。将 (ξ_i,η_i) 代入坐标变换式(2-80),并利用形函数本处为 1、它处为 0 的性质得 $x=x_i,y=y_i$,即图 2-44(b)中的节点 (ξ_i,η_i) 通过式(2-80)变换为图 2-44(a)的对应节点。

再考查图 2-44(b) 的单元边界变换为图 2-44(a) 对应的单元边界。对图 2-44(b) 的单元,因单元自由度为 16,故可设

$$\begin{cases} u = \alpha_1 + \alpha_2\xi + \alpha_3\eta + \alpha_4\xi^2 + \alpha_5\xi\eta + \alpha_6\eta^2 + \alpha_7\xi^2\eta + \alpha_8\xi\eta^2 \\ v = \alpha_9 + \alpha_{10}\xi + \alpha_{11}\eta + \alpha_{12}\xi^2 + \alpha_{13}\xi\eta + \alpha_{14}\eta^2 + \alpha_{15}\xi^2\eta + \alpha_{16}\xi\eta^2 \end{cases}$$

而形函数是与位移函数阶次相同的多项式,所以八节点正方形单元的形函数 $N_i(\xi,\eta)$ 应与位移函数为同阶函数。

当 ξ＝常数时,$N_i(\xi,\eta)$ 为 η 的二次函数,于是在图 2-44(b) 的边界 $\xi=1$ 上,$N_i(\xi,\eta)$ 为 η 的二次函数,结合式(2-80)知,在该边界上 x、y 应是 ξ、η 的二次函数,故可设

$$\begin{aligned} x &= A_1 + A_2\eta + A_3\eta^2 \\ y &= B_1 + B_2\eta + B_3\eta^2 \end{aligned} \qquad 在 \xi = 1 上 \tag{2-81}$$

式(2-81)是以 η 为参变量的参数方程,在整体坐标 xy 中,它是一条曲线。由此可见,母单元的边界 $\xi=1$ 通过式(2-80)得到整体坐标 xy 上的一条曲线。$\xi=1$ 边界上,共有 3 个节点,提供 6 个条件,可唯一确定式(2-81)中 6 个参数,结合节点的对应关系知,图 2-44(b) 中的单元边界通过等参变换式(2-80)对应图 2-44(a) 中的单元边界。同理可说明,图 2-44(b) 中的坐标线构成的直线网格对应图 2-44(a) 中的曲线网格。考虑到特殊情况下,式(2-81) 为直线方程,所以图 2-44(b) 的母单元对应的子单元也可能是八节点一般直边四边形单元。

曲边单元上的节点布局可以是各种各样的,所以经过等参变换后的直边单元的节点布局也比前面介绍的直边单元复杂得多。选取位移函数的方法是先确定形函数 N_i,再由 $u = \sum N_i u_i, v = \sum N_i v_i$ 建立位移函数,所以有必要进一步学习标准化坐标系下形函数的建立方法。下面以矩形单元族为例说明。

2.11.2 标准化坐标系下矩形单元族的形函数

采用标准化坐标系有两个优点,一是在标准化坐标系下直接构造形函数比较方便,二是易于应用数值积分计算单元刚度矩阵。

矩形单元族是形状为矩形的单元,该单元族在标准化坐标系 (ξ,η) 下是边长为 2 的正方形。根据节点布局的不同,常用的矩形单元族分为如下三类:

(1) 拉氏族矩形单元。拉氏族矩形单元即为 Lagranger 族矩形单元,这类单元边界节点和内部节点置于规则的网格上,如图 2-45(a) 所示。

(2) 索氏族矩形单元。索氏族矩形单元即为 Serendipity 族矩形单元,这类单元只包含边界节点,没有内部节点,两相对边的节点布局相同,如图 2-45(b) 所示。

(3) 过渡索氏族矩形单元。过渡索氏族矩形单元也只包含边界节点,各边上的节点个数可以不同,如图 2-45(c) 所示。

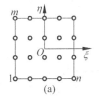 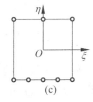

图 2-45 三类矩形单元族

在标准化坐标系下,建立这三类矩形单元形函数的方法不完全相同,下面分别介绍。

1. 拉氏族矩形单元

如图 2-45(a)所示的拉氏族矩形单元,在 ξ 方向有 n 个节点,在 η 方向有 m 个节点。为使形函数 $N_k(\xi,\eta)$ 满足协调性,$N_k(\xi,\eta)$ 在 ξ 方向应呈 $n-1$ 次变化,在 η 方向应呈 $m-1$ 次变化。为保证 $N_k(\xi,\eta)$ 在 k 节点值为 1,其余节点值为零,可取 $N_k(\xi,\eta)$ 为

$$N_k(\xi,\eta) = L_k^{n-1}(\xi)L_k^{m-1}(\eta) \tag{2-82}$$

即 $N_k(\xi,\eta)$ 等于 k 节点在 ξ 方向的 $n-1$ 次拉格朗日插值函数与 k 节点在 η 方向的 $m-1$ 次拉格朗日插值函数的乘积。

例 2-14 利用式(2-82)写出图 2-46 所示正方形单元在标准化坐标系下的形函数 N_1 与 N_2。

解 图 2-46 所示矩形单元可视为拉氏族矩形单元,$n=2$,$m=2$,由式(2-82)得

$$N_1(\xi,\eta) = L_1^1(\xi)L_1^1(\eta) = \frac{\xi-\xi_2}{\xi_1-\xi_2} \cdot \frac{\eta-\eta_4}{\eta_1-\eta_4} = \frac{\xi-1}{-1-1} \cdot \frac{\eta-1}{-1-1} = \frac{1}{4}(1-\xi)(1-\eta)$$

$$N_2(\xi,\eta) = L_2^1(\xi)L_2^1(\eta) = \frac{\xi-\xi_1}{\xi_2-\xi_1} \cdot \frac{\eta-\eta_3}{\eta_2-\eta_3} = \frac{\xi+1}{1-(-1)} \cdot \frac{\eta-1}{-1-1} = \frac{1}{4}(1+\xi)(1-\eta)$$

例 2-15 利用式(2-82)写出如图 2-47 所示正方形单元在标准化坐标系下的形函数 N_1、N_5、N_9。

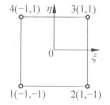
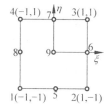

图 2-46　四节点正方形单元　　　　图 2-47　九节点正方形单元

解 图 2-47 所示矩形单元可视为拉氏族矩形单元,$n=3$,$m=3$,由式(2-82)得

$$N_1(\xi,\eta) = L_1^2(\xi)L_1^2(\eta) = \frac{(\xi-\xi_2)(\xi-\xi_5)}{(\xi_1-\xi_2)(\xi_1-\xi_5)} \cdot \frac{(\eta-\eta_4)(\eta-\eta_8)}{(\eta_1-\eta_4)(\eta_1-\eta_8)}$$

$$= \frac{(\xi-1)(\xi-0)}{(-1-1)(-1-0)} \cdot \frac{(\eta-1)(\eta-0)}{(-1-1)(-1-0)} = \frac{1}{4}\xi\eta(1-\xi)(1-\eta)$$

$$N_5(\xi,\eta) = L_5^2(\xi)L_5^2(\eta) = \frac{(\xi-\xi_1)(\xi-\xi_2)}{(\xi_5-\xi_1)(\xi_5-\xi_2)} \cdot \frac{(\eta-\eta_7)(\eta-\eta_9)}{(\eta_5-\eta_7)(\eta_5-\eta_9)}$$

$$= \frac{(\xi+1)(\xi-1)}{(0-(-1))(0-1)} \cdot \frac{(\eta-1)(\eta-0)}{(-1-1)(-1-0)} = -\frac{1}{2}(1-\xi^2)\eta(1-\eta)$$

$$N_9(\xi,\eta) = L_9^2(\xi)L_9^2(\eta) = \frac{(\xi-\xi_8)(\xi-\xi_6)}{(\xi_9-\xi_8)(\xi_9-\xi_6)} \cdot \frac{(\eta-\eta_5)(\eta-\eta_7)}{(\eta_9-\eta_5)(\eta_9-\eta_7)}$$

$$= \frac{(\xi+1)(\xi-1)}{(0-(-1))(0-1)} \cdot \frac{(\eta+1)(\eta-1)}{(0-(-1))(0-1)} = (1-\xi^2)(1-\eta^2)$$

拉氏族矩形单元形函数的建立比较简单,但由于存在大量的内部节点,一方面使整体刚度矩阵的阶次增加,另一方面,使位移函数及形函数中包含一些次数较高的项而略去了一些低次项,因而位移多项式的精度较差。实际中除线性单元(四节点)与二次单元(九节点)外

很少使用拉氏族矩形单元。

2. 索氏族矩形单元

索氏族矩形单元只有边界节点,在标准化坐标系中,构造索氏族矩形单元形函数通常采用两种方法。

方法一:由若干几何方程的连乘式构造形函数,此方法也称为划线法。其步骤如下:

(1)对于节点i,找出能覆盖其余节点的若干几何方程,在平面问题中,这些方程可以是直线方程,也可以是曲线方程。

(2)适当选用上述几何方程,以待定参数的连乘式(几何方程左端项相乘)作为形函数N_i,使形函数"它处为零"的条件自动满足。注意:要将几何方程表示为右端项等于0的形式。

(3)将i节点坐标(ξ_i,η_i)代入上述几何方程连乘式,用"本处为1"的性质确定待定参数。

(4)根据节点的相似性,进行适当的变量代换直接求得其余节点的形函数。

(5)验证对单元中任一点是否满足$\sum N_i=1$的条件。

方法二:利用变单元节点法构造形函数。该方法的步骤如下:

(1)建立对应低阶单元的形函数$\bar{N}_i$,保证"本处为1"。

(2)计算低阶单元形函数在高阶单元边中节点j处的值α_j。

(3)高阶单元角节点i处的形函数$N_i=\bar{N}_i-\sum\limits_j\alpha_j N_j$,确保了$N_i$在"它处为0"。

(4)高阶单元边中节点的形函数由一次基本拉格朗日插值多项式与$n-1$次基本拉格朗日插值多项式的乘积表示,其中n为该节点所在边的节点数。

下面举例说明索氏族矩形单元形函数的构造方法。

例 2-16 在标准化坐标系下直接建立图 2-48 所示八节点正方形单元的形函数。

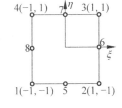

图 2-48 八节点正方形单元

解法一 划线法

(1)构造N_1。覆盖$2\sim 8$节点的方程为

$$上边线方程 1-\eta=0$$
$$右边线方程 1-\xi=0$$
$$5、8节点连线方程 1+\xi+\eta=0$$

3 个几何方程左端相乘为$(1-\xi)(1-\eta)(1+\xi+\eta)$,该式在除 1 节点以外的其余节点处值均为零,在$\xi$方向、$\eta$方向已是二次式,可以作为形函数。

设$N_1=\lambda_1(1-\xi)(1-\eta)(1+\xi+\eta)$,由$N_1(\xi_1,\eta_1)=1$得$\lambda_1=-\dfrac{1}{4}$,于是$N_1=\dfrac{1}{4}(1-\xi)(1-\eta)(-\xi-\eta-1)$。

同理,对所有角节点,形函数为

$$N_i=\frac{1}{4}(1+\xi_i\xi)(1+\eta_i\eta)(\xi_i\xi+\eta_i\eta-1),\quad i=1,2,3,4$$

(2)构造N_5。覆盖除 5 节点以外的其余节点的方程可选择为

$$上边线方程 1-\eta=0$$
$$右边线方程 1-\xi=0$$
$$左边线方程 1+\xi=0$$

故可设 $N_5 = \lambda_5(1-\eta)(1-\xi)(1+\xi)$，由 $N_5(\xi_5, \eta_5) = 1$ 得 $\lambda_5 = \dfrac{1}{2}$，于是 $N_5 = \dfrac{1}{2}(1-\xi^2)(1-\eta)$。

以此类推，可得到边中节点的形函数如下：

$$\xi_i = 0, \quad N_i = \frac{1}{2}(1-\xi^2)(1+\eta_i\eta), \quad i = 5,7$$

$$\eta_i = 0, \quad N_i = \frac{1}{2}(1+\xi_i\xi)(1-\eta^2), \quad i = 6,8$$

容易验证 $\displaystyle\sum_{i=1}^{8} N_i = 1$，所以上述形函数即为标准化坐标系下 8 节点正方形单元的形函数。

解法二   变单元节点法

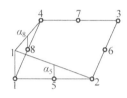

图 2-49 $\overline{N}_1$ 几何图形

分析   八节点正方形单元对应的低阶单元是四节点矩形单元，应先建立四节点矩形单元的形函数 $\overline{N}_1$。由例 2-14 知，$\overline{N}_1 = \dfrac{1}{4}(1-\xi)(1-\eta)$。$\overline{N}_1$ 几何图形如图 2-49 所示，可见 $\overline{N}_1$ 在节点 5、8 处的值均为 $\dfrac{1}{2}$，而在节点 6、7 处的值为 0，故需要从 $\overline{N}_1$ 中减去 $\dfrac{1}{2}N_5$ 与 $\dfrac{1}{2}N_8$，才能保证 N_1 在 1 节点以外的其余节点上的值为 0，因此，求解 N_1 前需求解 N_5 与 N_8。N_5 与 N_8 为索氏族矩形单元的边中节点，可由两拉格朗日插值多项式相乘得到。

解   先求 N_5 与 N_8，

$$N_5 = L_5^2(\xi)L_5^1(\eta) = \frac{(\xi-\xi_1)(\xi-\xi_2)}{(\xi_5-\xi_1)(\xi_5-\xi_2)} \cdot \frac{\eta - \eta_7}{\eta_5 - \eta_7}$$

$$= \frac{(\xi+1)(\xi-1)}{1 \cdot (-1)} \cdot \frac{\eta-1}{-2} = \frac{1}{2}(1-\xi^2)(1-\eta)$$

同理 $N_8 = \dfrac{1}{2}(1-\xi)(1-\eta^2)$。

下面求 N_1。四节点矩形单元的形函数为 $\overline{N}_1 = (1-\xi)(1-\eta)/4$，$\overline{N}_1$ 在 1 节点处的值为 1，在节点 2、3、4、6、7 上的值为 0，在边中节点 5、8 上的值分别为 $\alpha_5 = \alpha_8 = 1/2$，于是

$$N_1 = \overline{N}_1 - \sum_{j=5,8} \alpha_j N_j = \overline{N}_1 - \alpha_5 N_5 - \alpha_8 N_8$$

$$= \frac{1}{4}(1-\xi)(1-\eta) - \frac{1}{2} \cdot \frac{1}{2}(1-\xi^2)(1-\eta) - \frac{1}{2} \cdot \frac{1}{2}(1-\xi)(1-\eta^2)$$

$$= \frac{1}{4}(1-\xi)(1-\eta)(-\xi-\eta-1)$$

例 2-17   在标准化坐标系下直接建立图 2-50 所示十二节点正方形单元的形函数。

解   采用划线法求解。

（1）构造角节点对应的形函数。设 $N_i = \lambda_i \times$ 不包含 i 节点的两个边线的几何方程连乘式 $\times$ 边中节点所在曲线方程，则

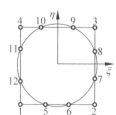

图 2-50   十二节点正方形单元

$$N_1 = \lambda_1 (1-\xi)(1-\eta)\left[9(\xi^2+\eta^2)-10\right]$$

由 $N_1(\xi_1,\eta_1)=1$ 得 $\lambda_1=\dfrac{1}{32}$，于是 $N_1=\dfrac{1}{32}(1-\xi)(1-\eta)\left[9(\xi^2+\eta^2)-10\right]$。

（2）构造边中节点对应的形函数。设 $N_i=\lambda_i\times$ 不包含 i 节点的三个边线的几何方程连乘式 $\times$ 垂直于 i 节点所在边线并过与 i 节点处于同一边线边中节点的直线方程，则

$$N_5 = \lambda_5 (1+\xi)(1-\xi)(1-\eta)\left(\frac{1}{3}-\xi\right)$$

由 $N_1(\xi_1,\eta_1)=1$ 得 $\lambda_1=\dfrac{1}{32}$，于是 $N_5=\dfrac{9}{32}(1-\xi^2)(1-\eta)(1-3\xi)$。

同样可验证对单元中任一点满足 $\sum N_i = 1$ 的条件。

3. 过渡的索氏族矩形单元

用有限元法分析一变形体时，往往需要根据应力梯度情况采用不同的单元，在应力梯度大的区域采用高阶单元，而在应力梯度小的区域采用低阶单元。这样在两种单元之间必然出现一种过渡单元。如图 2-51 所示的单元是从二阶单元向线性单元的过渡单元。

过渡单元形函数的构造方法与索氏族矩形单元基本相同。但采用划线法构造形函数时，不能像索氏族矩形单元那样按单元自由度确定形函数的阶次，而应根据节点对应的两个方向的节点数目构造相应的形函数。如 i 节点所在边沿 ξ 方向有 m 个节点，沿 η 方向有 n 个节点，则沿 ξ 方向位移函数阶次为 $m-1$、沿 η 方向位移函数阶次为 $n-1$ 时才能满足边界位移的连续性要求，故 $N_i(\xi,\eta)$ 应包含 ξ 的 $m-1$ 次式、η 的 $n-1$ 次式，据此划线构造形函数。

例 2-18　写出如图 2-52 所示过渡正方形单元的形函数 N_1、N_3、N_5。

图 2-51　过渡单元的应用

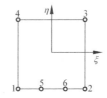

图 2-52　过渡单元

解　采用变单元节点法由于 34 边与 23 边无边中节点，所以 N_3 与线性单元相同，即

$$N_3 = \frac{\xi-\xi_4}{\xi_3-\xi_4}\cdot\frac{\eta-\eta_2}{\eta_3-\eta_2} = \frac{1}{4}(1+\xi)(1+\eta)$$

$$N_5 = L_5^3(\xi)L_5^1(\eta) = \frac{(\xi-\xi_1)(\xi-\xi_6)(\xi-\xi_2)}{(\xi_5-\xi_1)(\xi_5-\xi_6)(\xi_5-\xi_2)}\cdot\frac{\eta-1}{\eta_5-1} = \frac{9}{32}(1-\xi^2)(1-\eta)(1-3\xi)$$

同理

$$N_6 = \frac{9}{32}(1-\xi^2)(1-\eta)(1+3\xi)$$

于是

$$N_1 = \overline{N}_1 - \frac{2}{3}N_5 - \frac{1}{3}N_6 = \frac{1}{32}(1-\xi)(1-\eta)(9\xi^2-1)$$

4. 矩形族单元位移函数的比较

拉氏族矩形单元的形函数如式（2-82），当 ξ 方向与 η 方向均有 $n+1$ 个节点时，

$N_i = L_i^n(\xi) L_i^n(\eta)$，$L_i^n(\xi) L_i^n(\eta)$ 中的项数包含在图 2-53 中菱形所覆盖的区域内。从图中可以看出，形函数中包含一些次数较高的项，而略去了一些低次项。因 $u = \sum N_i u_i$，故知位移函数中也只包含一些次数较高的项而略去了一些低次项，因而位移函数的完整性不高，这样的位移函数的精度较差。索氏族矩形单元边中节点的形函数 $N_i = L_i^{n-1}(\xi) L_i^1(\eta)$ 或 $N_i = L_i^1(\xi) L_i^{n-1}(\eta)$，即边中节点的形函数是由一个坐标的 $n-1$ 次式和另一个坐标的一次式相乘得到的，所以边中节点的形函数中不会出现 $\xi^2 \eta^2$ 项。角节点的形函数 $N_i = \bar{N}_i - \sum_j \alpha_j N_j$，其中 $\bar{N}_i$ 为 ξ、η 的双线性函数，N_j 为边中节点的形函数，所以角节点的形函数中也不会出现 $\xi^2 \eta^2$ 项。故知位移函数是不超过三次的完整多项式，当 ξ 方向与 η 方向均有 $n+1$ 个节点时，位移函数中的项数包含在如图 2-54 中虚线覆盖的区域内。

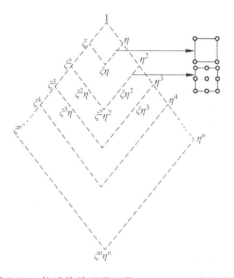

图 2-53　拉氏族单元形函数 $L_i^n(\xi) L_i^n(\eta)$ 中的项数

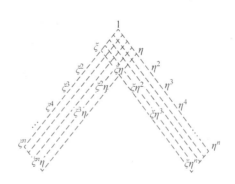

图 2-54　索氏族单元形函数中的项数

　　比较两图，索氏族矩形单元中完整多项式以外的高次项少得多，解的精度不高。对于四次及四次以上的索氏族矩形单元必须增加单元内部的节点，才能保证相应次多项式的完整性。

2.11.3　等参变换的唯一性及等参元位移函数的收敛性

1. 等参变换的唯一性规则

由微积分知识知,两组坐标之间变换一一对应的条件是变换的 $|J|$ 不能为零,等参变换作为一种坐标变换也必须服从这一条件。为了保证右手坐标系转换为右手系,一般还要求 $|J|>0$。下面导出 $|J|$ 的计算公式。

设实际单元的微面积为 $\mathrm{d}A$,如图 2-55(a)阴影部分所示。图中 $\mathrm{d}r_\xi$ 为 ξ 坐标线上的微小增量,$\mathrm{d}r_\eta$ 为 η 坐标线上的微小增量。于是

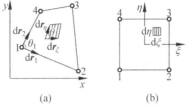

图 2-55　实际单元与母单元微面积关系
(a) 实际单元;(b) 母单元

$$\mathrm{d}\boldsymbol{r}_\xi = \mathrm{d}x\boldsymbol{i} + \mathrm{d}y\boldsymbol{j} = \frac{\partial x}{\partial \xi}\mathrm{d}\xi\boldsymbol{i} + \frac{\partial y}{\partial \xi}\mathrm{d}\xi\boldsymbol{j}$$

同理 $\mathrm{d}\boldsymbol{r}_\eta = \dfrac{\partial x}{\partial \eta}\mathrm{d}\eta\boldsymbol{i} + \dfrac{\partial y}{\partial \eta}\mathrm{d}\eta\boldsymbol{j}$

$$\mathrm{d}A = |\mathrm{d}\boldsymbol{r}_\xi \times \mathrm{d}\boldsymbol{r}_\eta| = \begin{vmatrix} \dfrac{\partial x}{\partial \xi} & \dfrac{\partial y}{\partial \xi} \\ \dfrac{\partial x}{\partial \eta} & \dfrac{\partial y}{\partial \eta} \end{vmatrix} \mathrm{d}\xi\mathrm{d}\eta = |J|\mathrm{d}\xi\mathrm{d}\eta$$

即

$$\mathrm{d}A = |J|\mathrm{d}\xi\mathrm{d}\eta \tag{2-83}$$

由此可见,$|J|$ 是实际单元微面积与母单元微面积的比值,相当于实际单元上微面积的放大(缩小)系数。

下面讨论 $|J|=0$ 的情形。

由式(2-83)得 $|J|=\dfrac{\mathrm{d}A}{\mathrm{d}\xi\mathrm{d}\eta}$,设 $\mathrm{d}r_\xi$ 与 $\mathrm{d}r_\eta$ 的夹角为 θ,则

$$\mathrm{d}A = \mathrm{d}r_\xi \mathrm{d}r_\eta \sin\theta \tag{2-84}$$

于是图 2-55(a)的 1 节点处,

$$|J_1| = \frac{\mathrm{d}r_1 \mathrm{d}r_2 \sin\theta_1}{\mathrm{d}\xi\mathrm{d}\eta} = \alpha_1 l_{12} l_{14} \sin\theta_1 \tag{2-85}$$

其中 l_{ij} 表示 ij 边的长度,α_1 为正的调整系数,用来调整微小长度 $\mathrm{d}r_1$、$\mathrm{d}r_2$ 与有限长度 l_{12}、l_{14} 的关系。

同理可写出其他三个节点处 $|J|$ 的表达式如下:

$$\begin{aligned} |J_2| &= \alpha_2 l_{23} l_{21} \sin\theta_2 \\ |J_3| &= \alpha_3 l_{34} l_{32} \sin\theta_3 \\ |J_4| &= \alpha_4 l_{41} l_{43} \sin\theta_4 \end{aligned} \tag{2-86}$$

由式(2-85)、式(2-86)知,为了保证各节点处的 $|J_i|>0$,必须满足

$$0 < \theta_i < \pi$$
$$l_{ij} > 0$$

图 2-56(a)中,$l_{34}=0$,导致 $|J_3|=0$,$|J_4|=0$;图 2-56(b)中,$\theta_4>\pi$,导致 $|J_4|<0$,它将导致 4 节点附近某点 $|J|=0$。

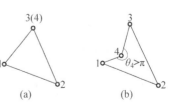

图 2-56　$|J|=0$ 情形

　　能够证明：若等参变换中形函数是线性函数时，$|J| \neq 0$ 的必要条件是没有大于 $180°$ 的内角；若等参变换中形函数是二次函数时，$|J| \neq 0$ 的条件是没有大于 $180°$ 的内角，且边中节点必须处于距边中点 $1/3$ 的区域内；对于三次以上的形函数，上述规则不适用，必须对 $|J|$ 进行数值检查。

　　由此可见，作等参元分析时，为防止出现 $|J|$ 为零，在直角坐标系中具体划分网格时，子单元形状不能过分扭曲，并应防止任意两个节点退化为一个节点的情形，还应使子单元边中节点尽可能接近中点。

　　需要说明的是，在一般四边形单元中，矩形单元与平行四边形单元的 $|J|$ 为常数，而在单元内，若 $|J|$ 为常数，单元畸变最小，精度发挥最好。所以在一般四边形单元中，矩形单元与平行四边形单元都是应优先考虑的单元。

2. 等参元位移函数的收敛性分析

　　(1) 先考查单元内位移函数的连续性。应得到结论，单元内位移 u、v 是 x、y 的连续函数。

　　由 $\begin{cases} u = \sum N_i(\xi, \eta) u_i \\ v = \sum N_i(\xi, \eta) v_i \end{cases}$ 知，位移 u、v 是 ξ、η 的连续函数。

　　而 $\begin{cases} x = \sum N_i(\xi, \eta) x_i \\ y = \sum N_i(\xi, \eta) y_i \end{cases}$，只要 $|J| \neq 0$，ξ、η 是 x、y 的连续函数。

　　对等参元，要求 $|J| \neq 0$，故上述两表达式能保证单元内位移函数一定连续。

　　(2) 再考查位移函数满足常应变条件和刚体位移条件。由其他单元的收敛性分析知，只要单元位移函数的表达式中包含 x、y 的完整一次式，该条件即可满足。下面反推：若单元的位移函数包含 x、y 的完整一次式，看需要什么条件？

　　以 u 为例说明。设 u 是 x、y 的完整一次式，即 $u = a + bx + cy$，于是节点位移值为

$$u_i = a + bx_i + cy_i, \quad i = 1, 2, \cdots, n$$

则

$$\sum N_i(\xi, \eta) u_i = a \sum N_i(\xi, \eta) + b \sum N_i(\xi, \eta) x_i + c \sum N_i(\xi, \eta) y_i$$

当 $\sum N_i(\xi, \eta) = 1$，$\sum N_i(\xi, \eta) x_i = x$，$\sum N_i(\xi, \eta) y_i = y$ 时，

$$\sum N_i(\xi, \eta) u_i = a + bx + cy = u$$

　　$\sum N_i(\xi, \eta) = 1$，$\sum N_i(\xi, \eta) x_i = x$，$\sum N_i(\xi, \eta) y_i = y$ 是形函数与等参变换所满足的。

　　由此可见，$\sum N_i = 1$ 与等参变换式确保了位移函数满足常应变条件，且包含足够的刚体位移项。

　　(3) 考查单元公共边界上位移的协调性。对母单元，在构造形函数 $N_i(\xi, \eta)$ 时充分考虑了满足边界位移连续性的要求，所以位移函数 $\begin{cases} u = \sum N_i(\xi, \eta) u_i \\ v = \sum N_i(\xi, \eta) v_i \end{cases}$ 在母单元的公共边界上满足连续性要求。

但子单元如何？监凯维奇提出：只要相邻单元由形函数满足协调性要求的母单元形成，则由等参变换得到的子单元(等参元)之间就不会产生间隙与重叠，即子单元在相邻边界上能保证坐标的连续性，此时单元之间的位移也是连续的。

所以等参元是完备协调元，对收敛性是有保证的，而且比较易于吻合边界，但在实际应用中，必须保证变换的 $|J|$ 的值不为零。

2.11.4　等参元的单元刚度矩阵与单元等效节点载荷向量

1. 等参元的单元刚度矩阵

对平面问题，单元刚度矩阵为 $[k]^e = \iint\limits_A [B]^{\mathrm{T}}[D][B]t\,\mathrm{d}x\mathrm{d}y$

而 $[B]=[L][N]$，$[N]$ 中元素为 ξ、η 的函数，于是

$$\frac{\partial N_i}{\partial x} = \frac{\partial N_i}{\partial \xi}\cdot\frac{\partial \xi}{\partial x} + \frac{\partial N_i}{\partial \eta}\cdot\frac{\partial \eta}{\partial x}, \quad \frac{\partial N_i}{\partial y} = \frac{\partial N_i}{\partial \xi}\cdot\frac{\partial \xi}{\partial y} + \frac{\partial N_i}{\partial \eta}\cdot\frac{\partial \eta}{\partial y}$$

$$\begin{Bmatrix} \dfrac{\partial N_i}{\partial x} \\[2mm] \dfrac{\partial N_i}{\partial y} \end{Bmatrix} = \begin{bmatrix} \dfrac{\partial \xi}{\partial x} & \dfrac{\partial \eta}{\partial x} \\[2mm] \dfrac{\partial \xi}{\partial y} & \dfrac{\partial \eta}{\partial y} \end{bmatrix} \begin{Bmatrix} \dfrac{\partial N_i}{\partial \xi} \\[2mm] \dfrac{\partial N_i}{\partial \eta} \end{Bmatrix} = [J]^{-1} \begin{Bmatrix} \dfrac{\partial N_i}{\partial \xi} \\[2mm] \dfrac{\partial N_i}{\partial \eta} \end{Bmatrix} \tag{2-87}$$

$$因\ [J] = \begin{bmatrix} \dfrac{\partial x}{\partial \xi} & \dfrac{\partial y}{\partial \xi} \\[2mm] \dfrac{\partial x}{\partial \eta} & \dfrac{\partial y}{\partial \eta} \end{bmatrix}, \begin{cases} x = \sum N_i(\xi,\eta)x_i \\[2mm] y = \sum N_i(\xi,\eta)y_i \end{cases}$$

所以 $[J]$、$[J]^{-1}$ 均为 ξ、η 的函数，由式(2-87)知，$\dfrac{\partial N_i}{\partial x}$、$\dfrac{\partial N_i}{\partial y}$ 为 ξ、η 的函数，所以应变矩阵 $[B]$ 为 ξ、η 的函数。由此可见，单元刚度矩阵表达式中被积函数为 ξ、η 的函数，应由换元法求解。于是

$$[k]^e = \int_{-1}^{1}\int_{-1}^{1} [B]^{\mathrm{T}}[D][B]t\,|J|\,\mathrm{d}\xi\mathrm{d}\eta$$

由此可见平面问题的单元刚度矩阵的计算归结为求积分 $\displaystyle\int_{-1}^{1}\int_{-1}^{1} G(\xi,\eta)\mathrm{d}\xi\mathrm{d}\eta$。

2. 等参元的单元等效节点载荷

对平面问题，$\{R\}_{F_{\mathrm{b}}}^e = \iint\limits_A [N]^{\mathrm{T}}\{F_{\mathrm{b}}\}t\,\mathrm{d}x\mathrm{d}y$，$\{R\}_{F_{\mathrm{T}}}^e = \displaystyle\int_l [N]^{\mathrm{T}}\{F_{\mathrm{T}}\}t\,\mathrm{d}s$。因 $[N]$ 中元素为 ξ、η 的函数，计算体力的等效节点载荷时，应将 $\{F_{\mathrm{b}}\}$ 表示为 ξ、η 的函数。于是计算 $\{R\}_{F_{\mathrm{b}}}^e = \displaystyle\int_{-1}^{1}\int_{-1}^{1} [N]^{\mathrm{T}}\{F_{\mathrm{b}}\}t\,|J|\,\mathrm{d}\xi\mathrm{d}\eta$ 归结为求积分 $\displaystyle\int_{-1}^{1}\int_{-1}^{1} G(\xi,\eta)\mathrm{d}\xi\mathrm{d}\eta$。

对 $\{R\}_{F_{\mathrm{T}}}^e = \displaystyle\int_l [N]^{\mathrm{T}}\{F_{\mathrm{T}}\}t\,\mathrm{d}s$，应将 $\{F_{\mathrm{T}}\}$ 表示为 ξ、η 的函数，还需将 $\mathrm{d}s$ 作进一步变换。

例 2-19　如图 2-57(a)，在等参元上作用分布面力，要求等效节点载荷，需先画出对应的母单元(图 2-57(b))，在母单元上 d 点处，面力向量为

$$\{F_{\mathrm{T}}\} = \begin{Bmatrix} 0 \\[2mm] -\dfrac{1}{2}(1+\xi)q \end{Bmatrix}$$

设图 2-57(b)中 $\xi=\pm1$ 边界上的微小矢量为 $\mathrm{d}\boldsymbol{r}$,其长度为 $\mathrm{d}s$,则

$$\mathrm{d}\boldsymbol{r} = \frac{\partial x}{\partial \eta}\mathrm{d}\eta\boldsymbol{i} + \frac{\partial y}{\partial \eta}\mathrm{d}\eta\boldsymbol{j}$$

于是 $\mathrm{d}s = |\mathrm{d}\boldsymbol{r}| = \sqrt{\left(\dfrac{\partial x}{\partial \eta}\right)^2 + \left(\dfrac{\partial y}{\partial \eta}\right)^2}\,\mathrm{d}\eta$。

同理在 $\eta=\pm1$ 边界上,$\mathrm{d}s = \sqrt{\left(\dfrac{\partial x}{\partial \xi}\right)^2 + \left(\dfrac{\partial y}{\partial \xi}\right)^2}\,\mathrm{d}\xi$。

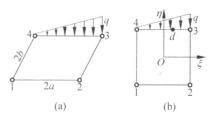

图 2-57　等参元受分布面力
(a) 实际单元;(b) 母单元

由此可见,$\{R\}_{F_T}^e$ 归结为计算积分 $\displaystyle\int_{-1}^{1} G(\xi)\mathrm{d}\xi$ 或 $\displaystyle\int_{-1}^{1} G(\eta)\mathrm{d}\eta$。

除一些几何形状简单的单元,其单元的等效节点载荷可以显式地计算出来以外,一般来说,较复杂单元的等效节点载荷都归结为计算 $\displaystyle\int_{-1}^{1}\int_{-1}^{1} G(\xi,\eta)\mathrm{d}\xi\mathrm{d}\eta$ 或 $\displaystyle\int_{-1}^{1} G(\xi)\mathrm{d}\xi$。

2.11.5　数值积分

确定等参元的位移函数后,就可类似其他单元计算应变矩阵、应力矩阵、单元刚度矩阵、等效节点载荷。等参元的单元刚度矩阵、等效节点载荷一般为积分表达式,而且因被积函数比较复杂,所以除少数较简单的情况外,很难进行精确的积分计算,一般必须借助数值积分计算。由此可见,数值积分是有限元分析的一个重要组成部分。

在有限元法中,采用的数值积分方法有 Newton-Cotes 积分法、Gauss 积分法、Irons 积分法、Hammer 积分法等。Newton-Cotes 积分法,积分点等间距分布,取 $n+1$ 个积分点,具有 n 次代数精度;Gauss 积分法,积分点非等间距分布,取 n 个积分点,具有 $2n-1$ 次代数精度;Irons 积分法针对三维问题积分;Hammer 积分法所讨论的坐标为面积坐标(空间问题为体积坐标)。由于 Gauss 积分法取较少的积分点可以达到较高的积分精度,而且程序实现较简单,算法稳定性高,在有限元中应用最广泛。本文只介绍 Gauss 积分法。

1. Gauss 积分

(1) 一维 Gauss 积分

$$\int_a^b f(x)\mathrm{d}x = \sum_{i=1}^{n} H_i f(x_i) \tag{2-88}$$

式(2-88)称为插值型求积公式,H_i 称为加权系数,或称积分系数,且

$$H_i = \int_a^b l_i^{n-1}(x)\mathrm{d}x = \int_a^b \frac{(x-x_1)(x-x_1)\cdots(x-x_{i-1})(x-x_{i+1})\cdots(x-x_{n-1})(x-x_n)}{(x_i-x_1)(x_i-x_1)\cdots(x_i-x_{i-1})(x_i-x_{i+1})\cdots(x_i-x_{n-1})(x_i-x_n)}\mathrm{d}x$$

由此可见,积分系数 H_i 与选取的积分点个数、积分点位置、积分域有关,而与被积函数形式无关。

若一组 x_1、x_2、$\cdots$、$x_n \in [a,b]$,使插值型求积公式(2-88)具有 $2n-1$ 次的代数精度,则称此组点为 Gauss 点,并称相应的式(2-88)为 Gauss 型求积公式。

使插值型求积公式(2-88)具有 $2n-1$ 次的代数精度包括两层含义:其一,若取 n 个 Gauss 点,则当 $f(x)$ 不超过 $2n-1$ 次多项式时,数值积分将给出精确积分;其二,若求 m 次多项式的数值积分,则需取 $\left[\dfrac{m+1}{2}\right]$ 个 Gauss 点(向上取整)。

（2）二维 Gauss 积分

$$\int_{-1}^{1}\int_{-1}^{1} f(\xi,\eta)\mathrm{d}\xi\mathrm{d}\eta = \sum_{i=1}^{n}\sum_{j=1}^{n} H_{ij} f(\xi_j,\eta_i) \tag{2-89}$$

若 ξ、η 方向的积分点均为 n，则称积分方案为 $n\times n$，或称采用 $n\times n$ Gauss 积分。实际上，在两个不同的坐标方向上可以选择不同的积分点数。

若在两个方向上，$f(\xi,\eta)$ 分别为不超过 $2n-1$ 次多项式时，式(2-89)得到精确解。

2. 等参元积分计算中积分阶次的选择

应用有限元法分析问题，单元类型选择了等参元，在计算中一般要进行数值积分。如何选择积分阶次将直接影响计算的精度和计算工作量。

选择积分阶次的一般原则有两条：

（1）保证积分的精度；

（2）保证结构整体刚度矩阵非奇异。

例 2-20 考查平面四节点等参元单元刚度矩阵精确积分的积分阶次。

解 单元刚度矩阵为 $[k]^e = \int_{-1}^{1}\int_{-1}^{1}[B]^\mathrm{T}[D][B]t\,|J|\,\mathrm{d}\xi\mathrm{d}\eta$，而 $[B]=[L][N]$，且平面四节点等参元的形函数为 $N_i = \frac{1}{4}(1+\xi_i\xi)(1+\eta_i\eta)$，于是

$$\frac{\partial N_i}{\partial \xi} = \frac{1}{4}\xi_i(1+\eta_i\eta),\ \frac{\partial N_i}{\partial \eta} = \frac{1}{4}\eta_i(1+\xi_i\xi)$$

$$[B]=[B_1\ \ B_2\ \ B_3\ \ B_4],\quad [B_i]=\begin{bmatrix}\dfrac{\partial N_i}{\partial x} & 0\\[6pt] 0 & \dfrac{\partial N_i}{\partial y}\\[6pt] \dfrac{\partial N_i}{\partial y} & \dfrac{\partial N_i}{\partial x}\end{bmatrix},\quad \begin{Bmatrix}\dfrac{\partial N_i}{\partial x}\\[6pt]\dfrac{\partial N_i}{\partial y}\end{Bmatrix}=[J]^{-1}\begin{Bmatrix}\dfrac{\partial N_i}{\partial \xi}\\[6pt]\dfrac{\partial N_i}{\partial \eta}\end{Bmatrix}$$

若 $[J]$ 为常数矩阵，则应变矩阵 $[B]$ 中包含常数项、ξ、η 项，于是 $[B]^\mathrm{T}[D][B]t\,|J|$ 中包含常数项、ξ、η、ξ^2、η^2、$\xi\eta$ 项，由于被积函数在 ξ、η 方向的最高次数为 2，所以要达到精确积分，每个方向的积分点数为 $\left[\dfrac{2+1}{2}\right]=2$（向上取整），即应采用 2×2 的 Gauss 积分。

若 $[J]$ 为非常数矩阵，则被积函数在 ξ、η 方向的最高次数将超过 2，要达到精确积分，需选择更多的积分点。

需要说明的是，在很多情况下，实际选取的 Gauss 积分点数低于精确积分的要求。这种 Gauss 积分阶次低于被积函数精确积分所需阶次的积分方法称为减缩积分。

计算表明，采用减缩积分往往可以取得较精确积分更好的精度，这可以理解为受以下两个因素的影响。

（1）精确积分常常由被积函数中非完整项的最高次幂确定，而决定有限元精度的是完整多项式的幂次，这些非完整的最高次幂项往往不能提高精度，反而可能带来不好的影响。

（2）有限元位移法其解具有下限性，即有限元的计算模型较实际结构刚度偏大，选用减缩积分将使有限元计算模型的刚度有所下降，有利于提高精度。

引入约束修正整体刚度矩阵后，整体刚度矩阵已非奇异，如果单元刚度矩阵采用精确积分计算，这一点能保证，而采用减缩积分后，情况就不同。

可以证明，引入约束后整体刚度矩阵非奇异的必要条件是 $mn_gd \geqslant N$，其中：N 为系统的自由度数，即整体刚度矩阵的阶次；m 为单元总数；n_g 为一个单元的积分点数；d 为独立应变分量数。

由此可见，若 $mn_gd < N$，引入约束后的整体刚度矩阵必然奇异；若 $mn_gd \geqslant N$，引入约束后的整体刚度矩阵可能非奇异。

例 2-21 考查图 2-58 所示各离散化结构，若采用图中相应的积分方案时，整体刚度矩阵的奇异性。

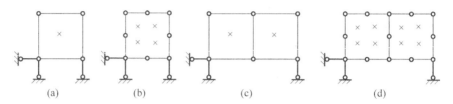

图 2-58　离散化结构及积分点示意图

解　图 2-58(a)中，$m=1$，$n_g=1$，$d=3$，$N=5$，因 $mn_gd=3<5$，所以引入约束后的整体刚度矩阵奇异。

图 2-58(b)中，$m=1$，$n_g=4$，$d=3$，$N=13$，因 $mn_gd=12<13$，所以引入约束后的整体刚度矩阵奇异。

图 2-58(c)中，$m=2$，$n_g=1$，$d=3$，$N=9$，因 $mn_gd=6<9$，所以引入约束后的整体刚度矩阵奇异。

图 2-58(d)中，$m=2$，$n_g=4$，$d=3$，$N=23$，因 $mn_gd=24>23$，所以引入约束后的整体刚度矩阵可能非奇异。

总之，等参元的插值函数用标准化坐标给出，等参元的所有计算都是在标准化坐标中规则的母单元内进行，相关运算大大简化；复杂的被积函数，可以采用现有的数值积分方法计算，从而使工程问题的有限元分析纳入统一的通用化程序。

但从严格意义上讲，等参元的精度和效率不够高，E. Wilson 提出了二维协调元，对改进等参元的计算精度和提高计算效率很有意义。有兴趣的读者可查阅相关书籍。

习　　题

2-1　标量函数定义为 $\varphi = \sum\limits_{i=1}^{3} N_i\varphi_i$，将 φ 改写成矩阵表达式。

2-2　如题 2-2 图六节点三角形单元，每个节点有两个位移分量。试构造该单元的位移函数，并分析其收敛性。

2-3　证明常应变三角形单元发生刚体位移时，单元将不产生应力。（提示：赋予节点在单元作平移和转动时相应的节点位移，证明单元中应力为零。）

2-4　什么是形函数？形函数有哪些性质？

2-5　求题 2-5 图单元的形函数矩阵。

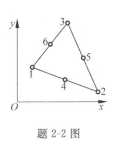

题 2-2 图

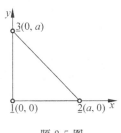

题 2-5 图

2-6　试计算题 2-6 图(a)、(b)常应变三角形单元的等效节点载荷向量,已知单元厚度为 t。图(a)中23 边长为 l,d 到 3 节点距离是23 边长的 $1/3$,$P=10$N。图中坐标值单位为 m。

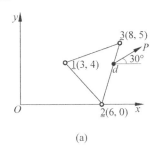

(a)

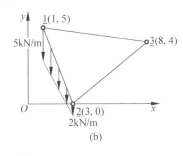

(b)

题 2-6 图

2-7　题 2-7 图为平面应力问题的有限元网格,单元厚度 $t=0.1$mm,材料弹性模量 $E=2\times10^{11}$Pa,泊松比 $\mu=0.3$。试推导单元 2 的单元刚度矩阵。图中坐标值单位为 mm。

2-8　利用题 2-7 图的结果推导题 2-8 图所示结构的整体刚度矩阵,并求整体节点载荷向量,设 $q=10$N/mm。

2-9　两端固支的矩形深梁,跨度为 $2a$,梁高为 a,厚度为 $h,h\ll a$,已知 $E\neq0,\mu=0$,承受均布压力 q,本题为平面应力问题,取左半部分分析,建立的有限元模型如题 2-9 图所示,试用有限元法求 A、B 两点铅垂方向的位移。

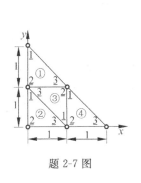

题 2-7 图

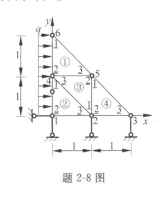

题 2-8 图

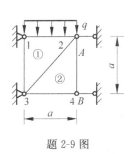

题 2-9 图

2-10　矩形单元有哪些优缺点?

2-11　题 2-11 图所示三种情况,单元刚度矩阵是否相同?为什么?

2-12　计算题 2-12 图示单元的等效节点载荷向量,已知单元厚度为 t。

2-13　证明六节点三角形单元是等参元。

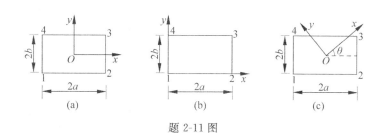

题 2-11 图

2-14   在标准化坐标系下构造题 2-14 图示三角形单元的形函数。

2-15   如题 2-15 图,在边长为 l 的边 $\underline{12}$ 上受有 x 方向的均布面力,其集度为 q,单元厚度为 t,求单元的等效节点载荷向量。

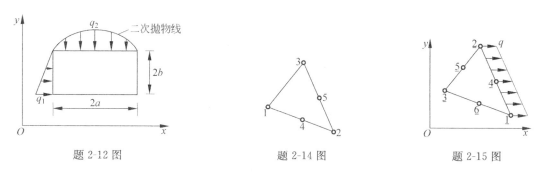

题 2-12 图   题 2-14 图   题 2-15 图

2-16   构造题 2-16 图中九节点拉氏族矩形单元的形函数 N_2 与 N_6。

2-17   建立题 2-17 图示索氏族矩形单元的形函数。

2-18   建立题 2-18 图示过渡单元的形函数。

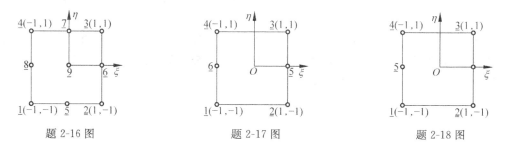

题 2-16 图   题 2-17 图   题 2-18 图

2-19   试确定由式 $N_k = L_k^{n-1}(\xi) L_k^{m-1}(\eta)$ 构造拉氏族矩形单元形函数时完整多项式的阶次。

2-20   对题 2-20 图示平行四边形单元,写出等参变换的具体表达式,并求变换的雅可比行列式 $|J|$ 的值。

2-21   什么是等参元?等参元在使用过程中应注意哪些问题?等参元有什么优点?

2-22   证明等参元是完备的协调元。

2-23   有限元法中常用的数值积分方法有哪些?Gauss 积分法有什么优点?

2-24   试分析有限元法产生误差的原因。

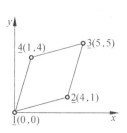

题 2-20 图

第3章

空间问题的有限元法

本章主要介绍空间问题的有限元法。本章介绍的单元以常应变四面体单元与六面体单元为主。

3.1 空间问题的离散化

工程中绝大部分结构属于空间结构,当结构的形状、尺寸、载荷及约束条件不具备某种特殊性时,就应按空间问题分析。空间问题有限元法的原理、思路和解题方法完全类同于平面问题的有限元法,所不同的是它具有三维的特点。空间问题离散化模型仍然是由若干单元在节点处连接而成的,而且节点仍为铰接,但是这些单元具有块体形状。常用的单元形状如图 3-1 所示,每种形状包括线性、二次或更高阶次的单元,有形状规则的,有形状不规则的,其中图 3-1(a)为四面体单元,图 3-1(b)为五面体单元,图 3-1(c)为六面体单元。这些单元统称为实体单元。

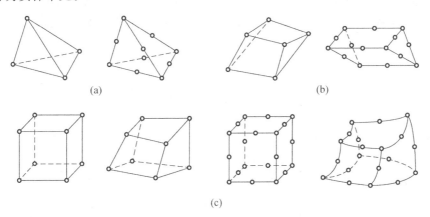

图 3-1　空间问题单元类型

有限元位移法中,实体单元的基本未知量仍为节点位移,但是有三个分量 u、v、w。空间问题的分析方法仍然是先进行单元分析,再进行整体分析,最后求解整体平衡方程。但必须指出,由平面问题转换为空间问题给有限元分析带来了两个主要困难:

(1) 空间结构离散化不像平面问题直观,人工离散时很容易产生错误。

（2）未知量的数量剧增，对于比较复杂的空间问题，计算机的存储容量和计算费用均会产生问题。

为解决上述两个问题，前者可通过寻找规律，从而建立网格自动生成前处理程序来克服，而后者则可采用高阶单元以提高单元精度，达到减少未知量和节省机时的目的。

3.2 四面体单元

3.2.1 位移函数

图 3-2 所示为四面体单元，四个角点为节点，每个节点有三个位移分量 u、v、w，即

$$\{\delta_i\} = \begin{bmatrix} u_i & v_i & w_i \end{bmatrix}^{\mathrm{T}}$$

于是单元的节点位移向量为

$$\{\delta\}^e = \begin{bmatrix} u_1 & v_1 & w_1 & u_2 & v_2 & w_2 & u_3 & v_3 & w_3 & u_4 & v_4 & w_4 \end{bmatrix}^{\mathrm{T}}$$

单元内任一点的位移由 x、y、z 三个坐标方向的三个位移分量 u、v、w 确定，即位移向量为

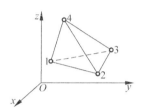

图 3-2 四节点四面体单元

$$\{f\} = \begin{bmatrix} u & v & w \end{bmatrix}^{\mathrm{T}}$$

下面由待定系数法确定位移函数。

单元的自由度数为 12，u、v、w 的总项数为 12，所以 u、v、w 各有四项，由于每个位移是 x、y、z 的函数，于是按照多项式从低阶到高阶的原则，得位移函数的表达式为

$$u = \alpha_1 + \alpha_2 x + \alpha_3 y + \alpha_4 z$$
$$v = \alpha_5 + \alpha_6 x + \alpha_7 y + \alpha_8 z$$
$$w = \alpha_9 + \alpha_{10} x + \alpha_{11} y + \alpha_{12} z$$

将节点 1、2、3、4 的坐标 x_i、y_i、z_i 及相应的节点位移值 u_i、v_i、w_i 代入上式，解联立方程组即可确定 α_i，再回代，便得到 u、v、w 的表达式。将表达式整理成如下形式：

$$\left. \begin{array}{l} u = \sum_{i=1}^{4} N_i u_i \\[2mm] v = \sum_{i=1}^{4} N_i v_i \\[2mm] w = \sum_{i=1}^{4} N_i w_i \end{array} \right\} \tag{3-1}$$

其中 $N_i = \dfrac{1}{6V}(a_i + b_i x + c_i y + d_i z)$，$i = 1, 2, 3, 4$。$N_i$ 称为形函数，它具有与平面问题相似的性质。$V = \dfrac{1}{6} \begin{vmatrix} 1 & x_1 & y_1 & z_1 \\ 1 & x_2 & y_2 & z_2 \\ 1 & x_3 & y_3 & z_3 \\ 1 & x_4 & y_4 & z_4 \end{vmatrix}$ 为四面体的体积，为了不使 V 为负值，单元四个节点的编排应遵循右手螺旋定则，即从最后一个节点看去，前三个节点为逆时针排列。a_i、b_i、c_i、d_i 只与节点坐标有关，具体表达式如下：

$$
a_1 = \begin{vmatrix} x_2 & y_2 & z_2 \\ x_3 & y_3 & z_3 \\ x_4 & y_4 & z_4 \end{vmatrix}, \quad b_1 = - \begin{vmatrix} 1 & y_2 & z_2 \\ 1 & y_3 & z_3 \\ 1 & y_4 & z_4 \end{vmatrix}, \quad c_1 = - \begin{vmatrix} x_2 & 1 & z_2 \\ x_3 & 1 & z_3 \\ x_4 & 1 & z_4 \end{vmatrix}, \quad d_1 = - \begin{vmatrix} x_2 & y_2 & 1 \\ x_3 & y_3 & 1 \\ x_4 & y_4 & 1 \end{vmatrix}
$$

$$(3\text{-}2)$$

其余类推。

式(3-1)可写成如下的矩阵形式:

$$\{f\} = [N]\{\delta\}^e$$

而 $[N] = \begin{bmatrix} N_1 & 0 & 0 & N_2 & 0 & 0 & N_3 & 0 & 0 & N_4 & 0 & 0 \\ 0 & N_1 & 0 & 0 & N_2 & 0 & 0 & N_3 & 0 & 0 & N_4 & 0 \\ 0 & 0 & N_1 & 0 & 0 & N_2 & 0 & 0 & N_3 & 0 & 0 & N_4 \end{bmatrix}$ 为形函数矩阵。

由于位移函数是完整的一次式,故满足完备性要求;同样由于位移函数是线性的,在相邻单元接触面上的位移可由该面上节点的位移值唯一确定,因此位移函数满足协调性要求。所以四面体单元是完备的协调单元。

3.2.2 应变矩阵、应力矩阵

在空间问题中,应变分量有 6 个,由弹性力学空间问题的几何方程得

$$
\{\varepsilon\} = \begin{Bmatrix} \varepsilon_x \\ \varepsilon_y \\ \varepsilon_z \\ \gamma_{xy} \\ \gamma_{yz} \\ \gamma_{zx} \end{Bmatrix} = \begin{Bmatrix} \dfrac{\partial u}{\partial x} \\[2mm] \dfrac{\partial v}{\partial y} \\[2mm] \dfrac{\partial w}{\partial z} \\[2mm] \dfrac{\partial u}{\partial y} + \dfrac{\partial v}{\partial x} \\[2mm] \dfrac{\partial v}{\partial z} + \dfrac{\partial w}{\partial y} \\[2mm] \dfrac{\partial w}{\partial x} + \dfrac{\partial u}{\partial z} \end{Bmatrix}
$$

将式(3-1)代入上式得

$$\{\varepsilon\} = [B]\{\delta\}^e \qquad\qquad (3\text{-}3)$$

$[B]$ 称为应变矩阵,若将 $[B]$ 表示为分块形式,则 $[B] = [B_1 \quad B_2 \quad B_3 \quad B_4]$,且 $[B_i]$ 的具体表达式为

$$
[B_i] = \begin{bmatrix} \dfrac{\partial N_i}{\partial x} & 0 & 0 \\[2mm] 0 & \dfrac{\partial N_i}{\partial y} & 0 \\[2mm] 0 & 0 & \dfrac{\partial N_i}{\partial z} \\[2mm] \dfrac{\partial N_i}{\partial y} & \dfrac{\partial N_i}{\partial x} & 0 \\[2mm] 0 & \dfrac{\partial N_i}{\partial z} & \dfrac{\partial N_i}{\partial y} \\[2mm] \dfrac{\partial N_i}{\partial z} & 0 & \dfrac{\partial N_i}{\partial x} \end{bmatrix} = \frac{1}{6V} \begin{bmatrix} b_i & 0 & 0 \\ 0 & c_i & 0 \\ 0 & 0 & d_i \\ c_i & b_i & 0 \\ 0 & d_i & c_i \\ d_i & 0 & b_i \end{bmatrix}, \quad i = 1,2,3,4 \qquad (3\text{-}4)
$$

上式表示应变矩阵 $[B]$ 中的元素均为常数,由式(3-3)知,单元中的应变也为常数,故称四节点四面体单元为常应变单元。将式(3-3)代入弹性力学空间问题的物理方程得

$$\{\sigma\} = \begin{bmatrix} \sigma_x & \sigma_y & \sigma_z & \tau_{xy} & \tau_{yz} & \tau_{zx} \end{bmatrix}^T = [D][B]\{\delta\}^e = [S]\{\delta\}^e \tag{3-5}$$

对各向同性材料,弹性矩阵 $[D]$ 为常数矩阵,式(3-5)知,应力矩阵 $[S]$ 也是常数矩阵,单元中的应力也为常数。

3.2.3　单元刚度矩阵

将应变矩阵表达式代入单元刚度矩阵表达式,得到四面体单元的单元刚度矩阵如下:

$$[k]^e = \int_V [B]^T[D][B]\mathrm{d}V = [B]^T[D][B]V \tag{3-6}$$

由此可见,四面体单元的单元刚度矩阵为 12×12 的方阵,其分块形式为

$$[k]^e = \begin{bmatrix} [k_{11}] & [k_{12}] & [k_{13}] & [k_{14}] \\ [k_{21}] & [k_{22}] & [k_{23}] & [k_{24}] \\ [k_{31}] & [k_{32}] & [k_{33}] & [k_{34}] \\ [k_{41}] & [k_{42}] & [k_{43}] & [k_{44}] \end{bmatrix}$$

3.2.4　体积坐标

与三角形单元的面积坐标一样,体积坐标的引入将简化四面体单元的分析过程。

在图 3-3 所示的四面体单元内任取一点 $M(x, y, z)$,连接 $M1$、$M2$、$M3$、$M4$,就把四面体分成四个小四面体。设 $V = V_{四面体1234}$,$V_1 = V_{四面体M234}$,$V_2 = V_{四面体M134}$,$V_3 = V_{四面体M124}$,$V_4 = V_{四面体M123}$,记 $L_i = \dfrac{V_i}{V}$,$i = 1, 2, 3, 4$,称 L_i 为 M 点的体积坐标。显然 $\sum\limits_{i=1}^4 L_i = 1$,即 L_1、L_2、L_3、L_4 中只有三个是独立的。

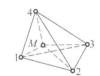

图 3-3　四面体单元
的体积坐标

体积坐标与直角坐标之间满足如下关系:

$$\begin{Bmatrix} L_1 \\ L_2 \\ L_3 \\ L_4 \end{Bmatrix} = \frac{1}{6V} \begin{bmatrix} a_1 & b_1 & c_1 & d_1 \\ a_2 & b_2 & c_2 & d_2 \\ a_3 & b_3 & c_3 & d_3 \\ a_4 & b_4 & c_4 & d_4 \end{bmatrix} \begin{Bmatrix} 1 \\ x \\ y \\ z \end{Bmatrix}, \quad \begin{cases} x = \sum\limits_i^4 L_i x_i \\ y = \sum\limits_i^4 L_i y_i \\ z = \sum\limits_i^4 L_i z_i \end{cases}$$

其中 a_i、b_i、c_i、d_i 表达式如式(3-2),由此可见,体积坐标与直角坐标为线性关系。

求体积坐标在单元体上的积分时有

$$\int_V L_1^a L_2^b L_3^c L_4^d \mathrm{d}x\mathrm{d}y\mathrm{d}z = \frac{a!b!c!d!}{(a+b+c+d+3)!} 6V_{1234}$$

求体积坐标在单元面上的积分时有

$$\iint_A L_i^a L_j^b L_m^c \mathrm{d}A = \frac{a!b!c!}{(a+b+c+2)!} 2A_{ijm}$$

在标准化坐标系下,采用与平面三角形单元相类似的方法可建立四面体单元的形函数

为 $N_i = L_i, i = 1, 2, 3, 4$。

3.2.5 单元等效节点载荷向量

体力与面力的等效节点载荷向量公式同平面问题。

例 3-1 求四面体单元自重的等效节点载荷，设重量密度为 ρg。

解 $\{F_b\} = \left\{ \begin{array}{c} 0 \\ 0 \\ -\rho g \end{array} \right\}$，则自重的等效节点载荷向量为

$$\{R\}_{F_b}^e = \int_V \begin{bmatrix} N_1 & 0 & 0 \\ 0 & N_1 & 0 \\ 0 & 0 & N_1 \\ N_2 & 0 & 0 \\ 0 & N_2 & 0 \\ 0 & 0 & N_2 \\ N_3 & 0 & 0 \\ 0 & N_3 & 0 \\ 0 & 0 & N_3 \\ N_4 & 0 & 0 \\ 0 & N_4 & 0 \\ 0 & 0 & N_4 \end{bmatrix} \left\{ \begin{array}{c} 0 \\ 0 \\ -\rho g \end{array} \right\} \mathrm{d}V = -\rho g \left\{ \begin{array}{c} 0 \\ 0 \\ \int_V N_1 \mathrm{d}V \\ 0 \\ 0 \\ \int_V N_2 \mathrm{d}V \\ 0 \\ 0 \\ \int_V N_3 \mathrm{d}V \\ 0 \\ 0 \\ \int_V N_4 \mathrm{d}V \end{array} \right\}$$

可以证明 $\int_V N_i(x, y) \mathrm{d}V = \dfrac{1}{4} V, i = 1, 2, 3, 4$，其中 V 为四面体体积。于是

$$\{R\}_{F_b}^e = -\rho g V \begin{bmatrix} 0 & 0 & \dfrac{1}{4} & 0 & 0 & \dfrac{1}{4} & 0 & 0 & \dfrac{1}{4} & 0 & 0 & \dfrac{1}{4} \end{bmatrix}^T$$

$$= -W \begin{bmatrix} 0 & 0 & \dfrac{1}{4} & 0 & 0 & \dfrac{1}{4} & 0 & 0 & \dfrac{1}{4} & 0 & 0 & \dfrac{1}{4} \end{bmatrix}^T$$

即将自重 W 的 $1/4$ 移置到四个节点 z 轴的负方向上。

例 3-2 如图 3-4 所示，四面体单元 124 面上作用 y 方向线性分布面力，求该面力的等效节点载荷。

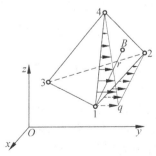

图 3-4 四面体单元受分布面力

解   124 面上,在距 1 节点为 r 的 B 点处,$\{F_\mathrm{T}\}=\begin{Bmatrix} 0 \\ L_1 q \\ 0 \end{Bmatrix}$,$N_1=L_1$,$N_2=L_2$,$N_3=0$,$N_4=L_4$

$$\{R\}_{F_\mathrm{T}}^e = \iint_A \begin{bmatrix} N_1 & 0 & 0 \\ 0 & N_1 & 0 \\ 0 & 0 & N_1 \\ N_2 & 0 & 0 \\ 0 & N_2 & 0 \\ 0 & 0 & N_2 \\ N_3 & 0 & 0 \\ 0 & N_3 & 0 \\ 0 & 0 & N_3 \\ N_4 & 0 & 0 \\ 0 & N_4 & 0 \\ 0 & 0 & N_4 \end{bmatrix} \begin{Bmatrix} 0 \\ L_1 q \\ 0 \end{Bmatrix} \mathrm{d}A = \iint_A \begin{Bmatrix} 0 \\ L_1^2 q \\ 0 \\ 0 \\ L_2 L_1 q \\ 0 \\ 0 \\ 0 \\ 0 \\ 0 \\ L_4 L_1 q \\ 0 \end{Bmatrix} \mathrm{d}A$$

$$= q\begin{bmatrix} 0 & \iint\limits_{A_{124}} L_1^2 \mathrm{d}S & 0 & 0 & \iint\limits_{A_{124}} L_2 L_1 \mathrm{d}S & 0 & 0 & 0 & 0 & 0 & \iint\limits_{A_{124}} L_4 L_1 \mathrm{d}S & 0 \end{bmatrix}^\mathrm{T}$$

$$= q\begin{bmatrix} 0 & \dfrac{1}{6}A_{124} & 0 & 0 & \dfrac{1}{12}A_{124} & 0 & 0 & 0 & 0 & 0 & \dfrac{1}{12}A_{124} & 0 \end{bmatrix}^\mathrm{T}$$

$$= \dfrac{1}{3}qA_{124}\begin{bmatrix} 0 & \dfrac{1}{2} & 0 & 0 & \dfrac{1}{4} & 0 & 0 & 0 & 0 & 0 & \dfrac{1}{4} & 0 \end{bmatrix}^\mathrm{T}$$

3.2.6 高阶四面体单元

四面体单元适应复杂的曲面边界,为了提高单元应力精度,可在四面体单元的各棱边增设节点,构成高阶四面体单元。

图 3-5 为十节点四面体单元,位移函数表达式为

$$\begin{cases} u = \alpha_1 + \alpha_2 x + \alpha_3 y + \alpha_4 z + \alpha_5 xy + \alpha_6 yz + \alpha_7 zx + \alpha_8 x^2 + \alpha_9 y^2 + \alpha_{10} z^2 \\ v = \alpha_{11} + \alpha_{12} x + \alpha_{13} y + \alpha_{14} z + \alpha_{15} xy + \alpha_{16} yz + \alpha_{17} zx + \alpha_{18} x^2 + \alpha_{19} y^2 + \alpha_{20} z^2 \\ w = \alpha_{21} + \alpha_{22} x + \alpha_{23} y + \alpha_{24} z + \alpha_{25} xy + \alpha_{26} yz + \alpha_{27} zx + \alpha_{28} x^2 + \alpha_{29} y^2 + \alpha_{30} z^2 \end{cases} \quad (3\text{-}7)$$

十节点四面体单元的位移函数为完整的二次多项式,故称为二次四面体单元。式(3-7)中包含完整的一次式,因此位移函数满足完备性条件。又因为每个边界面上有 6 个节点,6 个节点位移可以完全确定面上的二次多项式,因此位移函数满足位移连续性条件。所以十节点四面体单元是完备的协调元。

利用单元上节点的数值确定式(3-7)中的待定系数,进而得到形函数表达式的数学运算困难,因此在标准化坐标系下直接构造形函数。

图 3-6 为十节点四面体单元在标准化坐标系下的像,直角边长均为 1。

十节点四面体单元的位移函数为直角坐标的完整的二次多项式,因直角坐标与体积坐标为线性关系,且形函数是与位移函数阶次相同的多项式,故形函数是体积坐标的二次式。类似于平面问题中的画线法,可由划面法确定其形函数为

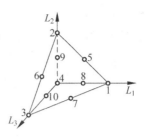

图 3-5 十节点四面体单元　　　　　　　　图 3-6 十节点四面体单元

$$N_i = L_i(2L_i - 1), \quad i = 1,2,3,4$$
$$N_5 = 4L_1L_2, \quad N_6 = 4L_2L_3, \quad N_7 = 4L_3L_1$$
$$N_8 = 4L_1L_4, \quad N_9 = 4L_2L_4, \quad N_{10} = 4L_3L_4$$

在直角坐标系中,完整的三次多项式共二十项,四面体单元的位移函数若取为完整的三次多项式,也应有二十项,因此需要 20 个节点。现取为四个角点、六条棱边的三分点及四个表面的形心,构成二十节点的四面体单元,或称三次四面体单元,其位移函数是三次式,单元的应力应变是二次式。同理可在标准化坐标系下直接构造三次四面体单元形函数。

3.3 六面体单元

六面体单元与平面矩形单元类似,也存在拉氏族与索氏族单元。空间拉氏族单元在实际应用时效果一般不好,这里只介绍索氏族单元。常用的索氏族单元有两种,即八节点六面体单元和二十节点六面体单元,它们均是由标准化坐标系中的立方体单元通过等参变换得到的,均为空间等参元。

3.3.1 八节点六面体单元

八节点六面体单元如图 3-7(a)所示,在标准化坐标系中的标准单元为八节点立方体单元,坐标原点为立方体的形心,棱长为 2,如图 3-7(b)所示。

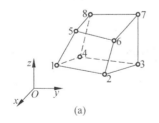

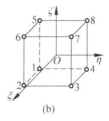

　　　　　(a)　　　　　　　　　　　　(b)

图 3-7 八节点六面体单元

八节点立方体单元的自由度数为 24,单元的位移函数为

$$\begin{cases} u = \alpha_1 + \alpha_2\xi + \alpha_3\eta + \alpha_4\zeta + \alpha_5\xi\eta + \alpha_6\eta\zeta + \alpha_7\zeta\xi + \alpha_8\xi\eta\zeta \\ v = \alpha_9 + \alpha_{10}\xi + \alpha_{11}\eta + \alpha_{12}\zeta + \alpha_{13}\xi\eta + \alpha_{14}\eta\zeta + \alpha_{15}\zeta\xi + \alpha_{16}\xi\eta\zeta \\ w = \alpha_{17} + \alpha_{18}\xi + \alpha_{19}\eta + \alpha_{20}\zeta + \alpha_{21}\xi\eta + \alpha_{22}\eta\zeta + \alpha_{23}\zeta\xi + \alpha_{24}\xi\eta\zeta \end{cases} \quad (3-8)$$

其中，$-1\leqslant\xi\leqslant1$，$-1\leqslant\eta\leqslant1$，$-1\leqslant\zeta\leqslant1$。位移函数的完整性为一阶，二次项、三次项均不完整。

式(3-8)也可表示为如下的形函数的线性组合形式：

$$\begin{cases} u = \sum_{i=1}^{8} N_i(\xi,\eta,\zeta)u_i \\[2mm] v = \sum_{i=1}^{8} N_i(\xi,\eta,\zeta)v_i \\[2mm] w = \sum_{i=1}^{8} N_i(\xi,\eta,\zeta)w_i \end{cases} \tag{3-9}$$

其中，形函数 N_i 为

$$N_i(\xi,\eta,\zeta) = \frac{1}{8}(1+\xi_i\xi)(1+\eta_i\eta)(1+\zeta_i\zeta), \quad i=1,2,\cdots,8 \tag{3-10}$$

其中，8 个节点的 ξ_i、η_i、ζ_i 如表 3-1 所示。

表 3-1　八节点立方体单元的节点坐标

i	1	2	3	4	5	6	7	8
ξ_i	-1	1	1	-1	-1	1	1	-1
η_i	-1	-1	1	1	-1	-1	1	1
ζ_i	-1	-1	-1	-1	1	1	1	1

同理，可由类似于索氏族矩形单元在标准化坐标系下形函数的构造方法直接构造索氏族六面体单元的形函数，再由形函数直接写出单元位移函数的表达式。

与平面问题类似，通过等参变换 $\begin{cases} x = \sum_{i=1}^{8} N_i(\xi,\eta,\zeta)x_i \\[2mm] y = \sum_{i=1}^{8} N_i(\xi,\eta,\zeta)y_i \\[2mm] z = \sum_{i=1}^{8} N_i(\xi,\eta,\zeta)z_i \end{cases}$ 可将图 3-7(b)中的八节点立方

体单元变为图 3-7(a)所示的整体坐标系中扭曲的六面体单元(各面为平面)。

3.3.2　二十节点六面体单元

二十节点六面体单元如图 3-8(a)所示，在标准化坐标系中的标准单元为二十节点立方体单元，坐标原点为立方体的形心，棱长为 2，如图 3-8(b)所示。

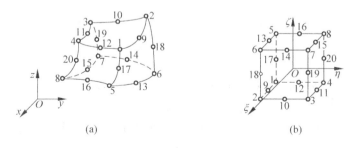

(a)　　　　　　　　　　(b)

图 3-8　二十节点六面体单元

在标准化坐标系下,二十节点立方体单元的自由度数为 60,单元的位移函数为

$$
\begin{cases}
u = \alpha_1 + \alpha_2\xi + \alpha_3\eta + \alpha_4\zeta + \alpha_5\xi^2 + \alpha_6\eta^2 + \alpha_7\zeta^2 + \alpha_8\xi\eta + \alpha_9\eta\zeta + \\
\quad \alpha_{10}\zeta\xi + \alpha_{11}\xi^2\eta + \alpha_{12}\xi^2\zeta + \alpha_{13}\eta^2\xi + \alpha_{14}\eta^2\zeta + \alpha_{15}\zeta^2\xi + \\
\quad \alpha_{16}\zeta^2\eta + \alpha_{17}\xi\eta\zeta + \alpha_{18}\xi^2\eta\zeta + \alpha_{19}\eta^2\zeta\xi + \alpha_{20}\zeta^2\xi\eta \\
v = \alpha_{21} + \cdots + \alpha_{40}\zeta^2\xi\eta \\
w = \alpha_{41} + \cdots + \alpha_{60}\zeta^2\xi\eta
\end{cases}
\tag{3-11}
$$

其中,u、v、w 均是完整到二阶的四次多项式。式(3-11)也可写成如下形函数的线性组合形式:

$$
\begin{cases}
u = \sum_{i=1}^{20} N_i(\xi,\eta,\zeta)u_i \\
v = \sum_{i=1}^{20} N_i(\xi,\eta,\zeta)v_i \\
w = \sum_{i=1}^{20} N_i(\xi,\eta,\zeta)w_i
\end{cases}
\tag{3-12}
$$

其中,形函数 N_i 为

$$
\begin{cases}
N_i = \dfrac{1}{8}(1+\xi_i\xi)(1+\eta_i\eta)(1+\zeta_i\zeta)(\xi_i\xi + \eta_i\eta + \zeta_i\zeta - 2), \quad i = 1,2,\cdots,8 \\
N_i = \dfrac{1}{4}(1-\xi^2)(1+\eta_i\eta)(1+\zeta_i\zeta), \quad i = 9,11,13,15 \\
N_i = \dfrac{1}{4}(1-\eta^2)(1+\xi_i\xi)(1+\zeta_i\zeta), \quad i = 10,12,14,16 \\
N_i = \dfrac{1}{4}(1-\zeta^2)(1+\xi_i\xi)(1+\eta_i\eta), \quad i = 17,18,19,20
\end{cases}
\tag{3-13}
$$

其中,各节点的 ξ_i、η_i、ζ_i 如表 3-2 所示。

表 3-2　二十节点立方体单元的节点坐标

i	1	2	3	4	5	6	7	8	9	10
ξ_i	-1	1	1	-1	-1	1	1	-1	0	1
η_i	-1	-1	1	1	-1	-1	1	1	-1	0
ζ_i	-1	-1	-1	-1	1	1	1	1	-1	-1
i	11	12	13	14	15	16	17	18	19	20
ξ_i	0	-1	0	1	0	-1	-1	1	1	-1
η_i	1	0	-1	0	1	0	-1	-1	1	1
ζ_i	-1	-1	1	1	1	1	0	0	0	0

与平面问题类似,通过等参变换
$$
\begin{cases}
x = \sum_{i=1}^{20} N_i(\xi,\eta,\zeta)x_i \\
y = \sum_{i=1}^{20} N_i(\xi,\eta,\zeta)y_i \\
z = \sum_{i=1}^{20} N_i(\xi,\eta,\zeta)z_i
\end{cases}
$$
可将图 3-8(b)中的二十节点立

方体单元变为图 3-8(a)所示的整体坐标系中的曲面六面体单元。

3.3.3　单元刚度矩阵

类似平面问题中的矩形单元,六面体单元的单元刚度矩阵为

$$[k]^e = \int_V [B]^{\mathrm{T}}[D][B]\mathrm{d}V = \int_{-1}^1 \int_{-1}^1 \int_{-1}^1 [B]^{\mathrm{T}}[D][B]|J|\mathrm{d}\xi\mathrm{d}\eta\mathrm{d}\zeta \tag{3-14}$$

其中$|J|$为直角坐标与标准化坐标之间变换的雅可比行列式,其表达式为

$$|J| = \begin{vmatrix} \dfrac{\partial x}{\partial \xi} & \dfrac{\partial y}{\partial \xi} & \dfrac{\partial z}{\partial \xi} \\[2mm] \dfrac{\partial x}{\partial \eta} & \dfrac{\partial y}{\partial \eta} & \dfrac{\partial z}{\partial \eta} \\[2mm] \dfrac{\partial x}{\partial \zeta} & \dfrac{\partial y}{\partial \zeta} & \dfrac{\partial z}{\partial \zeta} \end{vmatrix} \tag{3-15}$$

用 Gauss 积分计算单元刚度矩阵时,与平面问题类似,需要确定积分方案。以二十节点六面体等参元为例,由式(3-13)形函数的表达式知,若$|J|$为常数,应变矩阵$[B]$中ξ、η、ζ的最高次幂为 2,则积分点数为$\left[\dfrac{4+1}{2}\right]=3$(向上取整),故应采用$3\times3\times3$的积分方案。若$|J|$非常数,则应采用高于$3\times3\times3$的积分方案。

3.3.4　单元等效节点载荷

体力引起的等效节点载荷为

$$\{R\}^e_{F_b} = \int_V [N]^{\mathrm{T}}\{F_b\}\mathrm{d}V = \int_{-1}^1 \int_{-1}^1 \int_{-1}^1 [N]^{\mathrm{T}}\{F_b\}|J|\mathrm{d}\xi\mathrm{d}\eta\mathrm{d}\zeta \tag{3-16}$$

若体力为常量,对于二十节点六面体等参元,形函数中ξ、η、ζ的最高次幂为 2,若$|J|$为常数,则积分点数为$\left[\dfrac{2+1}{2}\right]=2$(向上取整),故应采用$2\times2\times2$的积分方案。若$|J|$非常数,则应采用高于$2\times2\times2$的积分方案。

若在单元某边界面上受分布面力作用,单元的等效节点载荷为

$$\{R\}^e_{F_{\mathrm{T}}} = \iint_A [N]^{\mathrm{T}}\{F_{\mathrm{T}}\}\mathrm{d}A \tag{3-17}$$

下面讨论微元面积 $\mathrm{d}A$。

类似于平面问题,$\mathrm{d}\boldsymbol{r}_\xi$ 为 ξ 坐标线上的微小增量,$\mathrm{d}\boldsymbol{r}_\eta$ 为 η 坐标线上的微小增量,$\mathrm{d}\boldsymbol{r}_\zeta$ 为 ζ 坐标线上的微小增量。于是

$$\begin{cases} \mathrm{d}\boldsymbol{r}_\xi = \dfrac{\partial x}{\partial \xi}\mathrm{d}\xi\boldsymbol{i} + \dfrac{\partial y}{\partial \xi}\mathrm{d}\xi\boldsymbol{j} + \dfrac{\partial z}{\partial \xi}\mathrm{d}\xi\boldsymbol{k} \\[3mm] \mathrm{d}\boldsymbol{r}_\eta = \dfrac{\partial x}{\partial \eta}\mathrm{d}\eta\boldsymbol{i} + \dfrac{\partial y}{\partial \eta}\mathrm{d}\eta\boldsymbol{j} + \dfrac{\partial z}{\partial \eta}\mathrm{d}\eta\boldsymbol{k} \\[3mm] \mathrm{d}\boldsymbol{r}_\zeta = \dfrac{\partial x}{\partial \zeta}\mathrm{d}\zeta\boldsymbol{i} + \dfrac{\partial y}{\partial \zeta}\mathrm{d}\zeta\boldsymbol{j} + \dfrac{\partial z}{\partial \zeta}\mathrm{d}\zeta\boldsymbol{k} \end{cases} \tag{3-18}$$

以实际单元 $\xi=\pm1$ 边界面为例,该面上微面积 $\mathrm{d}A$ 为

$$dA = |d\boldsymbol{r}_\eta \times d\boldsymbol{r}_\zeta| = \left[\left(\frac{\partial y}{\partial \eta}\frac{\partial z}{\partial \zeta} - \frac{\partial y}{\partial \zeta}\frac{\partial z}{\partial \eta}\right)^2 + \left(\frac{\partial z}{\partial \eta}\frac{\partial x}{\partial \zeta} - \frac{\partial z}{\partial \zeta}\frac{\partial x}{\partial \eta}\right)^2 + \left(\frac{\partial x}{\partial \eta}\frac{\partial y}{\partial \zeta} - \frac{\partial x}{\partial \zeta}\frac{\partial y}{\partial \eta}\right)^2\right]d\eta d\zeta$$

$$= A_\xi d\eta d\zeta \tag{3-19}$$

其中 A_ξ 为两种坐标之间微面积的放大系数,其他面上的 dA 可类似得到。

将式(3-19)代入式(3-17),得 $\xi = \pm 1$ 面上作用面力时的单元等效节点载荷为

$$\{R\}_{F_\mathrm{T}}^e = \int_{-1}^{1} [N]^\mathrm{T}\{F_\mathrm{T}\}A_\xi d\eta d\zeta \tag{3-20}$$

特别地,当分布面力为压力时,式(3-20)中被积函数表达式可得到简化。

$\xi = \pm 1$ 边界面的外法线方向与 $d\boldsymbol{r}_\eta \times d\boldsymbol{r}_\zeta$ 方向相同,因此该面的外法线方向的方向余弦为

$$l = \frac{1}{A_\xi}\left(\frac{\partial y}{\partial \eta}\frac{\partial z}{\partial \zeta} - \frac{\partial y}{\partial \zeta}\frac{\partial z}{\partial \eta}\right)$$

$$m = \frac{1}{A_\xi}\left(\frac{\partial z}{\partial \eta}\frac{\partial x}{\partial \zeta} - \frac{\partial z}{\partial \zeta}\frac{\partial x}{\partial \eta}\right)$$

$$n = \frac{1}{A_\xi}\left(\frac{\partial x}{\partial \eta}\frac{\partial y}{\partial \zeta} - \frac{\partial x}{\partial \zeta}\frac{\partial y}{\partial \eta}\right)$$

而 $\xi = \pm 1$ 边界面上受法向压力作用时,面力向量可表示为

$$\{F_\mathrm{T}\} = -q(\eta,\zeta)\begin{Bmatrix} l \\ m \\ n \end{Bmatrix}$$

将上式代入式(3-20),得

$$\{R\}_{F_\mathrm{T}}^e = \int_{-1}^{1} [N]^\mathrm{T} q(\eta,\zeta)\left[\frac{\partial y}{\partial \eta}\frac{\partial z}{\partial \zeta} - \frac{\partial y}{\partial \zeta}\frac{\partial z}{\partial \eta}, \quad \frac{\partial z}{\partial \eta}\frac{\partial x}{\partial \zeta} - \frac{\partial z}{\partial \zeta}\frac{\partial x}{\partial \eta}, \quad \frac{\partial x}{\partial \eta}\frac{\partial y}{\partial \zeta} - \frac{\partial x}{\partial \zeta}\frac{\partial yz}{\partial \eta}\right]^\mathrm{T} d\eta d\zeta \tag{3-21}$$

若 $q(\eta,\zeta)$ 线性分布,则很易确定式(3-21)中 Gauss 积分的积分方案。

3.4 五面体单元

五面体单元也就是楔形单元,此规则形状为三棱柱。六节点五面体单元如图 3-9(a)所示,它在标准化坐标系下的像如图 3-9(b)所示,其中 L_1、L_2 为面积坐标,直角边长均为1,各节点坐标 $\zeta_i = \pm 1$。可在标准化坐标系下直接建立六节点五面体单元的形函数。

类似于平面问题中的画线法,可由划面法确定其形函数为

$$N_{i+3} = \frac{1}{2}L_i(1-\zeta), \quad i = 1,2,3$$

另外,五面体单元还有七节点、十五节点等类型。七节点的五面体单元内部有 1 个节点,十五节点的五面体单元每条边上有 3 个节点。

五面体单元一般作为六面体单元的主要填充单元,解决边界形状不规则空间物体的网格划分。如图 3-10 所示空间问题的有限元网格中使用了六面体单元与五面体单元,在对坝体、工字梁等分析时常常联合使用六面体单元与五面体单元。

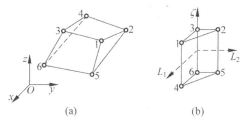

图 3-9　六节点五面体单元　　　　　　　　图 3-10　六节点五面体单元

3.5　实体单元比较与选择

实体单元中,四面体单元能适应复杂的几何外形,但由于单元内部应力、应变为常数,必须采用大量密集的单元才能取得较好的应力结果,否则,计算精度很差。

五面体单元可较好逼近带尖角的复杂实体,但由于其具有线性特征,导致计算误差较大。

六面体单元精度有所提高,但由于形状规则,较难适应工程结构的复杂外形。在工程问题中可以混合使用实体单元。

一般来说,如果所分析的结构比较简单,可以很方便地划分为六面体单元,应该选用六面体单元;如果所分析的结构比较复杂,难以划分成六面体单元,应选用高阶的四面体单元。

图 3-11 所示为同一空间结构的有限元网格,图 3-11(a)采用了四节点四面体单元,图 3-11(b)采用了十节点四面体单元。由此可见,若结构有曲面边界,应该使用高阶单元。四节点四面体单元不但计算精度较差,模拟曲面边界的效果也差。

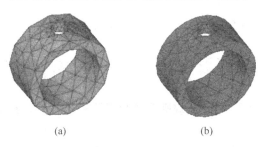

(a)　　　　　　　　　　(b)

图 3-11　高阶四面体单元与低阶四面体单元划分曲面结构网格比较

习　　题

3-1　在对实际问题建立有限元分析模型时,什么情况下必须按空间问题处理?

3-2　如题 3-2 图所示四面体单元,求单元在自重作用下的等效节点载荷。设每棱边长度均为 a,质量密度为 ρ。

3-3　对题 3-2 图所示四面体单元,若底面作用载荷集度为 q 的均匀压力(设方向与 z 轴平行),求该面力的等效节点载荷。

3-4 对题 3-4 图所示四面体单元,设单元 123 面上作用沿 z 轴方向的线性分布载荷,沿 1、2、3 节点的面力集度依次为 q_1、q_2、q_3,求该面力的等效节点载荷。

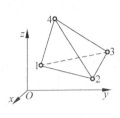

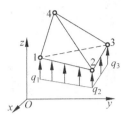

题 3-2 图   题 3-4 图

3-5 证明任意平行六面体空间等参元的雅可比矩阵为常数矩阵。

3-6 有两个相似的空间六面体等参元,棱长之比为 a,试分析两个单元的单元刚度矩阵之间的关系。

3-7 试求题 3-7 图所示十六节点六面体单元的形函数 N_2、N_{10}、N_{12}。

3-8 题 3-8 图所示空间八节点等参元,x、y、z 方向棱长分别为 a、b、c,在 $y=b$ 面上受 y 方向线性分布力作用,底面(23 边)面力集度为 0,上边(67 边)面力集度为 q,求面力的等效节点载荷。

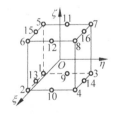

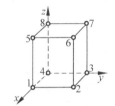

题 3-7 图   题 3-8 图

第4章

空间轴对称问题的有限元法

本章主要介绍空间轴对称问题的有限元法。本章介绍的单元以三角形环单元为主。

4.1 空间轴对称问题概述

工程实际中常会遇到一些实际结构,它们的几何形状、约束以及所受载荷都对称于某一固定轴,这种情况下,结构所产生的位移、应变和应力也关于该轴对称,该轴称为对称轴,这类问题称为轴对称问题。

轴对称问题在工程实际与日常生活中得到了广泛的应用,如锅炉、水缸、烟囱、球壳、回转圆盘、发动机缸体等轴对称体,所受载荷与约束也对称于同一轴时即为轴对称问题。无限大、半无限大的弹性体受一集中载荷作用时,也可作为轴对称问题来处理。

若按空间问题对轴对称问题进行分析,存在未知量庞大的问题,利用轴对称特点,可将此进一步简化。若对称面内两个方向的几何尺寸属于同一数量级,则可简化为二维问题求解;若对称面内一个方向的尺寸远小于另一方向的几何尺寸,则可简化为一维问题求解。对应地,前者称为空间轴对称问题,后者称为轴对称壳体问题。本章介绍空间轴对称问题,轴对称壳体问题将在第 6 章介绍。

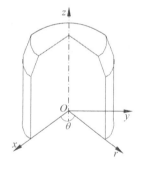

图 4-1 轴对称结构

在空间轴对称问题中,通常采用圆柱坐标系 r、θ、z 描述,对称轴为 z 轴,径向为 r 轴,环向为 θ 轴,如图 4-1 所示。由对称性可知,物体上任一点的位移、应力、应变都与 θ 无关,只是 r 和 z 的函数。任一点的位移只有 r 方向的径向位移 u 和 z 方向的轴向位移 w,而 θ 方向的位移为零。因此可以只研究 r、z 平面上的截面部分,这时分析问题与平面问题类似。

4.1.1 空间轴对称问题的几何方程与物理方程

由于对称性,通过对称轴的任一平截面(子午面)内任一点的径向位移 u 和轴向位移 w 完全确定了物体的应变状态,因此也确定了应力状态。由位移分量 u 和 w 可以确定的轴向应变 ε_z、径向应变 ε_r、剪应变 γ_{zr} 依次为

$$\varepsilon_z = \frac{\partial w}{\partial z}$$

$$\varepsilon_r = \frac{\partial u}{\partial r}$$

$$\gamma_{rz} = \frac{\partial w}{\partial r} + \frac{\partial u}{\partial z}$$

此外,径向位移 u 将产生环向应变 ε_θ。半径为 r 的圆环,经径向位移 u 后,半径变为 $r+u$,则环向应变 ε_θ 为

$$\varepsilon_\theta = \frac{2\pi(r+u) - 2\pi r}{2\pi r} = \frac{u}{r}$$

因没有 θ 方向的位移(即 $u_\theta = 0$),u 和 w 又均与 θ 无关,由弹性力学知,$\gamma_{r\theta} = \frac{\partial u_\theta}{\partial r} + \frac{\partial u}{r\partial \theta} - \frac{u_\theta}{r} = 0$,$\gamma_{z\theta} = \frac{\partial w}{r\partial \theta} + \frac{\partial u_\theta}{\partial z} = 0$。于是,空间轴对称问题中有 4 个应变分量 ε_r、ε_θ、ε_z、γ_{rz} 与对应的 4 个应力分量 σ_r、σ_θ、σ_z、τ_{rz}。

空间轴对称问题的几何方程为

$$\varepsilon_r = \frac{\partial u}{\partial r}, \quad \varepsilon_\theta = \frac{u}{r}, \quad \varepsilon_z = \frac{\partial w}{\partial z}, \quad \gamma_{rz} = \frac{\partial u}{\partial z} + \frac{\partial w}{\partial r}$$

写成矩阵形式为

$$\begin{Bmatrix} \varepsilon_r \\ \varepsilon_\theta \\ \varepsilon_z \\ \gamma_{rz} \end{Bmatrix} = \begin{bmatrix} \dfrac{\partial}{\partial r} & 0 \\[2mm] \dfrac{1}{r} & 0 \\[2mm] 0 & \dfrac{\partial}{\partial z} \\[2mm] \dfrac{\partial}{\partial z} & \dfrac{\partial}{\partial r} \end{bmatrix} \begin{Bmatrix} u \\ w \end{Bmatrix} \tag{4-1}$$

简记为

$$\{\varepsilon\} = [A]\{f\}$$

空间轴对称问题的物理方程写成矩阵形式为

$$\begin{Bmatrix} \sigma_r \\ \sigma_\theta \\ \sigma_z \\ \tau_{rz} \end{Bmatrix} = \frac{E(1-\mu)}{(1+\mu)(1-2\mu)} \begin{bmatrix} 1 & \dfrac{\mu}{1-\mu} & \dfrac{\mu}{1-\mu} & 0 \\[2mm] \dfrac{\mu}{1-\mu} & 1 & \dfrac{\mu}{1-\mu} & 0 \\[2mm] \dfrac{\mu}{1-\mu} & \dfrac{\mu}{1-\mu} & 1 & 0 \\[2mm] 0 & 0 & 0 & \dfrac{1-2\mu}{2(1-\mu)} \end{bmatrix} \begin{Bmatrix} \varepsilon_r \\ \varepsilon_\theta \\ \varepsilon_z \\ \gamma_{rz} \end{Bmatrix} \tag{4-2}$$

简记为

$$\{\sigma\} = [D]\{\varepsilon\}$$

其中 $[D]$ 为轴对称问题的弹性矩阵,它是对称阵,具体表达式为

$$[D] = \frac{E}{(1+\mu)(1-2\mu)} \begin{bmatrix} 1-\mu & \mu & \mu & 0 \\ \mu & 1-\mu & \mu & 0 \\ \mu & \mu & 1-\mu & 0 \\ 0 & 0 & 0 & \dfrac{1-2\mu}{2} \end{bmatrix}$$

4.1.2 空间轴对称问题的离散化

对轴对称问题进行有限元分析时,只需取出任一对称面进行网格划分和分析。下面以三角形环单元为例说明,其原理适用于矩形环单元与其他平面等参元。在图 4-2 中,先将过 z 轴的一对称面离散为若干个三角形单元,再绕 z 轴旋转一周,图中的物体就被离散为若干个三角形环单元。各单元之间用圆环形的铰链连接,单元的体积就是图中圆环体的体积,所有的积分必须在这一体积进行。

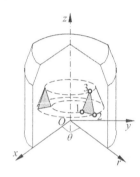

图 4-2　空间轴对称问题的离散化

4.2　三角形环单元

4.2.1　单元位移函数

对图 4-3 所示的三角形环单元,每个节点有两个位移分量,即

$$\{\delta_i\} = \begin{Bmatrix} u_i \\ w_i \end{Bmatrix}, \quad i = 1, 2, 3$$

节点位移向量为

$$\{\delta\}^e = \begin{Bmatrix} \{\delta_1\} \\ \{\delta_2\} \\ \{\delta_3\} \end{Bmatrix} = \begin{bmatrix} u_1 & w_1 & u_2 & w_2 & u_3 & w_3 \end{bmatrix}^{\mathrm{T}}$$

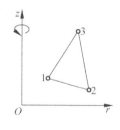

图 4-3　三角形环单元

与之对应,每个节点有两个节点力分量,单元节点力向量为

$$\{F\}^e = = \begin{bmatrix} F_{r1} & F_{z1} & F_{r2} & F_{z2} & F_{r3} & F_{z3} \end{bmatrix}^{\mathrm{T}}$$

与平面三角形单元一样,取位移函数为

$$u = \alpha_1 + \alpha_2 r + \alpha_3 z = \sum_{i=1}^{3} N_i u_i$$

$$w = \alpha_4 + \alpha_5 r + \alpha_6 z = \sum_{i=1}^{3} N_i w_i \tag{4-3}$$

或者

$$\{f\} = \begin{Bmatrix} u \\ w \end{Bmatrix} = \begin{bmatrix} N_1 & 0 & N_2 & 0 & N_3 & 0 \\ 0 & N_1 & 0 & N_2 & 0 & N_3 \end{bmatrix} \begin{Bmatrix} u_1 \\ w_1 \\ u_2 \\ w_2 \\ u_3 \\ w_3 \end{Bmatrix} = [N]\{\delta\}^e$$

其中

$$N_i = \frac{a_i + b_i r + c_i z}{2\Delta}$$

$$a_1 = r_2 z_3 - r_3 z_2, \quad b_1 = z_2 - z_3, \quad c_1 = -(r_2 - r_3), \quad \cdots$$

$$2\Delta = \begin{vmatrix} 1 & r_1 & z_1 \\ 1 & r_2 & z_2 \\ 1 & r_3 & z_3 \end{vmatrix}$$

上面公式的形式与第 2 章完全相同,只不过将 x、y 分别换成了 r、z。

4.2.2 应变矩阵、应力矩阵和单元刚度矩阵

1. 应变矩阵

将式(4-3)代入几何方程式(4-1),得到

$$\{\varepsilon\} = \begin{Bmatrix} \varepsilon_r \\ \varepsilon_\theta \\ \varepsilon_z \\ \gamma_{rz} \end{Bmatrix} = \begin{Bmatrix} \dfrac{\partial u}{\partial r} \\ \dfrac{u}{r} \\ \dfrac{\partial w}{\partial z} \\ \dfrac{\partial w}{\partial r} + \dfrac{\partial u}{\partial z} \end{Bmatrix} = \begin{bmatrix} \dfrac{\partial N_1}{\partial r} & 0 & \dfrac{\partial N_2}{\partial r} & 0 & \dfrac{\partial N_3}{\partial r} & 0 \\ \dfrac{N_1}{r} & 0 & \dfrac{N_2}{r} & 0 & \dfrac{N_3}{r} & 0 \\ 0 & \dfrac{\partial N_1}{\partial z} & 0 & \dfrac{\partial N_2}{\partial z} & 0 & \dfrac{\partial N_3}{\partial z} \\ \dfrac{\partial N_1}{\partial z} & \dfrac{\partial N_1}{\partial r} & \dfrac{\partial N_2}{\partial z} & \dfrac{\partial N_2}{\partial r} & \dfrac{\partial N_3}{\partial z} & \dfrac{\partial N_3}{\partial r} \end{bmatrix} \begin{Bmatrix} u_1 \\ w_1 \\ u_2 \\ w_2 \\ u_3 \\ w_3 \end{Bmatrix}$$

$$= \frac{1}{2\Delta} \begin{bmatrix} b_1 & 0 & b_2 & 0 & b_3 & 0 \\ f_1 & 0 & f_2 & 0 & f_3 & 0 \\ 0 & c_1 & 0 & c_2 & 0 & c_3 \\ c_1 & b_1 & c_2 & b_2 & c_3 & b_3 \end{bmatrix} \begin{Bmatrix} u_1 \\ w_1 \\ u_2 \\ w_2 \\ u_3 \\ w_3 \end{Bmatrix} = [B]_{4\times6}\{\delta\}_{6\times1}^e$$

其中,$f_i = \dfrac{a_i + b_i r + c_i z}{r}, i = 1,2,3$。

与平面三角形单元相比,$[B]$ 中多了一行与 ε_θ 对应的元素,这些元素是 r、z 的函数,因而,单元中的应变不再是常数。确切地说,单元中的 ε_r、ε_z、γ_{rz} 是常数,ε_θ 是变量。$[B]$ 的项

中包含了 $\dfrac{1}{r}$，它给计算带来麻烦。为了简化计算，将每一个单元中的 r 和 z 近似看作常数，即

$$r = r_c = \frac{1}{3}(r_1 + r_2 + r_3)$$

$$z = z_c = \frac{1}{3}(z_1 + z_2 + z_3)$$

其中，r_c、z_c 是单元形心的坐标。于是，单元被近似看作常应变单元，即用形心处的应变近似代表单元的应变。这时，$[B]$ 中的 f_i 等于 $\bar{f}_i$，即

$$f_i = \bar{f}_i = \frac{a_i + b_i r_c + c_i z_c}{r_c}, \quad i = 1, 2, 3$$

将这样近似处理后的 $[B]$ 记作 $[\bar{B}]$。

2. 应力矩阵

应力为

$$\{\sigma\} = [D][B]\{\delta\}^e = [S]\{\delta\}^e$$

$[B]$ 用 $[\bar{B}]$ 近似代替后，应力矩阵 $[S]$ 相应变为 $[\bar{S}]$。这样，相当于用单元形心处的应力近似代替整个单元的应力，单元近似为常应力单元。

3. 单元刚度矩阵

单元刚度矩阵的一般公式为

$$[k]^e = \int_V [B]^T[D][B]dV = \int_V [B]^T[D][B]r\,dr\,d\theta\,dz = \int_0^{2\pi} d\theta \iint_\Delta [B]^T[D][B]r\,dr\,dz$$

$$= 2\pi \iint_\Delta [B]^T[D][B]r\,dr\,dz = \iint_\Delta [B]^T[D][B]2\pi r\,dr\,dz$$

矩阵 $[B]$ 的元素与 r、z 有关，计算这一积分可用两种方法：第一种是数值积分；第二种是先做矩阵乘法，然后逐项进行显式积分。

最简单的近似办法是用 $[\bar{B}]$ 代替 $[B]$，r_c 代替 r，这时，单元刚度矩阵可以写成如下简单形式：

$$[k]^e = [\bar{B}]^T[D][\bar{B}]2\pi r_c \Delta = [\bar{B}]^T[\bar{S}]2\pi r_c \Delta$$

与平面三角形单元的单元刚度矩阵计算公式比较知，相当于用 $2\pi r_c$ 代替了 t。

4.2.3　单元等效节点载荷

对于轴对称问题，集中力为作用在节点所在圆周上的轴对称线载荷，面力为轴对称的分布载荷。所有的节点载荷都应理解为分布在节点所在圆周上的轴对称线载荷。比如，若在节点 i 的圆周（半径为 r_i）的单位长度上作用径向外载荷 F_R，则在节点 i 作用的节点载荷为 $2\pi r_i F_R$。三角形环单元的等效节点载荷向量为

$$\{R\}^e = \begin{bmatrix} F_{r1} & F_{z1} & F_{r2} & F_{z2} & F_{r3} & F_{z3} \end{bmatrix}^T$$

下面推导几种常见载荷的等效节点载荷。

1. 自重

设单元的质量均匀分布，质量密度为 ρ，则体力向量为

$$\{F_b\} = \begin{Bmatrix} F_{br} \\ F_{bz} \end{Bmatrix} = \begin{Bmatrix} 0 \\ -\rho g \end{Bmatrix}$$

于是等效节点载荷向量为

$$\{R\}^e = \int_V [N]^T \{F_b\} dV = \int_V [N]^T \{F_b\} r dr d\theta dz = 2\pi \iint_\Delta [N]^T \{F_b\} r dr dz$$

$$= 2\pi \iint_\Delta \begin{bmatrix} N_1 & 0 & N_2 & 0 & N_3 & 0 \\ 0 & N_1 & 0 & N_2 & 0 & N_3 \end{bmatrix} \begin{Bmatrix} 0 \\ -\rho g \end{Bmatrix} r dr dz$$

$$= -2\pi \rho g \iint_\Delta [0 \quad N_1 \quad 0 \quad N_2 \quad 0 \quad N_3]^T r dr dz$$

和平面问题一样,利用面积坐标 $r = r_1 L_1 + r_2 L_2 + r_3 L_3$,$N_i = L_i$,则

$$\iint_\Delta N_i r dr dz = \iint_\Delta L_i (r_1 L_1 + r_2 L_2 + r_3 L_3) dr dz$$

利用积分公式

$$\iint_\Delta L_1^a L_2^b L_3^c dx dy = \frac{a! b! c!}{(a+b+c+2)!} 2\Delta$$

则

$$\iint_\Delta N_1 r dr dz = \iint_\Delta (r_1 L_1^2 + r_2 L_1 L_2 + r_3 L_1 L_3) dr dz$$

$$= r_1 \frac{2! 0! 0!}{(2+0+0+2)!} 2\Delta + r_2 \frac{1! 1! 0!}{(1+1+0+2)!} 2\Delta + r_3 \frac{1! 0! 1!}{(1+0+1+2)!} 2\Delta$$

$$= r_1 \frac{\Delta}{6} + r_2 \frac{\Delta}{12} + r_3 \frac{\Delta}{12} = \frac{\Delta}{12}(2r_1 + r_2 + r_3)$$

同理

$$\iint_\Delta N_2 r dr dz = \frac{\Delta}{12}(r_1 + 2r_2 + r_3)$$

$$\iint_\Delta N_3 r dr dz = \frac{\Delta}{12}(r_1 + r_2 + 2r_3)$$

于是

$$\{R\}^e_{F_b} = -\frac{\pi \rho g \Delta}{6} [0 \quad 2r_1 + r_2 + r_3 \quad 0 \quad r_1 + 2r_2 + r_3 \quad 0 \quad r_1 + r_2 + 2r_3]^T$$

如果单元离对称轴较远,或者单元很小,可用 r_c 代替 r_1、r_2、r_3,得到

$$\{R\}^e_{F_b} = -\frac{W}{3} [0 \quad 1 \quad 0 \quad 1 \quad 0 \quad 1]^T$$

其中,$W = 2\pi r_c \Delta \rho g$ 为三角形环单元的自重。相当于把自重的 1/3 移置到每个节点的 z 轴负向。

2. 旋转机械的离心力(惯性力)

设质量密度为 ρ 的旋转机械绕对称轴以角速度 ω 匀速转动,则单位体积的离心力为

$$\{F_b\} = \begin{Bmatrix} F_{br} \\ F_{bz} \end{Bmatrix} = \begin{Bmatrix} \rho r \omega^2 \\ 0 \end{Bmatrix}$$

由离心力引起的等效节点载荷为

$$\{R\}^e_{F_b} = \int_V [N]^T \{F_b\} dV = 2\pi \rho \omega^2 \iint_\Delta [N_1 \quad 0 \quad N_2 \quad 0 \quad N_3 \quad 0]^T r^2 dr dz$$

$$\iint\limits_{\Delta} N_1 r^2 \,\mathrm{d}r\mathrm{d}z = \iint\limits_{\Delta} L_1(r_1 L_1 + r_2 L_2 + r_3 L_3)^2 \,\mathrm{d}r\mathrm{d}z$$

$$= \frac{\Delta}{30}(3r_1^2 + r_2^2 + r_3^2 + 2r_1 r_2 + r_2 r_3 + 2r_1 r_3)$$

$$= \frac{\Delta}{30}(9r_c^2 + 2r_1^2 - r_2 r_3)$$

同理

$$\iint\limits_{\Delta} N_2 r^2 \,\mathrm{d}r\mathrm{d}z = \frac{\Delta}{30}(9r_c^2 + 2r_2^2 - r_3 r_1)$$

$$\iint\limits_{\Delta} N_3 r^2 \,\mathrm{d}r\mathrm{d}z = \frac{\Delta}{30}(9r_c^2 + 2r_3^2 - r_1 r_2)$$

于是

$$\{R\}_{F_b}^e = \frac{\pi\Delta\omega^2\rho}{15}\begin{bmatrix} 9r_c^2 + 2r_1^2 - r_2 r_3 & 0 & 9r_c^2 + 2r_2^2 - r_3 r_1 & 0 & 9r_c^2 + 2r_3^2 - r_1 r_2 & 0 \end{bmatrix}^\mathrm{T}$$

如果近似认为 $r_1 = r_2 = r_3 = r_c$，则

$$\{R\}_{F_b}^e = \frac{1}{3}2\pi r_c\Delta\rho r_c\omega^2\begin{bmatrix} 1 & 0 & 1 & 0 & 1 & 0 \end{bmatrix}^\mathrm{T} = \frac{1}{3}Mr_c\omega^2\begin{bmatrix} 1 & 0 & 1 & 0 & 1 & 0 \end{bmatrix}^\mathrm{T}$$

式中，$M = 2\pi r_c\Delta\rho$ 为三角形环单元的质量。

3. 面力

如图 4-4 所示，设单元边界 12 受到轴对称三角形分布载荷，12 边长为 l，则距 2 节点 s 处，$F_{Tr} = q_r = \dfrac{s}{l}q_1 = L_1 q_1$，$F_{Tz} = 0$，面力向量为

$$\{F_T\} = \begin{Bmatrix} F_{Tr} \\ F_{Tz} \end{Bmatrix} = \begin{Bmatrix} L_1 q_1 \\ 0 \end{Bmatrix}$$

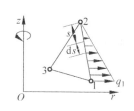

图 4-4　单元受分布面力作用

于是等效节点载荷向量为

$$\{R\}_{F_T}^e = \iint\limits_{A} [N]^\mathrm{T}\{F_T\}\,\mathrm{d}A = \int_l [N]^\mathrm{T}\{F_T\}t\,\mathrm{d}s$$

$$= \int_l \begin{bmatrix} N_1 & 0 & N_2 & 0 & N_3 & 0 \\ 0 & N_1 & 0 & N_2 & 0 & N_3 \end{bmatrix}^\mathrm{T} \begin{Bmatrix} L_1 q_1 \\ 0 \end{Bmatrix} 2\pi r\,\mathrm{d}s$$

$$= \int_l \begin{bmatrix} N_1 & 0 & N_2 & 0 & N_3 & 0 \end{bmatrix}^\mathrm{T} L_1 q_1 2\pi r\,\mathrm{d}s$$

$$= \int_l \begin{bmatrix} L_1 & 0 & L_2 & 0 & L_3 & 0 \end{bmatrix}^\mathrm{T} L_1 q_1 2\pi r\,\mathrm{d}s$$

在 12 边上，$L_3 = 0$，而 $r = r_1 L_1 + r_2 L_2 + r_3 L_3 = r_1 L_1 + r_2 L_2$，代入上式得

$$\{R\}_{F_T}^e = 2\pi q_1 \int_l \begin{bmatrix} L_1^2 & 0 & L_1 L_2 & 0 & 0 & 0 \end{bmatrix}^\mathrm{T}(r_1 L_1 + r_2 L_2)\,\mathrm{d}s$$

$$= 2\pi q_1 \int_l \begin{bmatrix} r_1 L_1^3 + r_2 L_1^2 L_2 & 0 & r_1 L_1^2 L_2 + r_2 L_1 L_2^2 & 0 & 0 & 0 \end{bmatrix}^\mathrm{T}\mathrm{d}s$$

应用公式

$$\int_l L_i^a L_j^b \,\mathrm{d}s = \frac{a!\,b!}{(a+b+1)!}l$$

得

$$\{R\}_{F_T}^e = 2\pi q_1 \left[r_1 \frac{l}{4} + r_2 \frac{l}{12} \quad 0 \quad r_1 \frac{l}{12} + r_2 \frac{l}{12} \quad 0 \quad 0 \quad 0 \right]^{\text{T}}$$

$$= \frac{\pi}{6} q_1 l \left[3r_1 + r_2 \quad 0 \quad r_1 + r_2 \quad 0 \quad 0 \quad 0 \right]^{\text{T}}$$

当 $r_1 = r_2$，或者当单元离 z 轴较远时，可认为 $r_1 = r_2$，这时

$$\{R\}^e = \pi r_1 q_1 l \left[\frac{2}{3} \quad 0 \quad \frac{1}{3} \quad 0 \quad 0 \quad 0 \right]^{\text{T}}$$

即将长度 l 上绕圆环一周面力 $\pi r_1 q_1 l$ 的 2/3 移置到节点 1 的 r 正向，1/3 移置到节点 2 的 r 正向。

习　　题

4-1　在对实际问题建立有限元分析模型时，什么情况下可按空间轴对称问题处理？

4-2　空间轴对称问题的三角形环单元与平面问题的三角形单元有何异同？

4-3　求题 4-3 图所示轴对称单元载荷集度为 q 的均布压力的等效节点载荷。

4-4　设轴对称体绕 z 轴以角速度 ω 匀速转动，质量密度为 ρ，求题 4-3 图所示轴对称单元的等效节点载荷。

4-5　如题 4-5 图两个轴对称三角形环单元，其形状、大小、方位均相同，但位置不同，设材料的弹性模量为 E，泊松比 $\mu = 0.3$，问两个单元的单元刚度矩阵是否相同？并计算单元①的单元刚度矩阵。

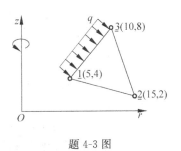

题 4-3 图

题 4-5 图

第5章

杆系结构的有限元法

本章主要介绍杆系结构的有限元法。本章介绍的杆系结构主要包括等截面直杆(包括杆、梁、轴)及等截面直杆体系结构(包括桁架结构、刚架结构)。

5.1 杆系结构有限元法概述

在工程结构中,如果构件一个方向的几何尺寸远大于其余两个方向的几何尺寸,这种构件可以简化为一维杆件。根据受力状态的不同,一维杆件又分为梁和杆两种。如果一维杆件受到任意力系的作用,即既受轴线方向的拉力或压力,又受垂直于轴线的剪力,还受弯矩作用,则这种杆件称为梁,采用梁单元分析;如果一维杆件只作用轴力,则这种杆件称为拉压杆;如果一维杆件只作用扭矩,则这种杆件称为轴。轴的扭转变形用扭转角表示,圆轴扭转变形的角位移与拉压变形的线位移研究方法完全相同,故在有限元法中,将只承受轴力的拉压杆或只承受扭矩的轴均称为杆,用杆单元分析。结构工程中,刚架一般采用梁单元分析,桁架一般采用杆单元分析。

实际中,任何一个问题都是三维问题,而且有限元法用于三维连续弹性体的静力分析,已经相当成熟。原则上讲,也可利用三维实体单元分析杆件,并可以避免结构力学的简化,但是这样做在实际分析中也遇到了困难。这是由于在用实体单元对结构进行离散化时,如果网格适应结构的几何特点,即单元的两个方向比第三方向小得多,这将使单元不同方向的刚度系数相差过大,从而导致有限元方程组的病态或奇异,最后将丧失精度或求解失败。反之,为避免上述问题,保持单元在各个方向尺寸相近,将导致单元总数庞大,而使实际分析无法进行。杆、梁单元的引入,为解决上述问题提供了可能途径。

本章讨论杆单元、梁单元和由它们组成的平面和空间杆系结构。杆系结构有限元法分析,同平面问题、空间问题的有限元分析过程一样,也分为离散化、单元分析、整体分析,但杆系结构的离散化一般根据结构本身特点,进行自然分割。对于等截面直杆体系结构,因为其本身就是在节点相互连接的杆件集合体,因此一般取杆件的交汇处、截面的变化处、支撑处、载荷突变处作为节点。对于曲杆、连续变截面的结构,如果仍用等截面直杆单元分析,则首先应进行"以直代曲、以阶梯状变截面代替连续变截面"的处理,然后再确定节点,如图 5-1 所示。由此可见,在单元划分方面,杆系结构要比平面问题、空间问题简单。

图 5-1　曲杆结构、连续变截面结构的处理方法

（a）等截面曲杆结构以等截面折杆结构代替；（b）连续变截面结构以阶梯状等截面折杆结构代替

5.2　一维等直杆单元

5.2.1　拉压杆单元

1. 拉压杆基本公式

材料力学中,杆轴向位移 u、轴向应变 ε、轴向应力 σ 之间的关系为

$$\varepsilon = \frac{\mathrm{d}u}{\mathrm{d}x} \tag{5-1}$$

$$\sigma = E\varepsilon \tag{5-2}$$

式(5-2)又称为胡克定律。

2. 单元位移函数

如图 5-2 所示等直杆单元,横截面面积为 A,长度为 l,弹性模量为 E,轴向分布载荷为 $p(x)$,单元只有两个节点 i、j,每个节点的位移只有轴向位移 u,因此,单元节点位移向量为

$$\{\delta\}^e = \begin{Bmatrix} u_i \\ u_j \end{Bmatrix} \tag{5-3}$$

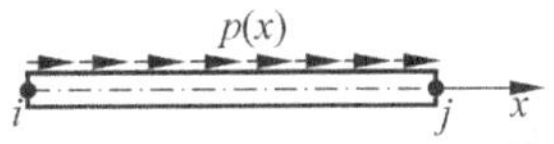

图 5-2　拉压直杆单元

节点力也只有轴力,单元节点力向量为

$$\{F\}^e = \begin{Bmatrix} F_i \\ F_j \end{Bmatrix} \tag{5-4}$$

由上分析可知,杆单元的单元自由度数为 2,因此单元的位移函数可取为

$$u = \alpha_1 + \alpha_2 x \tag{5-5}$$

设单元 i 节点的坐标为 x_i,j 节点的坐标为 x_j,当 $x = x_i$ 时,$u = u_i$；当 $x = x_j$ 时,$u = u_j$,由此可确定系数 α_1、α_2,再将其代入式(5-5),得

$$u = \frac{u_i x_j - u_j x_i}{l} + \frac{u_j - u_i}{l}x \tag{5-6}$$

式(5-6)可改写为如下形式

$$u = [N]\{\delta\}^e \tag{5-7}$$

其中形函数矩阵 $[N]$ 为

$$[N] = [N_i \quad N_j] = \frac{1}{l}[(x_j - x) \quad -(x_i - x)] \tag{5-8}$$

3. 应变矩阵与应力矩阵

将式(5-7)、式(5-8)代入式(5-1),得

$$\varepsilon = \frac{1}{l}\begin{bmatrix} -1 & 1 \end{bmatrix}\{\delta\}^e$$

上式也可写为

$$\varepsilon = [B]\{\delta\}^e \tag{5-9}$$

式中 $[B]$ 为应变矩阵,具体表达式为

$$[B] = \frac{1}{l}\begin{bmatrix} -1 & 1 \end{bmatrix} \tag{5-10}$$

将式(5-9)代入式(5-2),得

$$\sigma = E[B]\{\delta\}^e = [S]\{\delta\}^e$$

式中 $[S]$ 为应力矩阵,具体表达式为

$$[S] = \frac{E}{l}\begin{bmatrix} -1 & 1 \end{bmatrix}$$

4. 单元刚度矩阵

单元刚度矩阵仍为如下形式:

$$[k]^e = \int_V [B]^T [D][B]dV$$

将 $[D]=E$, $dV=Adx$ 及式(5-10)代入上式,得

$$[k]^e = AE\int_{x_i}^{x_j} [B]^T [B]dx = \frac{EA}{l}\begin{bmatrix} 1 & -1 \\ -1 & 1 \end{bmatrix} \tag{5-11}$$

5. 单元等效节点载荷

如果单元上作用分布轴力 $p(x)$,则等效节点载荷为如下形式

$$\{F\}^e = \int_{x_i}^{x_j} [N]^T p(x)dx \tag{5-12}$$

特别地,当分布轴力的集度为常数 p 时,有

$$\{F\}^e = \int_{x_i}^{x_j} \frac{1}{l}\left\{\begin{array}{c} x_j - x \\ -(x_i - x) \end{array}\right\} p\, dx = \frac{pl}{2}\left\{\begin{array}{c} 1 \\ 1 \end{array}\right\}$$

即分布轴力的合力按静力等效原则分配到单元两节点。

例 5-1   如图 5-3(a)所示阶梯形直杆,各段长度均为 l,横截面积分别为 $3A$、$2A$、A,材料重量密度为 ρg,弹性模量为 E,铅垂放置,上端固定。求 A、B、C 点的位移和各段杆中的内力。

解   如图 5-3(b)将阶梯形直杆划分为 3 个单元,4 个节点,单元与节点整体编号及局部编号如图所示。

各单元的单元刚度矩阵为

$$[k]^{(1)} = \frac{3EA}{l}\begin{bmatrix} 1 & -1 \\ -1 & 1 \end{bmatrix}, \quad [k]^{(2)} = \frac{2EA}{l}\begin{bmatrix} 1 & -1 \\ -1 & 1 \end{bmatrix},$$

$$[k]^{(3)} = \frac{EA}{l}\begin{bmatrix} 1 & -1 \\ -1 & 1 \end{bmatrix}$$

各单元的载荷集度分别为 $3A\rho g$、$2A\rho g$、$A\rho g$,各段均布轴力对应的节点载荷为

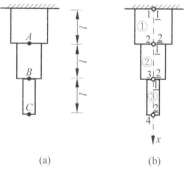

(a)   (b)

图 5-3   阶梯形直杆

(a) 结构尺寸;(b) 离散化

$$\{F\}^{(1)} = \frac{3A\rho gl}{2} \begin{Bmatrix} 1 \\ 1 \end{Bmatrix}, \quad \{F\}^{(2)} = \frac{2A\rho gl}{2} \begin{Bmatrix} 1 \\ 1 \end{Bmatrix}, \quad \{F\}^{(3)} = \frac{A\rho gl}{2} \begin{Bmatrix} 1 \\ 1 \end{Bmatrix}$$

整体刚度矩阵为

$$[K] = \frac{EA}{l} \begin{bmatrix} 3 & -3 & 0 & 0 \\ -3 & 3+2 & -2 & 0 \\ 0 & -2 & 2+1 & -1 \\ 0 & 0 & -1 & 1 \end{bmatrix} = \frac{EA}{l} \begin{bmatrix} 3 & -3 & 0 & 0 \\ -3 & 5 & -2 & 0 \\ 0 & -2 & 3 & -1 \\ 0 & 0 & -1 & 1 \end{bmatrix}$$

整体载荷向量为

$$\{F\} = \begin{Bmatrix} F_1 + \dfrac{3A\rho gl}{2} \\ \dfrac{3A\rho gl}{2} + \dfrac{2A\rho gl}{2} \\ \dfrac{2A\rho gl}{2} + \dfrac{A\rho gl}{2} \\ \dfrac{A\rho gl}{2} \end{Bmatrix} = \begin{Bmatrix} F_1 + \dfrac{3A\rho gl}{2} \\ \dfrac{5A\rho gl}{2} \\ \dfrac{3A\rho gl}{2} \\ \dfrac{A\rho gl}{2} \end{Bmatrix}$$

于是整体平衡方程为

$$\frac{EA}{l} \begin{bmatrix} 3 & -3 & 0 & 0 \\ -3 & 5 & -2 & 0 \\ 0 & -2 & 3 & -1 \\ 0 & 0 & -1 & 1 \end{bmatrix} \begin{Bmatrix} u_1 \\ u_2 \\ u_3 \\ u_4 \end{Bmatrix} = \begin{Bmatrix} F_1 + \dfrac{3A\rho gl}{2} \\ \dfrac{5A\rho gl}{2} \\ \dfrac{3A\rho gl}{2} \\ \dfrac{A\rho gl}{2} \end{Bmatrix}$$

约束条件为 $u_1 = 0$，采取划行划列法得约束方程为

$$\frac{EA}{l} \begin{bmatrix} 5 & -2 & 0 \\ -2 & 3 & -1 \\ 0 & -1 & 1 \end{bmatrix} \begin{Bmatrix} u_2 \\ u_3 \\ u_4 \end{Bmatrix} = \frac{A\rho gl}{2} \begin{Bmatrix} 5 \\ 3 \\ 1 \end{Bmatrix}$$

解得

$$u_2 = \frac{7\rho gl^2}{8E}, \quad u_3 = \frac{15\rho gl^2}{8E}, \quad u_4 = \frac{19\rho gl^2}{8E}$$

各单元的应变为

$$\varepsilon^{(1)} = \frac{u_2 - u_1}{l} = \frac{7\rho gl}{8E}, \quad \varepsilon^{(2)} = \frac{u_3 - u_2}{l} = \frac{\rho gl}{E}, \quad \varepsilon^{(3)} = \frac{u_4 - u_3}{l} = \frac{\rho gl}{2E}$$

各单元的应力为

$$\sigma^{(1)} = E\varepsilon^{(1)} = \frac{7\rho gl}{8}, \quad \sigma^{(2)} = E\varepsilon^{(2)} = \rho gl, \quad \sigma^{(3)} = E\varepsilon^{(3)} = \frac{\rho gl}{2}$$

各单元的内力为

$$N^{(1)} = \sigma^{(1)} \cdot 3A = \frac{21\rho glA}{8}, \quad N^{(2)} = \sigma^{(2)} \cdot 2A = 2\rho glA, \quad N^{(3)} = \sigma^{(3)} \cdot A = \frac{\rho glA}{2}$$

5.2.2 扭转杆单元

由材料力学知,受扭转作用的等截面圆轴以平面假设为基础。按照平面假设,在扭转变形中,圆轴的横截面像刚性平面一样,绕轴线旋转了一个角度。所以圆轴的变形只有绕轴线的转角,称为扭转角。沿轴线将轴分为若干段,每一段为一个扭转杆单元。绕 x 轴的扭转杆单元与图 5-2 类似,两个杆端只有扭转角位移 θ_i、θ_j,并受分布扭矩作用,载荷集度为 $M(x)$。与受轴力作用的直杆单元一样分析,只要将位移 u 换成转角位移 θ,将轴向应变 ε 换成截面的扭转率(即单位长度的转角变化),将弹性模量 E 换成剪切弹性模量 G,将截面面积 A 换成横截面的极惯性矩 I_p,就得到扭转杆单元的相应计算公式。扭转杆单元的单元刚度矩阵为

$$[k]^e = \frac{GI_p}{l}\begin{bmatrix} 1 & -1 \\ -1 & 1 \end{bmatrix} \tag{5-13}$$

式中 $I_p = \iint\limits_A r^2 \mathrm{d}A$,$GI_p$ 为杆的抗扭刚度。

上述公式只适应于等直圆轴,对圆截面沿轴线变化的小锥形杆,也可近似用上述公式。但对一般的非圆截面杆,扭转变形后,截面不再保持平面,而是变为曲面,这种现象称为翘曲。非圆截面杆的扭转可分为自由扭转和约束扭转。等直杆在两端受扭转力矩作用,且其翘曲不受任何限制的情况,属于自由扭转,这种情况下杆件各横截面的翘曲程度相同,纵向纤维长度无变化,故横截面上没有正应力而只有剪应力。若由于约束条件或受力条件的限制,造成杆件各横截面的翘曲程度不同,势必引起相邻两截面纵向纤维的长度改变,于是横截面上除剪应力外还有正应力,这种情况称为约束扭转。约束扭转理论将使问题复杂化,在通常的有限元分析中一般采用自由扭转理论。

5.3 桁架结构的有限元法

5.3.1 桁架结构概述

在工程实际中,屋架、桥梁、起重机架、油田井架、电视塔等结构物常采用桁架结构。所谓桁架,是由若干直杆在端点用铰链连接而成的几何形状不变的结构。如果桁架中所有杆件的轴线位于同一平面,而且所受载荷也作用在这一平面内,则称为平面桁架。

实际的桁架比较复杂,各杆间通常采用焊接或铆接的方法连接,杆件的中心线也不可能是绝对直的。但为了简化计算,工程中也常作为桁架计算。

5.3.2 桁架结构的有限元分析

由于桁架结构由简单杆件铰接而成,所以划分单元时,将每个杆件看成一个杆单元,无需再加以分割,这样的单元称为自然单元。由于各单元均为二力杆,只受轴力作用,所以各节点只有移动自由度。由此可见,平面桁架结构的节点位移为 u、v,空间桁架结构的节点位移为 u、v、w。

桁架每个杆件都可看作局部坐标系下的等直杆单元,因此可由 5.2.1 节公式进行单元

分析。但桁架结构的各个杆件倾角不同,需要在统一的整体坐标系下建立整体平衡方程,因此需要讨论坐标变换问题。

图 5-4 所示为两节点的杆单元,局部坐标系 $Ox'y'$ 的 x' 轴与杆件轴线重合,x' 轴与整体坐标系 Oxy 的 x 轴夹角为 α。节点 i 在局部坐标系下的位移分量 u'_i、v'_i 与整体坐标系下的位移分量 u_i、v_i 有如下关系:

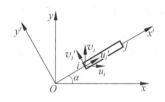

$$\left.\begin{array}{c} u_i = u'_i\cos\alpha - v'_i\sin\alpha \\ v_i = u'_i\sin\alpha + v'_i\cos\alpha \end{array}\right\}$$

即

$$\{\delta_i\} = [t]\{\delta'_i\}$$

图 5-4 两种坐标系下的杆单元

式中

$$[t] = \begin{bmatrix} \cos\alpha & -\sin\alpha \\ \sin\alpha & \cos\alpha \end{bmatrix}$$

同理

$$\{\delta_j\} = [t]\{\delta'_j\}$$

因此

$$\{\delta\}^e = [T]\{\delta'\}^e \tag{5-14}$$

式中单元节点位移为

$$\{\delta\}^e = [u_i \quad v_i \quad u_j \quad v_j]^T$$

$$\{\delta'\}^e = [u'_i \quad v'_i \quad u'_j \quad v'_j]^T$$

转换矩阵为

$$[T] = \begin{bmatrix} t & 0 \\ 0 & t \end{bmatrix} = \begin{bmatrix} \cos\alpha & -\sin\alpha & 0 & 0 \\ \sin\alpha & \cos\alpha & 0 & 0 \\ 0 & 0 & \cos\alpha & -\sin\alpha \\ 0 & 0 & \sin\alpha & \cos\alpha \end{bmatrix} \tag{5-15}$$

同理,整体坐标系与局部坐标系下的节点力之间的关系为

$$\{F\}^e = [T]\{F'\}^e \tag{5-16}$$

式中

$$\{F\}^e = [F_{xi} \quad F_{yi} \quad F_{xj} \quad F_{yj}]^T$$

$$\{F'\}^e = [F'_{xi} \quad F'_{yi} \quad F'_{xj} \quad F'_{yj}]^T$$

在局部坐标系下的平衡方程为

$$[k']^e\{\delta'\}^e = \{F'\}^e \tag{5-17}$$

式中

$$[k']^e = \frac{EA}{l} \begin{bmatrix} 1 & 0 & -1 & 0 \\ 0 & 1 & 0 & 0 \\ -1 & 0 & 1 & 0 \\ 0 & 0 & 0 & 1 \end{bmatrix} \tag{5-18}$$

式(5-18)可看作式(5-11)的扩充。式(5-11)中,对应的位移分量为 $[u_i \quad u_j]^T$,式(5-18)

中,对应的位移分量为 $[u_i \quad v_i \quad u_j \quad v_j]^T$。整体坐标系下单元的平衡方程为

$$[k]^e\{\delta\}^e = \{F\}^e$$

将式(5-14)与式(5-16)代入上式得

$$[k]^e[T]\{\delta'\}^e = [T]\{F'\}^e$$

将上式两边左乘 $[T]^{-1}$ 得

$$[T]^{-1}[k]^e[T]\{\delta'\}^e = \{F'\}^e$$

将上式与式(5-17)对比,显然有

$$[k']^e = [T]^{-1}[k]^e[T]$$

或

$$[k]^e = [T][k']^e[T]^{-1} \tag{5-19}$$

因实对称矩阵的转置矩阵等于其逆阵,于是

$$[T]^{-1} = [T]^T$$

因此,式(5-19)可以写为

$$[k]^e = [T][k']^e[T]^T \tag{5-20}$$

将式(5-15)所表示的 $[T]$、式(5-18)所表示的 $[k']^e$ 代入上式,得整体坐标系下的单元刚度矩阵为

$$[k]^e = \frac{EA}{l}\begin{bmatrix} \cos^2\alpha & \cos\alpha\sin\alpha & -\cos^2\alpha & -\cos\alpha\sin\alpha \\ \cos\alpha\sin\alpha & \sin^2\alpha & -\cos\alpha\sin\alpha & -\sin^2\alpha \\ -\cos^2\alpha & -\cos\alpha\sin\alpha & \cos^2\alpha & \cos\alpha\sin\alpha \\ -\cos\alpha\sin\alpha & -\sin^2\alpha & \cos\alpha\sin\alpha & \sin^2\alpha \end{bmatrix} \tag{5-21}$$

桁架的载荷通常为作用在节点的集中力,可以直接在整体坐标系下分解为 x、y 方向的节点力分量,从而形成整体坐标系下的节点力向量。对于分布轴向力,可按静力等效原则分配。

上面以平面桁架结构为例作了说明,对于空间桁架结构,只要稍作推广就可得到相应的计算公式。

例 5-2　图 5-5(a)所示为一由两根杆件构成的平面桁架,杆件的横截面积均为 A,弹性模量均为 E,垂直杆长度为 l,两杆铰接处受水平外力 P 作用,求 B 点的位移和各杆的内力。

解　如图 5-5(b)将平面桁架划分为 2 个单元、3 个节点,单元编号、节点整体编号及局部编号如图所示。

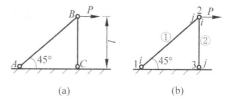

图 5-5　平面桁架
(a) 结构尺寸与载荷;(b) 离散化

对单元①,$\alpha_1 = 45°$;对单元②,$\alpha_2 = -90°$,由式(5-21)得

$$[k]^{(1)} = \frac{EA}{\sqrt{2}\,l}\begin{bmatrix} 0.5 & 0.5 & -0.5 & -0.5 \\ 0.5 & 0.5 & -0.5 & -0.5 \\ -0.5 & -0.5 & 0.5 & 0.5 \\ -0.5 & -0.5 & 0.5 & 0.5 \end{bmatrix}, \quad [k]^{(2)} = \frac{EA}{l}\begin{bmatrix} 0 & 0 & 0 & 0 \\ 0 & 1 & 0 & -1 \\ 0 & 0 & 0 & 0 \\ 0 & -1 & 0 & 1 \end{bmatrix}$$

则整体刚度矩阵为

$$[K] = \frac{EA}{l} \begin{bmatrix} \frac{1}{2\sqrt{2}} & \frac{1}{2\sqrt{2}} & -\frac{1}{2\sqrt{2}} & -\frac{1}{2\sqrt{2}} & 0 & 0 \\ \frac{1}{2\sqrt{2}} & \frac{1}{2\sqrt{2}} & -\frac{1}{2\sqrt{2}} & -\frac{1}{2\sqrt{2}} & 0 & 0 \\ -\frac{1}{2\sqrt{2}} & -\frac{1}{2\sqrt{2}} & \frac{1}{2\sqrt{2}} & \frac{1}{2\sqrt{2}} & 0 & 0 \\ -\frac{1}{2\sqrt{2}} & -\frac{1}{2\sqrt{2}} & \frac{1}{2\sqrt{2}} & \frac{1}{2\sqrt{2}}+1 & 0 & -1 \\ 0 & 0 & 0 & 0 & 0 & 0 \\ 0 & 0 & 0 & -1 & 0 & 1 \end{bmatrix}$$

节点 2 的节点力可表示为 $\{F_2\} = [P \quad 0]^T$,节点 1、3 处的节点力可用约束力表示,于是结构的整体平衡方程为

$$\frac{EA}{l} \begin{bmatrix} \frac{1}{2\sqrt{2}} & \frac{1}{2\sqrt{2}} & -\frac{1}{2\sqrt{2}} & -\frac{1}{2\sqrt{2}} & 0 & 0 \\ \frac{1}{2\sqrt{2}} & \frac{1}{2\sqrt{2}} & -\frac{1}{2\sqrt{2}} & -\frac{1}{2\sqrt{2}} & 0 & 0 \\ -\frac{1}{2\sqrt{2}} & -\frac{1}{2\sqrt{2}} & \frac{1}{2\sqrt{2}} & \frac{1}{2\sqrt{2}} & 0 & 0 \\ -\frac{1}{2\sqrt{2}} & -\frac{1}{2\sqrt{2}} & \frac{1}{2\sqrt{2}} & \frac{1}{2\sqrt{2}}+1 & 0 & -1 \\ 0 & 0 & 0 & 0 & 0 & 0 \\ 0 & 0 & 0 & -1 & 0 & 1 \end{bmatrix} \begin{Bmatrix} u_1 \\ v_1 \\ u_2 \\ v_2 \\ u_3 \\ v_3 \end{Bmatrix} = \begin{Bmatrix} F_{x1} \\ F_{y1} \\ P \\ 0 \\ F_{x3} \\ F_{y3} \end{Bmatrix}$$

约束条件为 $u_1 = v_1 = u_3 = v_3 = 0$,采用划行划列法得约束方程为

$$\frac{EA}{l} \begin{bmatrix} \frac{1}{2\sqrt{2}} & \frac{1}{2\sqrt{2}} \\ \frac{1}{2\sqrt{2}} & \frac{1}{2\sqrt{2}}+1 \end{bmatrix} \begin{Bmatrix} u_2 \\ v_2 \end{Bmatrix} = \begin{Bmatrix} P \\ 0 \end{Bmatrix}$$

解得

$$u_2 = (1 + 2\sqrt{2}) \frac{Pl}{EA}, \quad v_2 = -\frac{Pl}{EA}$$

将 u_2、v_2 代入整体平衡方程的第 1 式、第 2 式、第 5 式、第 6 式得约束力为

$$F_{x1} = -P, \quad F_{y1} = -P, \quad F_{x3} = 0, \quad F_{y3} = P$$

因此,两杆中的内力为

$$N^{(1)} = \sqrt{F_{x1}^2 + F_{y1}^2} = \sqrt{2}P \quad (拉力), \quad N^{(2)} = \sqrt{F_{x3}^2 + F_{y3}^2} = P \quad (压力)$$

5.4 梁单元

5.4.1 梁的基本公式

在载荷作用下,以弯曲变形为主的杆件称为梁。纯弯曲梁以平面假设为基础,即假设变形前垂直梁轴线的截面,变形后仍保持为平面,且仍垂直于轴线,从而使梁弯曲问题简化为一维问题。此时梁的转角 θ 与中面挠度 $v(x)$ 的关系为 $\theta = \dfrac{\mathrm{d}v}{\mathrm{d}x}$,所以基本未知量只有中面挠

度 $v(x)$。梁的弯矩 M、剪力 Q 与挠度 v 之间的关系为

$$M = EI \frac{\mathrm{d}^2 v}{\mathrm{d}x^2}, \quad Q = EI \frac{\mathrm{d}^3 v}{\mathrm{d}x^3}$$

式中：E 为弹性模量；I 为梁截面对中性轴的惯性矩；EI 称为梁的抗弯刚度。中性层与横截面的交线称为该横截面的中性轴，中性轴也称为主轴。

由于弯曲而引起的轴向纤维的相对伸长和缩短称为梁的弯曲应变，其表达式为

$$\varepsilon_b = - y \frac{\mathrm{d}^2 v}{\mathrm{d}x^2} \tag{5-22}$$

梁的弯曲应力表达式为

$$\sigma_b = E\varepsilon_b = - Ey \frac{\mathrm{d}^2 v}{\mathrm{d}x^2} \tag{5-23}$$

在平面弯曲中，若梁为只受剪力与弯矩作用的等截面直杆，将发生横力弯曲。实验和理论分析表明，当梁的跨高比较大（>5）时，按纯弯曲计算误差很小，可满足工程的精度要求。但对短而粗的梁，轴向力和剪切变形的影响不容忽视，在计算中必须考虑。

5.4.2 平面弯曲梁单元

1. 单元位移函数

如图 5-6 所示平面梁单元是一等截面直杆，长度为 l，弹性模量为 E，单元有两个节点 i、j，每个节点的位移包括挠度 v 和转角 θ，单元的节点位移向量为

$$\{\delta\}^e = [v_i \quad \theta_i \quad v_j \quad \theta_j]^{\mathrm{T}} \tag{5-24}$$

节点力包括剪力和弯矩，所以节点力向量为

$$\{F\}^e = [Q_i \quad M_i \quad Q_j \quad M_j]^{\mathrm{T}} \tag{5-25}$$

图 5-6 平面梁单元

由于在节点位移中，只有挠度 v 是独立的，因此有限元分析中的位移函数只选取 v 的表达式。梁单元的单元自由度数为 4，因此单元的位移函数可设为

$$v = \alpha_1 + \alpha_2 x + \alpha_3 x^2 + \alpha_4 x^3 \tag{5-26}$$

由单元两端的条件可确定系数 $\alpha_1 \sim \alpha_4$，再将其代入式(5-26)，得

$$v = [N]\{\delta\}^e \tag{5-27}$$

其中形函数矩阵 $[N]$ 为

$$[N] = [N_1 \quad N_2 \quad N_3 \quad N_4] \tag{5-28}$$

而

$$\left. \begin{aligned} N_1 &= \frac{1}{l^3}(l^3 - 3lx^2 + 2x^3) \\ N_2 &= \frac{1}{l^2}(l^2 x - 2lx^2 + x^3) \\ N_3 &= \frac{1}{l^3}(3lx^2 - 2x^3) \\ N_4 &= -\frac{1}{l^2}(lx^2 - x^3) \end{aligned} \right\} \tag{5-29}$$

2. 应变矩阵与应力矩阵

将式(5-27)代入式(5-22)，得

$$\varepsilon_b = [B]\{\delta\}^e \tag{5-30}$$

其中应变矩阵为

$$[B] = [B_1 \quad B_2 \quad B_3 \quad B_4]$$

$$= -\frac{y}{l^3}[(12x-6l) \quad l(6x-4l) \quad -(12x-6l) \quad l(6x-2l)] \tag{5-31}$$

将式(5-30)代入式(5-23),得

$$\sigma_b = E[B]\{\delta\}^e = [S]\{\delta\}^e \tag{5-32}$$

由此可见,应力、应变为 x、y 的双线性函数。

3. 单元刚度矩阵

单元刚度矩阵仍为如下形式:

$$[k]^e = \int_V [B]^T[D][B]\mathrm{d}V$$

将 $[D] = E$, $\mathrm{d}V = \mathrm{d}A\mathrm{d}x$ 及式(5-31)代入上式,得

$$[k]^e = E\iint_A\left[\int_0^l[B]^T[B]\mathrm{d}x\right]\mathrm{d}A$$

$$= E\iint_A\left[\int_0^l\left(-\frac{y}{l^3}\right)^2\begin{bmatrix} 12x-6l \\ l(6x-4l) \\ -(12x-6l) \\ l(6x-2l) \end{bmatrix}[(12x-6l),l(6x-4l),-(12x-6l),l(6x-2l)]\mathrm{d}x\right]\mathrm{d}A$$

$$= \frac{E}{l^6}\iint_A y^2\mathrm{d}A\begin{bmatrix} \int_0^l(12x-6l)^2\mathrm{d}x & \int_0^l(12x-6l)l(6x-4l)\mathrm{d}x & -\int_0^l(12x-6l)^2\mathrm{d}x & \int_0^l(12x-6l)l(6x-2l)\mathrm{d}x \\ & \int_0^l l^2(6x-4l)^2\mathrm{d}x & -\int_0^l(12x-6l)l(6x-4l)\mathrm{d}x & \int_0^l l^2(6x-4l)(6x-2l)\mathrm{d}x \\ 对称 & & \int_0^l(12x-6l)^2\mathrm{d}x & -\int_0^l(12x-6l)l(6x-2l)\mathrm{d}x \\ & & & \int_0^l l^2(6x-2l)^2\mathrm{d}x \end{bmatrix}$$

$$= \frac{E}{l^6}\iint_A y^2\mathrm{d}A\begin{bmatrix} 12l^3 & 6l^4 & -12l^3 & 6l^4 \\ & 4l^5 & -6l^4 & 2l^5 \\ 对称 & & 12l^3 & -6l^4 \\ & & & 4l^5 \end{bmatrix}$$

因 $I = \iint_A y^2\mathrm{d}A$, I 为横截面对中性轴(z 轴)的惯性矩,于是

$$[k]^e = \frac{EI}{l^3}\begin{bmatrix} 12 & 6l & -12 & 6l \\ 6l & 4l^2 & -6l & 2l^2 \\ -12 & -6l & 12 & -6l \\ 6l & 2l^2 & -6l & 4l^2 \end{bmatrix} \tag{5-33}$$

因此单元刚度方程为

$$\frac{EI}{l^3}\begin{bmatrix} 12 & 6l & -12 & 6l \\ 6l & 4l^2 & -6l & 2l^2 \\ -12 & -6l & 12 & -6l \\ 6l & 2l^2 & -6l & 4l^2 \end{bmatrix}\begin{Bmatrix} v_i \\ \theta_i \\ v_j \\ \theta_j \end{Bmatrix} = \begin{Bmatrix} Q_i \\ M_i \\ Q_j \\ M_j \end{Bmatrix} \tag{5-34}$$

4. 单元等效节点载荷

(1) 分布横向力的移置。如果单元上作用横向分布载荷 $p(x)$,则等效节点载荷为如下

形式：

$$\{R\}^e = \int_0^l [N]^T p(x)\,\mathrm{d}x$$

设横向分布载荷 $p(x)$ 如图 5-7 所示，移置后结果如图 5-8 所示，则

$$\{R\}^e = \int_0^l \begin{Bmatrix} N_1 \\ N_2 \\ N_3 \\ N_4 \end{Bmatrix} p(x)\,\mathrm{d}x = \int_0^l \begin{Bmatrix} \dfrac{1}{l^3}(l^3 - 3lx^2 + 2x^3) \\[2mm] \dfrac{1}{l^2}(l^2 x - 2lx^2 + x^3) \\[2mm] \dfrac{1}{l^3}(3lx^2 - 2x^3) \\[2mm] -\dfrac{1}{l^2}(lx^2 - x^3) \end{Bmatrix} p(x)\,\mathrm{d}x$$

$$= \int_0^l \begin{Bmatrix} 1 - \dfrac{3}{l^2}x^2 + \dfrac{2}{l^3}x^3 \\[2mm] x - \dfrac{2}{l}x^2 + \dfrac{1}{l^2}x^3 \\[2mm] \dfrac{3}{l^2}x^2 - \dfrac{2}{l^3}x^3 \\[2mm] -\dfrac{1}{l}x^2 + \dfrac{1}{l^2}x^3 \end{Bmatrix} p(x)\,\mathrm{d}x = \begin{Bmatrix} \displaystyle\int_0^l p(x)\,\mathrm{d}x - \dfrac{3}{l^2}\int_0^l p(x)x^2\,\mathrm{d}x + \dfrac{2}{l^3}\int_0^l p(x)x^3\,\mathrm{d}x \\[3mm] \displaystyle\int_0^l p(x)x\,\mathrm{d}x - \dfrac{2}{l}\int_0^l p(x)x^2\,\mathrm{d}x + \dfrac{1}{l^2}\int_0^l p(x)x^3\,\mathrm{d}x \\[3mm] \dfrac{3}{l^2}\int_0^l p(x)x^2\,\mathrm{d}x - \dfrac{2}{l^3}\int_0^l p(x)x^3\,\mathrm{d}x \\[3mm] -\dfrac{1}{l}\int_0^l p(x)x^2\,\mathrm{d}x + \dfrac{1}{l^2}\int_0^l p(x)x^3\,\mathrm{d}x \end{Bmatrix}$$

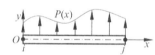

图 5-7　平面梁单元受横向分布载荷　　　　　图 5-8　单元等效节点载荷

记 $F_{p0} = \displaystyle\int_0^l p(x)\,\mathrm{d}x,\ F_{p1} = \int_0^l p(x)x\,\mathrm{d}x,\ F_{p2} = \int_0^l p(x)x^2\,\mathrm{d}x,\ F_{p3} = \int_0^l p(x)x^3\,\mathrm{d}x$ 于是

$$\{R\}^e = \begin{Bmatrix} Q_i \\ M_i \\ Q_j \\ M_j \end{Bmatrix} = \begin{Bmatrix} F_{p0} - \dfrac{3}{l^2}F_{p2} + \dfrac{2}{l^3}F_{p3} \\[2mm] F_{p1} - \dfrac{2}{l}F_{p2} + \dfrac{1}{l^2}F_{p3} \\[2mm] \dfrac{3}{l^2}F_{p2} - \dfrac{2}{l^3}F_{p3} \\[2mm] -\dfrac{1}{l}F_{p2} + \dfrac{1}{l^2}F_{p3} \end{Bmatrix} = \begin{bmatrix} 1 & 0 & -\dfrac{3}{l^2} & \dfrac{2}{l^3} \\[2mm] 0 & 1 & -\dfrac{2}{l} & \dfrac{1}{l^2} \\[2mm] 0 & 0 & \dfrac{3}{l^2} & -\dfrac{2}{l^3} \\[2mm] 0 & 0 & -\dfrac{1}{l} & \dfrac{1}{l^2} \end{bmatrix} \begin{Bmatrix} F_{p0} \\ F_{p1} \\ F_{p2} \\ F_{p3} \end{Bmatrix}$$

特别地，当 $p(x) = p$ 时，

$$F_{p0} = \int_0^l p(x)\,\mathrm{d}x = pl, \quad F_{p1} = \int_0^l p(x)x\,\mathrm{d}x = \frac{p}{2}l^2,$$

$$F_{p2} = \int_0^l p(x)x^2\,\mathrm{d}x = \frac{1}{3}pl^3, \quad F_{p3} = \int_0^l p(x)x^3\,\mathrm{d}x = \frac{1}{4}pl^4$$

于是

$$\{R\}^e = \begin{bmatrix} 1 & 0 & -\dfrac{3}{l^2} & \dfrac{2}{l^3} \\ 0 & 1 & -\dfrac{2}{l} & \dfrac{1}{l^2} \\ 0 & 0 & \dfrac{3}{l^2} & -\dfrac{2}{l^3} \\ 0 & 0 & -\dfrac{1}{l} & \dfrac{1}{l^2} \end{bmatrix} \begin{Bmatrix} pl \\ \dfrac{pl^2}{2} \\ \dfrac{pl^3}{3} \\ \dfrac{pl^4}{4} \end{Bmatrix} = \begin{Bmatrix} \dfrac{pl}{2} \\ \dfrac{pl}{12} \\ \dfrac{pl}{2} \\ -\dfrac{pl}{12} \end{Bmatrix}$$

常用分布横向力的等效节点载荷如表 5-1 所示。

表 5-1　梁上分布横向载荷引起的等效节点载荷

横向分布力	Q_i	M_i	Q_j	M_j
(均布载荷)	$\dfrac{1}{2}pl$	$\dfrac{1}{12}pl^2$	$\dfrac{1}{2}pl$	$-\dfrac{1}{12}pl^2$
(三角形载荷)	$\dfrac{3}{20}pl$	$\dfrac{1}{30}pl^2$	$\dfrac{7}{20}pl$	$-\dfrac{1}{20}pl^2$
(三角形载荷)	$\dfrac{1}{4}pl$	$\dfrac{5}{96}pl^2$	$\dfrac{1}{4}pl$	$-\dfrac{5}{96}pl^2$

（2）分布弯矩的移置。如图 5-9 所示，如果单元上作用分布弯矩 $m(x)$，则等效节点载荷为

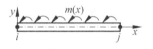

图 5-9　平面梁单元受分布弯矩

$$\{R\}^e = \int_0^l [N']^{\mathrm{T}} m(x)\,\mathrm{d}x$$

其中 $[N']$ 为形函数导数矩阵，即

$$[N'] = \left[\frac{\mathrm{d}N_1}{\mathrm{d}x}, \frac{\mathrm{d}N_2}{\mathrm{d}x}, \frac{\mathrm{d}N_3}{\mathrm{d}x}, \frac{\mathrm{d}N_4}{\mathrm{d}x}\right]$$

$$= \left[\frac{1}{l^3}(-6lx + 6x^2), \frac{1}{l^2}(l^2 - 4lx + 3x^3), \frac{1}{l^3}(6lx - 6x^2), -\frac{1}{l^2}(2lx - 3x^2)\right]$$

同理得

$$\{R\}^e = \begin{bmatrix} 0 & 0 & -\dfrac{3}{l^2} & \dfrac{2}{l^3} \\ 0 & 1 & -\dfrac{2}{l} & \dfrac{1}{l^2} \\ 0 & 0 & \dfrac{3}{l^2} & -\dfrac{2}{l^3} \\ 0 & 0 & -\dfrac{1}{l} & \dfrac{1}{l^2} \end{bmatrix} \begin{Bmatrix} F_{m0} \\ F_{m1} \\ F_{m2} \\ F_{m3} \end{Bmatrix}$$

其中，$F_{m0} = 0$，$F_{m1} = \int_0^l m(x)\,\mathrm{d}x$，$F_{m2} = \int_0^l 2m(x)x\,\mathrm{d}x$，$F_{m3} = \int_0^l 3m(x)x^2\,\mathrm{d}x$。特别地，当 $m(x) = m$ 时，$F_{m1} = ml$，$F_{m2} = ml^2$，$F_{m3} = ml^3$，于是，$\{R\}^e = [-m, 0, m, 0]^{\mathrm{T}}$

5.4.3 平面自由式梁单元

考虑轴向变形的弯曲梁,可视为受轴向拉压和平面弯曲的组合作用,梁单元的节点位移分量为 u、v、θ,对应的节点载荷包括轴力、剪力、弯矩。图 5-10 所示为平面自由式梁单元,单元长度为 l,弹性模量为 E,单元有两个节点 i、j,单元的节点位移向量为 $\{\delta\}^e = [u_i \quad v_i \quad \theta_i \quad u_j \quad v_j \quad \theta_j]^T$。

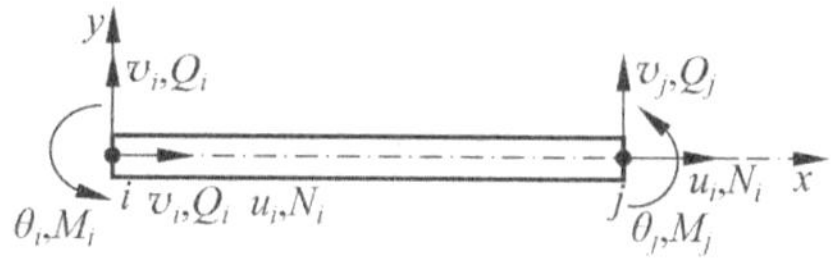

图 5-10　平面自由式梁单元

1. 单元位移函数

单元自由度数为 6,基本未知量为 u、v,且为 x 的函数。

根据材料力学知,等截面杆件承受轴向载荷和弯曲载荷时,其轴向位移 u 是 x 的线性函数,而挠度 v 可用 x 的二次多项式表示,于是单元的位移函数为

$$\left.\begin{array}{l} u = \alpha_1 + \alpha_2 x \\ v = \alpha_3 + \alpha_4 x + \alpha_5 x^2 + \alpha_6 x^3 \end{array}\right\} \tag{5-35}$$

当 $x=x_i$ 时,$u=u_i$,$v=v_i$,$\dfrac{\mathrm{d}v}{\mathrm{d}x}\Big|_{x=x_i}=\theta_i$;$x=x_j$ 时,$u=u_j$,$v=v_j$,$\dfrac{\mathrm{d}v}{\mathrm{d}x}\Big|_{x=x_j}=\theta_j$,代入式(5-35)可确定六个待定参数,从而确定 u、v。

2. 单元刚度矩阵

应变 $\{\varepsilon\} = [\varepsilon_a \quad \varepsilon_b]^T = \left[\dfrac{\mathrm{d}u}{\mathrm{d}x} \quad -y\dfrac{\mathrm{d}^2 v}{\mathrm{d}x^2}\right]^T$,应力 $\{\sigma\} = [\sigma_a \quad \sigma_b]^T = E\{\varepsilon\}$。由此可见,小变形条件下,平面自由式梁单元是轴力杆与平面弯曲梁的叠加,其单元刚度矩阵可由两部分叠加而成。

一维等直杆单元的单元刚度方程为

$$\frac{EA}{l}\begin{bmatrix} 1 & -1 \\ -1 & 1 \end{bmatrix}\begin{Bmatrix} u_i \\ u_j \end{Bmatrix} = \begin{Bmatrix} N_i \\ N_j \end{Bmatrix}$$

扩充后为

$$\frac{EA}{l}\begin{bmatrix} 1 & 0 & 0 & -1 & 0 & 0 \\ 0 & 0 & 0 & 0 & 0 & 0 \\ 0 & 0 & 0 & 0 & 0 & 0 \\ -1 & 0 & 0 & 1 & 0 & 0 \\ 0 & 0 & 0 & 0 & 0 & 0 \\ 0 & 0 & 0 & 0 & 0 & 0 \end{bmatrix}\begin{Bmatrix} u_i \\ v_i \\ \theta_i \\ u_j \\ v_j \\ \theta_j \end{Bmatrix} = \begin{Bmatrix} N_i \\ 0 \\ 0 \\ N_j \\ 0 \\ 0 \end{Bmatrix} \tag{5-36}$$

平面弯曲梁单元的单元刚度方程为式(5-34),即

$$\frac{EI}{l^3}\begin{bmatrix} 12 & 6l & -12 & 6l \\ 6l & 4l^2 & -6l & 2l^2 \\ -12 & -6l & 12 & -6l \\ 6l & 2l^2 & -6l & 4l^2 \end{bmatrix}\begin{Bmatrix} v_i \\ \theta_i \\ v_j \\ \theta_j \end{Bmatrix} = \begin{Bmatrix} Q_i \\ M_i \\ Q_j \\ M_j \end{Bmatrix}$$

扩充后为

$$\frac{EI}{l^3}\begin{bmatrix} 0 & 0 & 0 & 0 & 0 & 0 \\ 0 & 12 & 6l & 0 & -12 & 6l \\ 0 & 6l & 4l^2 & 0 & -6l & 2l^2 \\ 0 & 0 & 0 & 0 & 0 & 0 \\ 0 & -12 & -6l & 0 & 12 & -6l \\ 0 & 6l & 2l^2 & 0 & -6l & 4l^2 \end{bmatrix}\begin{Bmatrix} u_i \\ v_i \\ \theta_i \\ u_i \\ v_i \\ \theta_j \end{Bmatrix} = \begin{Bmatrix} 0 \\ Q_i \\ M_i \\ 0 \\ Q_j \\ M_j \end{Bmatrix} \tag{5-37}$$

式(5-36)与式(5-37)叠加后得

$$\begin{bmatrix} \dfrac{EA}{l} & 0 & 0 & -\dfrac{EA}{l} & 0 & 0 \\ 0 & \dfrac{12EI}{l^3} & \dfrac{6EI}{l^2} & 0 & -\dfrac{12EI}{l^3} & \dfrac{6EI}{l^2} \\ 0 & \dfrac{6EI}{l^2} & \dfrac{4EI}{l} & 0 & -\dfrac{6EI}{l^2} & \dfrac{2EI}{l} \\ -\dfrac{EA}{l} & 0 & 0 & \dfrac{EA}{l} & 0 & 0 \\ 0 & -\dfrac{12EI}{l^3} & -\dfrac{6EI}{l^2} & 0 & \dfrac{12EI}{l^3} & -\dfrac{6EI}{l^2} \\ 0 & \dfrac{6EI}{l^2} & \dfrac{2EI}{l} & 0 & -\dfrac{6EI}{l^2} & \dfrac{4EI}{l} \end{bmatrix}\begin{Bmatrix} u_i \\ v_i \\ \theta_i \\ u_i \\ v_i \\ \theta_j \end{Bmatrix} = \begin{Bmatrix} N_i \\ Q_i \\ M_i \\ N_j \\ Q_j \\ M_j \end{Bmatrix} \tag{5-38}$$

式(5-38)为平面自由式梁单元的单元刚度方程。同理可得平面自由式梁单元的单元等效节点载荷。

5.4.4　考虑剪切变形的梁单元

以上讨论的平面梁单元基于平面弯曲假设,它在实际中得到了广泛应用,一般情况也能得到满意的结果。但是它是以梁的高度远小于跨度为条件的,因为只有在此条件下,才能忽略横向剪切变形的影响。高度相对跨度不太小的高梁,横向剪切变形将引起梁的附加挠度,并使原来垂直于中面的截面变形后不再和中面垂直,且发生翘曲,此时必须考虑横向剪切变形的影响。

在考虑横向剪切变形的梁单元中,一类仍以挠度作为基本未知量,但在原弯曲变形引起的挠度的基础上,附加由剪切变形引起的挠度。另一类梁单元为 Timoshenko 梁单元,它的基本特点是挠度与截面转角相互独立,所以位移函数中应对挠度 v 与截面转角 θ 分别选择表达式,有限元分析表明,在 v 与 θ 采用相同的形函数时,若采用精确积分计算,可能使整体刚度矩阵奇异,这样,在梁变薄时,问题只能得到零解,这种现象称为剪切闭锁。为避免剪切闭锁,可以采用减缩积分方案。目前,针对 Timoshenko 梁理论的缺陷,有学者提出了一种理性 Timoshenko 梁单元,克服了剪切闭锁现象。还有以三次多项式作为位移函数的 Timoshenko 梁单元,具体内容请查阅相关文献。

5.4.5　空间梁单元

5.4.2 节介绍了平面弯曲梁单元,如果梁单元在 Oxy 面内弯曲,如图 5-11 所示,则将 θ

记为 θ_z ，相应地，将梁截面对中性轴 z 的惯性矩 I 记为 I_z ，则 $I_z = \iint\limits_A y^2 \mathrm{d}A$ ，于是该平面梁单元的节点自由度为 $\{\delta\}^e = [v_i \quad \theta_{zi} \quad v_j \quad \theta_{zj}]^T$ ，单元刚度矩阵式(5-33)变为

$$[k_v]^e = \frac{EI_z}{l^3} \begin{bmatrix} 12 & 6l & -12 & 6l \\ 6l & 4l^2 & -6l & 2l^2 \\ -12 & -6l & 12 & -6l \\ 6l & 2l^2 & -6l & 4l^2 \end{bmatrix} \tag{5-39}$$

若记沿 y 向的剪力 Q 为 Q_y ，绕 z 轴的力矩 M 记为 M_z ，则单元刚度方程(5-34)变为

$$\frac{EI_z}{l^3} \begin{bmatrix} 12 & 6l & -12 & 6l \\ 6l & 4l^2 & -6l & 2l^2 \\ -12 & -6l & 12 & -6l \\ 6l & 2l^2 & -6l & 4l^2 \end{bmatrix} \begin{Bmatrix} v_i \\ \theta_{zi} \\ v_j \\ \theta_{zj} \end{Bmatrix} = \begin{Bmatrix} Q_{yi} \\ M_{zi} \\ Q_{yj} \\ M_{zj} \end{Bmatrix} \tag{5-40}$$

若梁单元在 Oxz 面内弯曲，如图 5-12 所示，则该平面梁单元的节点自由度为 $\{\delta\}^e = [w_i \quad \theta_{yi} \quad w_j \quad \theta_{yj}]^T$ ，其单元刚度矩阵应该与在 Oxy 平面内弯曲的单元刚度矩阵相类似。比较图 5-11 与图 5-12 发现，两图仅节点的转角相反（力矩转向也相反），于是可由 Oxy 平面内弯曲的单元刚度矩阵得到 Oxz 平面内弯曲的单元刚度矩阵。则将 θ 记为 θ_y ，相应地，将梁截面对中性轴 y 的惯性矩 I 记为 I_y ， $I_y = \iint\limits_A z^2 \mathrm{d}A$ ，沿 z 向的剪力 Q 为 Q_z ，绕 y 轴的力矩 M 记为 M_y ，则单元刚度方程(5-40)变为

$$\frac{EI_y}{l^3} \begin{bmatrix} 12 & 6l & -12 & 6l \\ 6l & 4l^2 & -6l & 2l^2 \\ -12 & -6l & 12 & -6l \\ 6l & 2l^2 & -6l & 4l^2 \end{bmatrix} \begin{Bmatrix} w_i \\ -\theta_{yi} \\ w_j \\ -\theta_{yj} \end{Bmatrix} = \begin{Bmatrix} Q_{zi} \\ -M_{yi} \\ Q_{zj} \\ -M_{yj} \end{Bmatrix} \tag{5-41}$$

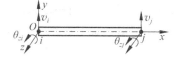

图 5-11　Oxy 面内的平面梁单元

图 5-12　Oxz 面内的平面梁单元

于是 Oxz 平面内弯曲的单元刚度矩阵为

$$[k_w]^e = \frac{EI_y}{l^3} \begin{bmatrix} 12 & -6l & -12 & -6l \\ -6l & 4l^2 & 6l & 2l^2 \\ -12 & 6l & 12 & 6l \\ -6l & 2l^2 & 6l & 4l^2 \end{bmatrix} \tag{5-42}$$

图 5-13 所示的空间梁单元有 2 个节点和 12 个自由度，单元的节点位移向量为

$$\{\delta\}^e = [u_i \quad v_i \quad w_i \quad \theta_{xi} \quad \theta_{yi} \quad \theta_{zi} \quad u_j \quad v_j \quad w_j \quad \theta_{xj} \quad \theta_{yj} \quad \theta_{zj}]^T \tag{5-43}$$

2 节点空间梁单元的变形由四部分组成：①沿 x 轴的拉压；②绕 x 轴的扭转；③Oxy 平面内的弯曲；④Oxz 平面内的弯曲。因而空间梁单元的单元刚度矩阵可由小变形叠加原理构成，即

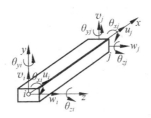

图 5-13 空间梁单元

$$[k]^e = [k_u]^e_{贡献} + [k_{\theta x}]^e_{贡献} + [k_v]^e_{贡献} + [k_w]^e_{贡献} \tag{5-44}$$

其中，$[k_u]^e_{贡献}$、$[k_{\theta x}]^e_{贡献}$、$[k_v]^e_{贡献}$、$[k_w]^e_{贡献}$ 分别为式(5-11)、式(5-13)、式(5-39)、式(5-42)按其节点位移分量与空间梁单元的节点自由度的对应关系扩充成与 $[k]^e$ 同阶(12×12)的矩阵。最后得到空间梁单元的单元刚度矩阵为式(5-45)。

$$[k]^e = \begin{bmatrix} \dfrac{EA}{l} & 0 & 0 & 0 & 0 & 0 & -\dfrac{EA}{l} & 0 & 0 & 0 & 0 & 0 \\ & \dfrac{12EI_z}{l^3} & 0 & 0 & 0 & \dfrac{6EI_z}{l^2} & 0 & -\dfrac{12EI_z}{l^3} & 0 & 0 & 0 & \dfrac{6EI_z}{l^2} \\ & & \dfrac{12EI_y}{l^3} & 0 & -\dfrac{6EI_y}{l^2} & 0 & 0 & 0 & -\dfrac{12EI_y}{l^3} & 0 & -\dfrac{6EI_y}{l^2} & 0 \\ & & & \dfrac{GI_p}{l} & 0 & 0 & 0 & 0 & 0 & -\dfrac{GI_p}{l} & 0 & 0 \\ & & & & \dfrac{4EI_y}{l} & 0 & 0 & 0 & \dfrac{6EI_y}{l^2} & 0 & \dfrac{2EI_y}{l} & 0 \\ & & & & & \dfrac{4EI_z}{l} & 0 & -\dfrac{6EI_z}{l^2} & 0 & 0 & 0 & \dfrac{2EI_z}{l} \\ & & & & & & \dfrac{EA}{l} & 0 & 0 & 0 & 0 & 0 \\ & & 对 & & & & & \dfrac{12EI_z}{l^3} & 0 & 0 & 0 & -\dfrac{6EI_z}{l^2} \\ & & & & & & & & \dfrac{12EI_y}{l^3} & 0 & \dfrac{6EI_y}{l^2} & 0 \\ & & & & & & & & & \dfrac{GI_p}{l} & 0 & 0 \\ & & 称 & & & & & & & & \dfrac{4EI_y}{l} & 0 \\ & & & & & & & & & & & \dfrac{4EI_z}{l} \end{bmatrix} \tag{5-45}$$

如果梁单元的局部坐标系 x、y、z 与整体坐标系 $\bar{x}$、$\bar{y}$、$\bar{z}$ 不一致，则需把局部坐标系下的单元刚度矩阵 $[k]^e$ 转换成整体坐标系中的单元刚度矩阵 $[\bar{k}]^e$。

$$[\bar{k}]^e = [T]^{\mathrm{T}}[k]^e[T]$$

转换矩阵$[T]$为

$$[T]_{12\times12} = \begin{bmatrix} [\lambda] & [0] & [0] & [0] \\ [0] & [\lambda] & [0] & [0] \\ [0] & [0] & [\lambda] & [0] \\ [0] & [0] & [0] & [\lambda] \end{bmatrix}$$

其中

$$[\lambda] = \begin{bmatrix} l_{x\bar{x}} & l_{x\bar{y}} & l_{x\bar{z}} \\ l_{y\bar{x}} & l_{y\bar{y}} & l_{y\bar{z}} \\ l_{z\bar{x}} & l_{z\bar{y}} & l_{z\bar{z}} \end{bmatrix}, \quad [0] = \begin{bmatrix} 0 & 0 & 0 \\ 0 & 0 & 0 \\ 0 & 0 & 0 \end{bmatrix}$$

$l_{x\bar{x}}$、$l_{x\bar{y}}$、$l_{x\bar{z}}$ 是局部坐标系 x 轴在整体坐标系 $\bar{x}\,\bar{y}\,\bar{z}$ 中的三个方向余弦,即

$$l_{x\bar{x}} = \cos(x,\bar{x}), \quad l_{x\bar{y}} = \cos(x,\bar{y}), \quad l_{x\bar{z}} = \cos(x,\bar{z})$$

其他两组方向余弦分别为局部坐标 y、z 对整体坐标 $\bar{x}$、$\bar{y}$、$\bar{z}$ 的三个方向余弦。

5.5　刚架结构的有限元法

5.5.1　刚架结构概述

刚架是指由直杆组成的具有刚节点的结构。当刚架各杆的轴线都在同一平面内且外力也可简化到此平面内时,称为平面刚架,否则为空间刚架。在工程实际中,站台雨棚、屋架、大桥、输变电设备、起重设备常采用刚架结构。采用有限元计算刚架时,也是根据结构特点自然划分单元,即取刚架的节点与节点之间的等截面直杆为一个单元,与梁问题比较,它的特点在于:

(1) 节点位移增加,即节点自由度增加。平面刚架的节点自由度有 3 个(2 个线位移 1 个角位移),空间刚架的节点自由度有 6 个(3 个线位移 3 个角位移)。

(2) 刚架中各杆件单元的轴线方向即为单元局部坐标系方向,一个刚架系统只有一个整体坐标系,需要将每个单元的局部坐标系中的各个量转换到整体坐标系中。

5.5.2　刚架结构的有限元分析

如图 5-14 所示为一平面刚架单元,该单元发生轴线方向的拉压变形及 $Ox'y'$ 平面内的弯曲变形,因此每个节点有 3 个自由度 u、w、θ,单元的位移向量为

$$\{\delta\}^e = [u_i \quad v_i \quad \theta_i \quad u_j \quad v_j \quad \theta_j]^T \qquad (5-46)$$

由材料力学知,这两种变形是相互独立的,因此刚架单元可以看成由杆单元和梁单元叠加而成的。在局部坐标系下,其刚度矩阵可由杆单元和梁单元的单元刚度矩阵叠加而成。

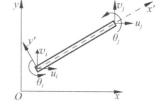

图 5-14　平面刚架单元

杆单元的单元刚度矩阵为式(5-11),梁单元的单元刚度矩阵为式(5-33),将两式按(5-46)式的位移向量进行扩充,然后叠加,形成平面刚架在局部坐标系下的单元刚度矩阵为

$$[k']^e = \begin{bmatrix} \dfrac{EA}{l} & 0 & 0 & -\dfrac{EA}{l} & 0 & 0 \\[2mm] & \dfrac{12EI}{l^3} & \dfrac{6EI}{l^2} & 0 & -\dfrac{12EI}{l^3} & \dfrac{6EI}{l^2} \\[2mm] & & \dfrac{4EI}{l} & 0 & -\dfrac{6EI}{l^2} & \dfrac{2EI}{l} \\[2mm] 对 & & & \dfrac{EA}{l} & 0 & 0 \\[2mm] & 称 & & & \dfrac{12EI}{l^3} & -\dfrac{6EI}{l^2} \\[2mm] & & & & & \dfrac{4EI}{l} \end{bmatrix} \tag{5-47}$$

设局部坐标系 $Ox'y'$ 的 x' 轴与杆件轴线重合,局部坐标系的 x' 轴与整体坐标系 Oxy 的 x 轴夹角为 α。则整体坐标系与局部坐标系下单元刚度矩阵也有类似式(5-20)的形式,即

$$[k]^e = [T][k']^e[T]^T$$

式中转换矩阵 $[T]$ 为

$$[T] = \begin{bmatrix} \cos\alpha & -\sin\alpha & 0 & & & \\ \sin\alpha & \cos\alpha & 0 & & 0 & \\ 0 & 0 & 1 & & & \\ & & & \cos\alpha & -\sin\alpha & 0 \\ & 0 & & \sin\alpha & \cos\alpha & 0 \\ & & & 0 & 0 & 1 \end{bmatrix}$$

上面以平面刚架结构为例作了说明。对于空间刚架结构,只要稍作推广就可得到相应的计算公式。所不同的是,平面刚架结构节点位移分量只有 u、v、θ,而空间刚架结构节点位移分量为 u、v、w、θ_x、θ_y、θ_z。

习　题

5-1　杆系结构有限元法的特点是什么?

5-2　利用对称及反对称条件,处理题 5-2 图所示桁架结构。

5-3　如题 5-3 图所示,在顶部作用有轴向压力 $P=1000\text{kN}$ 的混凝土阶梯柱,上、下两段的横截面面积 $A_1=0.5\text{m}^2$,$A_2=0.6\text{m}^2$,若混凝土的容重 $\gamma=22\text{kN/m}^3$,弹性模量 $E=2\times 10^4\text{MPa}$,试计算柱顶面的位移。

5-4　如题 5-4 图所示为三根杆组成的简单衍架结构,节点编号及单元的几何、材料参数见题 5-4 图,求节点 1 的位移及各杆内力。

5-5　平面衍架如题 5-5 图所示,材料弹性模量 $E=2\times 10^6\text{kg/cm}^2$,截面积 $A=1.0\text{cm}^2$。求节点位移及各杆内力。

5-6　如题 5-6 图所示的自由体结构,受平衡力系作用,问用有限元法分析问题时,边界条件如何处理?

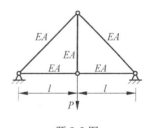

题 5-2 图

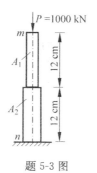

题 5-3 图

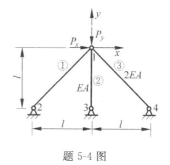

题 5-4 图

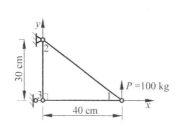

题 5-5 图

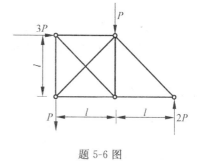

题 5-6 图

第6章

板壳问题的有限元法

本章介绍的板壳包括薄板、厚板、薄壳及轴对称壳。主要介绍平板与壳体弯曲问题的有限单元法。

6.1 板壳弯曲问题有限元法概述

工程结构中,若构件一个方向的几何尺寸远小于另外两个方向的几何尺寸,且存在中面,则中面为平面的称为板,中面为曲面的称为壳。

根据受力状态的不同,板又分为弯曲板与平面应力板。如果板受到任意力系作用,即既有面内载荷,又有垂直于板面的载荷,则板处于弯曲状态,用有限元法分析时,用板单元模拟;如果板只受到面内载荷,则板处于平面应力状态。工程中的各种箱形梁、箱体、支承件、工作台等的壁板均可以简化为板,如果受任意力系作用,或无法估计其受力状态,一般应采用板单元分析。本章主要讨论薄板单元,对厚板单元作简要介绍。

壳体又分为闭合壳体(如气体容器、球壳等)和开口壳体(如房屋顶盖等)。壳体应用于许多工程结构中,包括压力容器、潜艇外壳、舰艇、飞行器、机身和机翼、火箭外壳、导弹、汽车轮胎、混凝土屋顶等。本章简要介绍各向同性薄壳单元与轴对称壳单元。

原则上,也可以利用三维实体单元分析板壳结构,并可以避免弹性力学简化假设引起的误差,但是这样做在实际分析中遇到了困难。其一,在用实体单元对结构进行离散时,如果网格适应结构的几何特点,单元的厚度较其他方向的尺寸要小得多,于是单元在不同方向的刚度系数相差过大,从而导致结构整体方程的病态或奇异,最后将使解丧失精度或无法求解。反之,为了避免上述问题,保持单元在各个方向尺度相近,将导致单元总数过分庞大,而使整个分析过程难以进行。其二,薄壁结构承受弯矩时,如果选取实体单元分析,且在厚度方向的单元层数太少,有时候计算误差较大,反而不如板壳单元计算准确。

由此可见,将实际结构简化为板或壳,既可以满足精度,又节省机时和费用,所以板单元与壳单元在工程中得到了广泛应用。

板壳弯曲问题的有限元法,同其他问题的有限元分析过程一样,也分为离散化、单元分析、整体分析,但该类单元一般不能满足位移的全部协调性要求,所以单元类型分为协调元与非协调元。本章将针对这些特点作进一步说明。

6.2 板理论基础

板分为薄板与厚板。由弹性力学知,薄板是指板厚 t 与板中面最小特征尺寸 b 的比值在下列范围内的平板:

$$\left(\frac{1}{80} \sim \frac{1}{100}\right) \leqslant \frac{t}{b} \leqslant \left(\frac{1}{5} \sim \frac{1}{8}\right)$$

厚板是指板厚 t 与板中面最小特征尺寸 b 的比值在下列范围内的平板:

$$\frac{t}{b} > \left(\frac{1}{5} \sim \frac{1}{8}\right)$$

若 $\frac{t}{b} < \left(\frac{1}{80} \sim \frac{1}{100}\right)$,则称为薄膜。

根据弯曲板的变形大小,板又分为小挠度板与大挠度板。若挠度与板厚的比值较小时,由弯曲引起板中面的拉伸可以忽略,称为小挠度板,描述问题的数学方程是线性的。若挠度与板厚比值较大时,由弯曲引起板中面的拉伸不可以忽略,则称为大挠度板,描述问题的数学方程是非线性的。

6.2.1 弹性力学薄板理论

薄板小挠度理论也称为薄板理论,它以基尔霍夫(Kirchhoff)假设为基础。

1. 基尔霍夫假设

基尔霍夫假设包括以下内容:

(1) 直法线假设:垂直于中面的截面在板弯曲后保持平面并且仍垂直于中面。或者说,变形前的中面法线,在变形后仍为直线,而且垂直于变形后的中面,法线长度保持不变。

这一假设说明, $\gamma_{yz} = \gamma_{xz} = 0$, $\varepsilon_z = 0$,于是有 $\tau_{yz} = \tau_{xz} = 0$。

(2) 中面无伸缩假设:挠度比厚度小得多,薄板弯曲时中面不产生伸缩变形。

这一假设说明,板弯曲时中面内各点均无平行于中面的位移,即 $z = 0$ 时, $u = v = 0$。

(3) 平行于中面的层间无挤压假设:法向应力分量比其他应力分量小,可以忽略,即认为 $\sigma_z = 0$。

基尔霍夫假设使三维问题的六个应力分量和六个应变分量减少为三个应力分量和三个应变分量(类似于平面问题)。应该注意到 σ_x、σ_y 不等于零, ε_z 就不可能为零,可见薄板的小挠度理论只是一种近似理论。但是,对于大多数薄板问题用薄板理论求得的解与用三维弹性理论求得的解差别很小,因而薄板理论得到了广泛的应用。

2. 控制方程

由假设(1)和(3),薄板问题的几何方程为

$$\varepsilon_x = \frac{\partial u}{\partial x}, \quad \varepsilon_y = \frac{\partial v}{\partial y}, \quad \varepsilon_z = \frac{\partial w}{\partial z} = 0$$

$$\gamma_{xy} = \frac{\partial u}{\partial y} + \frac{\partial v}{\partial x}, \quad \gamma_{xz} = \frac{\partial u}{\partial z} + \frac{\partial w}{\partial x} = 0, \quad \gamma_{yz} = \frac{\partial v}{\partial z} + \frac{\partial w}{\partial y} = 0 \qquad (6\text{-}1)$$

由 $\frac{\partial w}{\partial z} = 0$ 可知, w 是 x、y 的函数,即

$$w = w(x, y)$$

也就是说,挠度 w 不随板的厚度变化。将式(6-1)中的 γ_{xz} 和 γ_{yz} 对 z 积分,得到

$$u = -z \frac{\partial w}{\partial x} + u_0(x, y), \quad v = -z \frac{\partial w}{\partial y} + v_0(x, y)$$

式中 $u_0(x, y)$、$v_0(x, y)$ 分别为中面沿 x 方向和 y 方向的位移。对于各向同性板,由基尔霍夫假设(2),一般认为 $u_0 = v_0 = 0$,于是板内任一点的位移为

$$w = w(x, y), \quad u = -z \frac{\partial w}{\partial x}, \quad v = -z \frac{\partial w}{\partial y} \tag{6-2}$$

将式(6-2)代入式(6-1),可将几何方程写成如下的矩阵形式:

$$\{\varepsilon\} = z \left\{ \begin{array}{c} -\dfrac{\partial^2 w}{\partial x^2} \\[2mm] -\dfrac{\partial^2 w}{\partial y^2} \\[2mm] -2\dfrac{\partial^2 w}{\partial x \partial y} \end{array} \right\} = z\{\chi\} \tag{6-3}$$

其中

$$\{\chi\} = \left\{ \begin{array}{c} \chi_x \\ \chi_y \\ \chi_{xy} \end{array} \right\} = \left\{ \begin{array}{c} -\dfrac{\partial^2 w}{\partial x^2} \\[2mm] -\dfrac{\partial^2 w}{\partial y^2} \\[2mm] -2\dfrac{\partial^2 w}{\partial x \partial y} \end{array} \right\} \tag{6-4}$$

通常将 $\{\chi\}$ 称为薄板的广义应变,χ_x、χ_y 分别为弹性曲面在 x 方向和 y 方向的曲率,χ_{xy} 表示弹性曲面在 x-y 方向的扭率。

因 $-\dfrac{\partial w}{\partial x}$ 表示弹性曲面绕 y 轴的转角,可记 $\theta_y = -\dfrac{\partial w}{\partial x}$;而 $\dfrac{\partial w}{\partial y}$ 表示弹性曲面绕 x 轴的转角,可记 $\theta_x = \dfrac{\partial w}{\partial y}$,于是板内任一点的位移式(6-2)可表示为如下形式:

$$w = w(x, y), \quad u = z\theta_y, \quad v = -z\theta_x$$

由于 w、θ_x、θ_y 都是 x、y 的函数,薄板中具有相同 x、y 坐标的点,其 w、θ_x、θ_y 也相同,所以可将中面内点的 w、θ_x、θ_y 称为广义坐标,于是中面上一点的位移向量为

$$\{f\} = \left\{ \begin{array}{c} w \\ \theta_x \\ \theta_y \end{array} \right\} = \left\{ \begin{array}{c} w \\[2mm] \dfrac{\partial w}{\partial y} \\[2mm] -\dfrac{\partial w}{\partial x} \end{array} \right\} \tag{6-5}$$

在式(6-5)所表示的位移向量中,由于 θ_x、θ_y 完全由 w 确定,所以构造薄板的位移函数归结为构造 $w(x, y)$。

6.2.2 板的横向剪切变形理论

基于基尔霍夫假设的薄板理论忽略了横向剪切变形的影响,所以薄板理论的计算结果与实验值相比,总是低估了挠度,高估了固有频率。

对于厚板,必须考虑横向剪切变形的影响。厚板理论虽然抛弃了薄板理论的假定,但它本身又是三维理论的一种简化。目前,工程上应用的中厚板理论主要有汉凯-麦德林一阶剪切变形理论和卡罗姆-莱迪(Reddy)简单高阶剪切变形理论。

板的横向剪切变形理论假定,原来垂直于板中面的直线在变形后仍保持直线,但由于横向剪切变形的结果,不一定再垂直于变形后的中面。剪切变形理论的位移函数为

$$\left. \begin{aligned} u(x,y,z) &= u_0(x,y) + z\psi_x(x,y) \\ v(x,y,z) &= v_0(x,y) + z\psi_y(x,y) \\ w(x,y,z) &= w_0(x,y) \end{aligned} \right\} \tag{6-6a}$$

其中 u_0、v_0、w_0 表示板中面位移,ψ_x、ψ_y 分别表示绕 y 轴和 x 轴的剪切旋转,共有五个未知量。对于各向同性板,$u_0 = v_0 = 0$,只有三个基本未知量。

一阶理论不满足在板上下表面剪应力为零的条件,为此,Reddy 提出了精细的高阶理论,其位移场为

$$\left. \begin{aligned} u(x,y,z) &= u_0(x,y) + z\left[\psi_x(x,y) - \frac{4}{3}\left(\frac{z}{t}\right)^2\left(\psi_x(x,y) + \frac{\partial w(x,y)}{\partial x}\right)\right] \\ v(x,y,z) &= v_0(x,y) + z\left[\psi_y(x,y) - \frac{4}{3}\left(\frac{z}{t}\right)^2\left(\psi_y(x,y) + \frac{\partial w(x,y)}{\partial y}\right)\right] \\ w(x,y,z) &= w_0(x,y) \end{aligned} \right\} \tag{6-6b}$$

近十年来人们还提出了二阶以上的高阶理论,这里不再介绍。由于考虑了横向剪切,剪切变形理论中应力和应变都是 5 个分量(不考虑 σ_z 与 ε_z)。

6.3　薄板弯曲问题的有限元法

6.3.1　离散化

有限元分析时,通常把薄板离散成四边形或三角形单元,它们通过节点互相连接。由于相邻单元间有力矩传递,所以必须把节点看成是刚接点,每个单元所受的非节点载荷仍按静力等效原则移置到节点上。

6.3.2　矩形薄板单元

矩形薄板单元如图 6-1 所示。

1. 位移函数的选取

由前面分析知,矩形薄板单元有 12 个自由度,而薄板的变形只取决于板的 z 向挠度 w,w 只是 x、y 的函数,因此可取位移函数为

$$w = \alpha_1 + \alpha_2 x + \alpha_3 y + \alpha_4 x^2 + \alpha_5 xy + \alpha_6 y^2 + \alpha_7 x^3 + \alpha_8 x^2 y + \alpha_9 xy^2 + \alpha_{10} y^3 + \alpha_{11} x^3 y + \alpha_{12} xy^3 \tag{6-7}$$

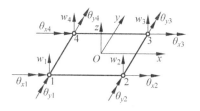

图 6-1　矩形薄板单元

2. 位移函数的收敛性分析

(1) 单元内位移函数是连续的。

(2) 位移函数的前三项反映了单元的刚体位移。

$w = \alpha_1$ 反映了单元沿 z 方向的刚体平移，$\theta_x = \dfrac{\partial w}{\partial y} = \alpha_3$ 与 $\theta_y = -\dfrac{\partial w}{\partial x} = -\alpha_2$ 分别反映了单元绕 x 轴和 y 轴的刚体转动。

（3）位移函数的二次项反映了单元的常应变。

对板件而言，常应变指常曲率与常扭率，曲率 $\chi_x = -\dfrac{\partial^2 w}{\partial x^2} = -2\alpha_4$ 与 $\chi_y = -\dfrac{\partial^2 w}{\partial y^2} = -2\alpha_6$ 分别反映了 x 方向与 y 方向常曲率状态，扭率 $\chi_{xy} = -2\dfrac{\partial^2 w}{\partial x \partial y} = -2\alpha_5$ 反映了 x、y 方向常扭率状态。

（4）相邻单元公共边界上位移的协调性分析

如图 6-2 所示，以 12 边为例，分析相邻单元公共边界上位移的协调性。

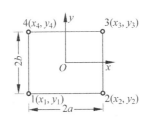

图 6-2　矩形单元

在 12 边上，$y = -b$，所以挠度 w 是 x 的三次函数，于是可假定

$$w = \beta_1 + \beta_2 x + \beta_3 x^2 + \beta_4 x^3 \tag{6-8}$$

由节点 1 和节点 2 处的两个节点位移 w_1、w_2 以及切线转角 $\theta_{y1} = -\left(\dfrac{\partial w}{\partial x}\right)_1$，$\theta_{y2} = -\left(\dfrac{\partial w}{\partial x}\right)_2$，就可以唯一确定式（6-8）中的四个待定系数。

对于以 12 边为公共边的两个相邻单元来说，由于两个单元在节点 1 和节点 2 有相同的 w_1、θ_{y1}、w_2、θ_{y2}，两个单元根据这四个条件能确定完全相同的挠度表达式（6-8），也就是说，这两个单元在公共边界上的挠度相同。这就保证在单元公共边界上挠度 w 的连续性，同时也保证了切向转角 $\theta_y = -\dfrac{\partial w}{\partial x}$ 的连续性。

另一方面，在 12 边上，法向导数 $\theta_x = \dfrac{\partial w}{\partial y}$ 也是 x 的三次函数，可假定为

$$\theta_x = \gamma_1 + \gamma_2 x + \gamma_3 x^2 + \gamma_4 x^3 \tag{6-9}$$

式（6-9）的四个待定系数需要四个条件来确定。节点 1 和节点 2 只能提供两个条件 θ_{x1}、θ_{x2}，而这两个条件不能唯一地确定四个待定系数。这样，两个相邻单元在公共边界 12 上的法向导数不一定相同。也就是说位移函数不能保证单元间边界上法向导数的连续性。

综上所述，矩形单元的位移函数（6-7）反映了单元的刚体位移和常应变条件，相邻单元的位移协调性要求只是部分得到满足，因而，它是一个非协调单元。

6.3.3　三角形薄板单元

三角形薄板单元如图 6-3 所示。由于三角形单元能较好地适应复杂的边界形状，在实际中得到了较多的应用。

图 6-3　三角形薄板单元

如果位移函数仍取 x、y 的多项式，则因三角形薄板单元有 9 个自由度，故位移函数应包括 9 项，下面先考查一个完整的三次多项式，即

$$\alpha_1 + \alpha_2 x + \alpha_3 y + \alpha_4 x^2 + \alpha_5 xy + \alpha_6 y^2 + \alpha_7 x^3 + \alpha_8 x^2 y + \alpha_9 xy^2 + \alpha_{10} y^3$$

式中前三项反映刚体位移,二次项反映常应变,都必须保存,以满足收敛性的必要条件。为了选 9 项,只能从 4 个三次项中选 3 项。但是,这样做很难保证对于 x 和 y 的对称性。为了保证对于 x 和 y 的对称性,可以考虑选取以下形式的多项式:

$$
\begin{aligned}
w(x,y) &= \alpha_1 + \alpha_2 x + \alpha_3 y + \alpha_4 x^2 + \alpha_5 y^2 + \alpha_6 x^3 + \alpha_7 x^2 y + \alpha_8 xy^2 + \alpha_9 y^3 \\
&= \begin{bmatrix} 1 & x & y & x^2 & y^2 & x^3 & x^2 y & xy^2 & y^3 \end{bmatrix} \{\alpha\} \\
&= [P(x,y)]\{\alpha\}
\end{aligned}
\tag{6-10}
$$

式中 $\{\alpha\} = \begin{bmatrix} \alpha_1 & \alpha_2 & \alpha_3 & \alpha_4 & \alpha_5 & \alpha_6 & \alpha_7 & \alpha_8 & \alpha_9 \end{bmatrix}^{\mathrm{T}}$,$[P(x,y)]$ 为行向量。

或者选取以下形式的多项式:

$$
\begin{aligned}
w(x,y) &= \alpha_1 + \alpha_2 x + \alpha_3 y + \alpha_4 xy + \alpha_5 x^2 + \alpha_6 y^2 + \alpha_7 x^3 + \alpha_8 (x^2 y + xy^2) + \alpha_9 y^3 \\
&= \begin{bmatrix} 1 & x & y & xy & x^2 & y^2 & x^3 & x^2 y + xy^2 & y^3 \end{bmatrix} \{\alpha\} \\
&= [P(x,y)]\{\alpha\}
\end{aligned}
\tag{6-11}
$$

式中 $P(x,y)$ 为行向量,但表达式与式(6-10)中不同。

按照与 2.2 节相类似的方法,可求得 $[N]$。把节点坐标代入式(6-10)或式(6-11),得到

$$
\{\delta\}^e = [G]\{\alpha\}
\tag{6-12}
$$

$$
\{\alpha\} = [G]^{-1}\{\delta\}^e
\tag{6-13}
$$

将式(6-13)代入式(6-10)或式(6-11),有

$$
w = [P(x,y)][G]^{-1}\{\delta\}^e = [N]\{\delta\}^e
\tag{6-14}
$$

其中

$$
\begin{aligned}
[N] &= [P(x,y)][G]^{-1} \\
&= \begin{bmatrix} N_1 & N_{x1} & N_{y1} & N_2 & N_{x2} & N_{y2} & N_3 & N_{x3} & N_{y3} \end{bmatrix}
\end{aligned}
\tag{6-15}
$$

将式(6-14)代入式(6-4)中得到

$$
\{\chi\} = [B]\{\delta\}^e
\tag{6-16}
$$

其中

$$
[B] = -\begin{bmatrix}
\dfrac{\partial^2 N_1}{\partial x^2} & \dfrac{\partial^2 N_{x1}}{\partial x^2} & \dfrac{\partial^2 N_{y1}}{\partial x^2} & \dfrac{\partial^2 N_2}{\partial x^2} & \cdots & \dfrac{\partial^2 N_{y3}}{\partial x^2} \\[3mm]
\dfrac{\partial^2 N_1}{\partial y^2} & \dfrac{\partial^2 N_{x1}}{\partial y^2} & \dfrac{\partial^2 N_{y1}}{\partial y^2} & \dfrac{\partial^2 N_2}{\partial y^2} & \cdots & \dfrac{\partial^2 N_{y3}}{\partial y^2} \\[3mm]
2\dfrac{\partial^2 N_1}{\partial x \partial y} & 2\dfrac{\partial^2 N_{x1}}{\partial x \partial y} & 2\dfrac{\partial^2 N_{y1}}{\partial x \partial y} & 2\dfrac{\partial^2 N_2}{\partial x \partial y} & \cdots & 2\dfrac{\partial^2 N_{y3}}{\partial x \partial y}
\end{bmatrix}_{3 \times 9}
\tag{6-17}
$$

单元刚度矩阵为

$$
[k]^e = \iint_R [B]^{\mathrm{T}}[D_f][B]\mathrm{d}x\mathrm{d}y
\tag{6-18}
$$

其中

$$
[D_f] = \frac{Et^3}{12(1-\mu^2)}\begin{bmatrix} 1 & \mu & 0 \\ \mu & 1 & 0 \\ 0 & 0 & \dfrac{1-\mu}{2} \end{bmatrix}
$$

上述两种三角形薄板单元的位移函数均满足单元边界上位移的连续性,但是不满足法向导数的连续性,因而是非协调单元。

应当指出,位移函数式(6-10)忽略了剪切项 xy,位移函数式(6-11)存在一个隐患,当单元为底边平行于 x 轴或 y 轴的等腰三角形单元或者是两边平行于 x 轴和 y 轴的等腰三角形时,式(6-12)中的 $[G]$ 为奇异阵,无法求解 $\{\alpha\}$。这时可通过重新划分网格或重新选择位移函数来处理,也可采用面积坐标分析。详细情况可参阅有关书籍。

6.3.4　小片试验

前面介绍的矩形薄板单元与三角形薄板单元都是非协调单元,构造它们的位移函数时必须保证反映刚体位移和常应变,所以非协调元必须是完备的。但是非协调单元的收敛性得不到保证,这将使人们对它的实际应用引起怀疑。

在板壳问题中,构造完全协调的单元是很困难的,除了数学推导的繁琐外,还有占用内存多、计算费时、费用高等一系列缺陷。因而在板壳问题中大量使用的是非协调元。计算表明,许多完备的非协调元计算结果比相应的协调元还要好,但有的不收敛或收敛到错误解。因而,对于非协调单元必须检验其收敛性。解决这一问题的是由 Irons 提出的小片试验,它是非协调元收敛的充分条件。

如果单元尺寸减小,连续性可以恢复的话,前面建立的有限元公式仍将趋于正确解,其条件是:

(1) 常应变条件自动保证位移连续;

(2) 常应变准则被满足。

为了检验由非协调元组成的网格是否满足上述条件,必须把对应于任意常应变位移场的节点位移施加到任意的单元小片上,在没有施加外部节点载荷的情况下,节点平衡满足,并同时得到常应变状态。显然,由于单元间位移不连续并未造成外力功的损失。

如果单元小片通过这样的小片试验,该非协调元将收敛。

考虑如图 6-4 所示的单元小片,其中至少有一个节点被单元所包围(如节点 i),节点 i 的平衡方程为

$$\sum_{e=1}^{m} [k_{ij}]^e \{\delta_j\} = \{F_{P_i}\} \qquad (6\text{-}19)$$

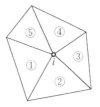

小片试验是指:当赋予单元小片各节点以常应变状态相应的位移值时,检验式(6-19)是否满足。如能满足,则认为通过小片试验。由弹性力学平衡方程可知,与常应变(即常应力)状态相应的载荷条件应为外

图 6-4　单元小片

力为零,即 $\{F_{P_i}\}=0$,所以小片试验要求赋予节点以常应变相应的位移场时,下式成立。

$$\sum_{e=1}^{m} [k_{ij}]^e \{\delta_j\} = 0$$

小片试验的另一种做法是:当单元小片的边界节点赋予和常应变相应的位移函数表达式时,求解小片的平衡方程

$$[K]\{\delta\} = 0 \qquad (6\text{-}20)$$

其中,$[K]$ 为小片的整体刚度矩阵,$\{\delta\}$ 为小片的节点位移向量。求解过程中,把边界节点位移值作为约束条件引入。求得的节点 i 的位移如果与用常应变位移函数计算的节点 i 的位移值一致,并且单元应变值也一致,则认为通过了小片试验。

例如图 6-5 所示的矩形薄板单元小片,设域内有一常应变位移场

$$w = 1 + 3x + 4y - 2x^2 + 4y^2 - 5xy \tag{6-21}$$

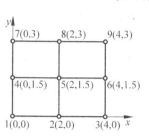

将各节点的坐标值代入上式,可得到各节点的 w_i、θ_{xi}、θ_{yi}($i=1$, $2,\cdots,9$)。现将边界节点的 w_i、θ_{xi}、θ_{yi} 作为已知位移边界条件,然后用前节的矩形薄板单元求解图 6-5 的网格,求得的节点 5 的 w_5、θ_{x5}、θ_{y5} 如果与原先用常应变位移场式(6-21)求得的值相同,并且单元应变值也一致,则认为此矩形薄板单元通过了小片试验,一定收敛。可以证明,前面讨论的非协调矩形薄板单元和非协调三角形薄板单元均可通过小片试验,因而是收敛的。

图 6-5　矩形薄板单元小片

6.3.5　离散的基尔霍夫理论薄板单元

前面介绍的薄板矩形单元和三角形单元公式简单,编程容易,但收敛性以通过小片试验为条件,使用范围受到限制。此外,即使收敛也是非单调的,不能对解的上界或下界做出估计。因此在板弯曲有限元分析的研究中,人们对拟协调元和广义协调元的研究相当重视。离散的基尔霍夫理论薄板单元就是一种放松了直法线假设的拟协调元。

离散的基尔霍夫理论薄板单元(简称为 DKT)在薄板单元家族中占有重要地位,它不仅精度高,使用可靠,而且运行效率高,因而为许多工程软件所采用。它的基本思想是采用包括横向剪切变形的厚板理论构造单元,基本未知量为挠度和剪切转角 ψ_x、ψ_y。由于薄板问题可以忽略横向剪切应变,因而可以忽略横向剪切能量,并在节点上强制基尔霍夫假设成立,它只要求相邻单元公共边界上位移的连续性。

DKT 单元以一阶剪切变形理论为基础,位移场为(不考虑中面位移)

$$\left.\begin{array}{l} u = z\psi_x(x,y) \\ v = z\psi_y(x,y) \\ w = w(x,y) \end{array}\right\} \tag{6-22}$$

代入弹性力学空间问题的几何方程,得到横向剪切应变的表达式,再应用平面应力与应变关系得到应力分量 σ_x、σ_y、τ_{xy} 的表达式,应用弹性力学空间问题物理方程确定应力分量 τ_{zx}、τ_{yz} 的表达式。

以 DKT 三角形单元为例,说明建立 DKT 单元的大致过程。

DKT 三角形单元的每个节点有 3 个自由度(w_i、ψ_{xi}、ψ_{yi}),共有 9 个自由度。建立 DKT 三角形单元的公式基于以下假定:

(1) ψ_x、ψ_y 在单元上二次变化。

(2) 在边界上强加基尔霍夫假设。

(3) 挠度 w 沿单元边界呈三次变化。

(4) 变形前的中面法线在变形后绕法线的剪切转角 ψ_n 沿边界呈线性变化。

通过假定 w 沿单元边界三次变化,可以建立剪切旋角和挠度 w 的关系。w 沿单元边界呈三次变化,挠度的切向导数 $\dfrac{\partial w}{\partial s}$ 及变形前的中面法线在变形后绕切线的剪切转角 ψ_s 沿单元边界二次变化,ψ_n 沿边界呈线性变化,它们满足单元间边界上的连续性条件,可见 DKT 单元是放松了直法线假设的拟协调单元(只在角节点满足直法线假设)。由于忽略了剪切应变能，并且在单元边界上强加了基尔霍夫假设，所以一定收敛到经典薄板理论解。

6.4　厚板单元简介

在薄板理论中采用了板中面直法线假设，节点位移中的转角不是独立变量，未能反映剪切变形的影响，因此不适用于厚板。当放弃薄板的直法线假设，将节点位移和转角作为独立的场函数时，就可以得到适用于厚板的单元。Mindlin 板单元就是一种较简单的厚板单元。

Mindlin 板单元的位移函数可设为

$$\left\{ \begin{array}{c} w \\ \psi_x \\ \psi_y \end{array} \right\} = [N]\{\delta\}^e \tag{6-23}$$

与平面应力问题类似，可得到各种节点情况下的有限元表达式。这里不介绍有关内容。但需要指出，Mindlin 板单元用于薄板时，有限元表达式的准确积分却得到了令人失望的结果。这是因为，对于薄板，横向剪切影响可以忽略，即要求

$$\gamma_{zx} = \psi_x + \frac{\partial w}{\partial x} = 0, \quad \gamma_{yz} = \psi_y + \frac{\partial w}{\partial y} = 0 \tag{6-24}$$

这一附加的约束导致了刚度矩阵的刚化，这一现象称之为"剪切闭锁"。可采用减缩积分技术解决上述问题。为了克服剪切闭锁，人们还研究出一系列不出现剪切闭锁的厚薄板通用单元，如 Heterosis 单元、广义协调元、拟协调元和 Coons 单元。

6.5　壳理论简介

薄壳理论基于基尔霍夫-拉夫（Kirchhoff-Love）假设，即，中面的法线在变形后仍为直线并垂直于变形后的中面，没有壳厚度方向的拉伸变形。通常的薄壳理论是由南迪（Naghdi）、伯特（Bert）、科尧（Kraus）、安姆巴沙米扬（Ambartsumyan）和蔚兰索（Vlasov）等人提出的。安姆巴沙米扬（Ambartsumyan）首次研究了层合正交各向异性壳。道恩（Dong）、皮斯特（Pister）和泰勒（Taylor）等研究了各向异性材料层合薄壳，并把层合板理论推广为道南尔（Donnell）空心壳理论。

上述理论均以基尔霍夫-拉夫假设为基础，忽略了横向剪切变形，称之为拉夫一阶近似理论。在下列条件下可以得到足够准确的结果：①径厚比很大；②动力激励是在低频范围内；③材料各向异性不严重。

但这些理论应用于层合各向异性复合材料壳分析时，挠度、应力和频率的误差大于 30%。

古兰底（Gulati）等人研究了圆柱壳的横向剪切变形和横观各向同性，以及厚度方向热膨胀的影响，惠特尼（Whitney）和苏恩（Sun）发展了层合圆柱壳的剪切变形理论，它包括了横向剪切变形、横向法向应变和拉伸应变的影响。瑞迪（Ready）把塞德尔（Sander）壳理论推广到层合双曲型各向异性壳，它包括了横向剪切影响和卡门非线性应变。

以下介绍各向同性薄壳单元。

6.6　三角形平板薄壳单元

一般薄壳分析中有曲面薄壳单元(包括深壳单元和扁壳单元)和平板薄壳单元。在壳体分析时,常采用折板代替薄壳的方法,即用三角形或矩形薄板单元的组合代替壳体。如图 6-6(a)是由三角形板单元组成的任意薄壳,如图 6-6(b)是由矩形板单元组成的棱柱面薄壳。其中三角形平板单元应用较广,实用价值最大,它可以适应壳体的复杂外形,而且收敛性好。

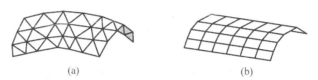

(a)　　　　　　　　　　　(b)

图 6-6　用折板代替薄壳

6.6.1　局部坐标系中的单元刚度矩阵

平板薄壳单元可以看成是平面应力单元和平板弯曲单元的组合,因而其单元刚度矩阵可以由这两种单元的单元刚度矩阵组合而成。

三节点平板薄壳单元的节点位移如图 6-7 所示,其中图(a)为平面应力状态,图(b)为弯曲应力状态,局部坐标系 Oxy 建立在单元所在平面内。

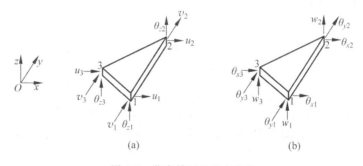

(a)　　　　　　　　　　　(b)

图 6-7　薄壳单元的节点位移

对于平面应力状态,有

$$\{f\} = \begin{Bmatrix} u \\ v \end{Bmatrix} = [N^p]\{\delta^p\}^e$$

$$\{\delta^p\}^e = \begin{bmatrix} u_1 & v_1 & u_2 & v_2 & u_3 & v_3 \end{bmatrix}^T$$

$$\{\varepsilon\} = [B^p]\{\delta^p\}^e$$

$$[k]^e = \iint_\Delta [B^p]^T[D^p][B^p]t\,\mathrm{d}x\mathrm{d}y \tag{6-25}$$

其中,$[B^p]$、$[D^p]$、$[N^p]$ 具体表达式参见第 2 章。上标 p 表示平面应力状态。

对于弯曲应力状态,单元应变取决于节点在 z 方向的挠度 w,绕 x 轴的转角 θ_x 及绕 y 轴转角 θ_y。三角形薄板单元的每个节点有 3 个自由度($w_i, \theta_{xi}, \theta_{yi}$),共有 9 个自由度,而

且有

$$\theta_{xi} = \left(\frac{\partial w}{\partial y}\right)_i, \quad \theta_{yi} = -\left(\frac{\partial w}{\partial x}\right)_i \tag{6-26}$$

三角形薄板单元的位移函数可选择以下两个多项式的任一个

$$w(x,y) = \alpha_1 + \alpha_2 x + \alpha_3 y + \alpha_4 x^2 + \alpha_5 y^2 + \alpha_6 x^3 + \alpha_7 x^2 y + \alpha_8 xy^2 + \alpha_9 y^3 \tag{6-27}$$

$$w(x,y) = \alpha_1 + \alpha_2 x + \alpha_3 y + \alpha_4 xy + \alpha_5 x^2 + \alpha_6 y^2 + \alpha_7 x^3 + \alpha_8 (x^2 y + xy^2) + \alpha_9 y^3$$
$$\tag{6-28}$$

单元节点位移向量为

$$\{\delta^b\}^e = \begin{bmatrix} w_1 & \theta_{x1} & \theta_{y1} & w_2 & \theta_{x2} & \theta_{y2} & w_3 & \theta_{x3} & \theta_{y3} \end{bmatrix} \tag{6-29}$$

由式(6-4)、式(6-15)~式(6-18)可以得到

$$\{\chi\} = [B^b]\{\delta^b\}^e$$

$$\{\chi\} = \left[-\frac{\partial^2 w}{\partial x^2} \quad -\frac{\partial^2 w}{\partial y^2} \quad -2\frac{\partial^2 w}{\partial x \partial y} \right]^{\mathrm{T}}$$

$$[k^b] = \iint [B^b]^{\mathrm{T}} [D^b][B^b] \mathrm{d}x \mathrm{d}y$$

$$[D^b] = \frac{Et^3}{12(1-\mu^2)} \begin{bmatrix} 1 & \mu & 0 \\ \mu & 1 & 0 \\ 0 & 0 & \dfrac{1-\mu}{2} \end{bmatrix} \tag{6-30}$$

其中,上标 b 表示平板弯曲状态。

把平面应力状态和弯曲应力状态加以组合后,单元每个节点的位移向量和节点力向量是

$$\{\delta_i\} = \begin{bmatrix} u_i & v_i & w_i & \theta_{xi} & \theta_{yi} & \theta_{zi} \end{bmatrix}^{\mathrm{T}}, \quad \{F_i^b\} = \begin{bmatrix} F_{xi} & F_{yi} & F_{zi} & M_{xi} & M_{yi} & M_{zi} \end{bmatrix}^{\mathrm{T}}$$
$$\tag{6-31}$$

需要指出的是,在局部坐标系中,节点位移不包括 θ_{zi},但是为了下一步将局部坐标系的单元刚度矩阵转换到整体坐标系,并进而进行集成,需要将 θ_{zi} 也包括在节点位移中,并在节点力中相应增加一个虚拟弯矩 M_{zi}。

由于平面应力状态下的节点力 $\{F_i^p\}$ 与弯曲状态下的节点位移 $\{\delta_i^b\}$ 互不影响;弯曲应力状态下的节点力 $\{F_i^b\}$ 与平面应力状态下的节点位移 $\{\delta_i^p\}$ 互不影响;所以组合应力状态下的平板薄壳单元的单元刚度矩阵如图 6-8 和下式所示。

$$[k_{rs}] = \begin{bmatrix} [k_{rs}^p] & 0 & 0 & 0 & 0 \\ & 0 & 0 & 0 & 0 \\ 0 & 0 & & & 0 \\ 0 & 0 & [k_{rs}^b] & & 0 \\ 0 & 0 & & & 0 \\ 0 & 0 & 0 & 0 & 0 \end{bmatrix} \tag{6-32}$$

式中的矩阵 $[k_{rs}^p]$ 和 $[k_{rs}^b]$ 分别是平面应力问题和薄板弯曲问题的相应矩阵。三角形平板薄壳单元的单元刚度矩阵是 18×18 阶矩阵,矩形平板薄壳单元的单元刚度矩阵是 24×24 阶矩阵。

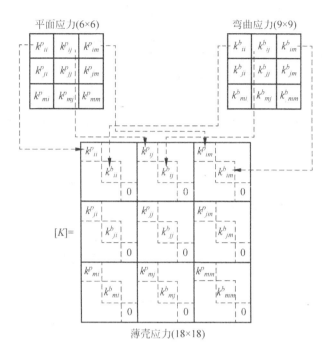

图 6-8 由平面应力和薄板弯曲的刚度矩阵组合成薄壳单元刚度矩阵

6.6.2 单元刚度矩阵从局部坐标系到整体坐标系的转换

6.6.1 节导出了单元在局部坐标系中的单元刚度矩阵,即以单元的中面为 xOy 面, z 轴垂直于单元的中面,为了建立系统的刚度矩阵,需要确定一个整体坐标系,并将各单元在局部坐标系中的刚度阵转换到整体坐标系中,然后加以组装。

现用 x'、y'、z' 表示整体坐标,局部坐标仍用 x、y、z 表示,参见图 6-9。

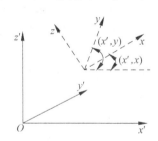

图 6-9 局部坐标系 $(x、y、z)$ 与整体坐标系 $(x'、y'、z')$

仍以三角形平板薄壳单元为例,在局部坐标系中的节点 i 的节点位移和节点力为

$$\{\delta_i\} = \begin{bmatrix} u_i & v_i & w_i & \theta_{xi} & \theta_{yi} & \theta_{zi} \end{bmatrix}^{\mathrm{T}}$$

$$\{F_i\} = \begin{bmatrix} F_{xi} & F_{yi} & F_{zi} & M_{xi} & M_{yi} & M_{zi} \end{bmatrix}^{\mathrm{T}} \tag{6-33}$$

整体坐标系中节点 i 的节点位移和节点力为

$$\{\delta_i'\} = \begin{bmatrix} u_i' & v_i' & w_i' & \theta_{xi}' & \theta_{yi}' & \theta_{zi}' \end{bmatrix}^{\mathrm{T}}$$

$$\{F_i'\} = \begin{bmatrix} F_{xi}' & F_{yi}' & F_{zi}' & M_{xi}' & M_{yi}' & M_{zi}' \end{bmatrix}^{\mathrm{T}} \tag{6-34}$$

节点位移和节点力在两个坐标系中的变换为

$$\{\delta_i\} = [L]\{\delta_i'\}, \quad \{F_i\} = [L]\{F_i'\} \tag{6-35}$$

其中

$$[L] = \begin{bmatrix} \cos(x',x) & \cos(y',x) & \cos(z',x) & 0 & 0 & 0 \\ \cos(x',y) & \cos(y',y) & \cos(z',y) & 0 & 0 & 0 \\ \cos(x',z) & \cos(y',z) & \cos(z',z) & 0 & 0 & 0 \\ 0 & 0 & 0 & \cos(x',x) & \cos(y',x) & \cos(z',x) \\ 0 & 0 & 0 & \cos(x',y) & \cos(y',y) & \cos(z',y) \\ 0 & 0 & 0 & \cos(x',z) & \cos(y',z) & \cos(z',z) \end{bmatrix}$$

$$\tag{6-36}$$

而 (x',x) 表示 x 轴到 x' 轴的转角,或者说,$\cos(x',x)$、$\cos(y',x)$、$\cos(z',x)$ 表示 x 轴在 $x'y'z'$ 坐标系中的方向余弦,其余类同。

把整个单元在整体坐标系中的节点位移向量和节点力向量分别用 $\{\delta'\}^e$ 和 $\{F'\}^e$ 表示,由以上变换,得到

$$\{\delta\}^e = [T]\{\delta'\}^e, \quad \{F\}^e = [T]\{F'\}^e \tag{6-37}$$

式中

$$[T] = \begin{bmatrix} [L] & [0] & [0] \\ [0] & [L] & [0] \\ [0] & [0] & [L] \end{bmatrix} \tag{6-38}$$

把式(6-37)代入局部坐标系中单元节点力向量和节点位移向量的关系式

$$\{F\}^e = [k]^e\{\delta\}^e \tag{6-39}$$

得到

$$\{F'\}^e = [T]^{-1}[k]^e\{\delta\}^e = [T]^{-1}[k]^e[T]\{\delta'\}^e = [k']^e\{\delta'\}^e \tag{6-40}$$

于是,有

$$[k']^e = [T]^{-1}[k]^e[T] \tag{6-41}$$

其中,$[k']^e$ 即单元在整体坐标系中的单元刚度矩阵,由于 $[T]$ 是正交矩阵,故 $[T]^{-1} = [T]^T$,所以由上式可得到

$$[k']^e = [T]^T[k]^e[T]$$
$$\{F'\}^e = [T]^T\{F\}^e \tag{6-42}$$

组装整体坐标系中的各单元刚度矩阵和载荷向量,就可以得到系统的整体平衡方程。求解得到整体坐标系内的整体节点位移向量 $\{\delta'\}$,然后再求出局部坐标系中的单元节点位移向量 $\{\delta\}^e$,并进而计算单元内的应力等。

有一个特殊情况必须注意。如果交汇于 1 个节点的各单元在同一个平面内,由于在式(6-32)中已令 θ_{z} 方向的刚度系数为零,这个节点上的第六个平衡方程(相当于 θ_{z} 方向)将是 0=0。如果整体坐标系与这一局部坐标一致,整体刚度矩阵的行列式 $|K|=0$,因而整体平衡方程将没有唯一解。如果整体坐标系与局部坐标系不一致,经变换后,在这个节点上得到表面上的正确的第六个方程,但它们实际上是线性相关的,仍然导致 $|K|=0$。

为了排除这一困难,对于这种各有关单元位移于同一平面内的节点,可以在局部坐标系中建立节点平衡方程,并删去 θ_{z} 方向的方程 0=0,于是剩下的方程组满足唯一解条件。但

是,这个方法在程序设计上比较麻烦。

另一个方法是,在这个特殊点上,给予任意的刚度系数 $K_{\theta z}$,因此在局部坐标系中,这个节点在 θ_{zi} 方向的平衡方程是

$$K_{\theta z}\theta_{zi} = 0 \tag{6-43}$$

经过坐标变换,在整体坐标系中的节点平衡方程将满足唯一解的条件。解出的节点位移中包括 θ_{zi}。由于 θ_{zi} 不影响单元应力,并与其他节点平衡方程无关,所以实际上可以给定任意的 $K_{\theta z}$ 值而不影响计算结果。

以上变换过程适用于其他形式的平板壳单元。

6.6.3　局部坐标的方向余弦

由式(6-35)可知,由局部坐标系到整体坐标系变换时,需要用到单元局部坐标的方向余弦矩阵 $[L]$。

由图 6-10 所示的三角形单元 123,3 个节点的整体坐标为 $x_1', y_1', z_1', \cdots, x_3', y_3', z_3'$。今取节点 1 位于局部坐标原点,12 边为 x 轴,y 轴在单元平面内垂直于 12 边,z 轴垂直于单元平面。如果把 12 边作为一个矢量 $\boldsymbol{X}_{12}'$,可用该矢量在整体坐标系中的三个分量表示

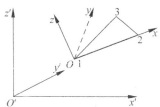

图 6-10　三角形单元的局部坐标

$$\boldsymbol{X}_{12}' = \begin{Bmatrix} x_{21}' \\ y_{21}' \\ z_{21}' \end{Bmatrix} \tag{6-44}$$

式中,$x_{21}' = x_2' - x_1'$,$y_{21}' = y_2' - y_1'$,$z_{21}' = z_2' - z_1'$。该矢量的方向余弦为用该矢量的长度去除它的三个分量,因而是一个单位矢量 $\boldsymbol{\lambda}_x$,它的三个分量分别表示局部坐标 x 轴在整体坐标系中的方向余弦。

$$\boldsymbol{\lambda}_x = \begin{Bmatrix} \cos(x',x) \\ \cos(y',x) \\ \cos(z',x) \end{Bmatrix} = \frac{1}{l_{12}} \begin{Bmatrix} x_{21}' \\ y_{21}' \\ z_{21}' \end{Bmatrix} \tag{6-45}$$

其中

$$l_{12} = \sqrt{(x_{21}')^2 + (y_{21}')^2 + (z_{21}')^2} \tag{6-46}$$

同理,若把 13 边作为一个矢量 $\boldsymbol{X}_{13}'$,则有

$$\boldsymbol{X}_{13}' = \begin{Bmatrix} x_{31}' \\ y_{31}' \\ z_{31}' \end{Bmatrix} = \begin{Bmatrix} x_3' - x_1' \\ y_3' - y_1' \\ z_3' - z_1' \end{Bmatrix}$$

z 垂直于三角形平面,利用两矢量矢量积的概念,z 轴的方向余弦为

$$\boldsymbol{\lambda}_z = \frac{\boldsymbol{X}_{12}' \times \boldsymbol{X}_{13}'}{|\boldsymbol{X}_{12}' \times \boldsymbol{X}_{13}'|} = \frac{1}{2\Delta} \begin{Bmatrix} y_{21}' z_{31}' - z_{21}' y_{31}' \\ z_{21}' x_{31}' - x_{21}' z_{31}' \\ x_{21}' y_{31}' - y_{21}' x_{31}' \end{Bmatrix} = \begin{Bmatrix} \cos(x',z) \\ \cos(y',z) \\ \cos(z',z) \end{Bmatrix} \tag{6-47}$$

式中,Δ 为三角形 123 的面积,$y_{21}' = y_1' - y_2'$,$z_{31}' = z_3' - z_1'$,其余雷同。

同理可求得 y 轴的方向余弦,由于 y 轴垂直于 xOz 面,因此,单位矢量 $\boldsymbol{\lambda}_x$ 和 $\boldsymbol{\lambda}_z$ 的矢量积

等于 y 轴方向的单位矢量 $\boldsymbol{\lambda}_y$,

$$\boldsymbol{\lambda}_y = \boldsymbol{\lambda}_z \times \boldsymbol{\lambda}_x = \left\{\begin{array}{c} \cos(y',z)\cos(z',x) - \cos(y',x)\cos(z',z) \\ \cos(z',z)\cos(x',x) - \cos(z',x)\cos(x',z) \\ \cos(x',z)\cos(y',x) - \cos(x',x)\cos(y',z) \end{array}\right\} = \left\{\begin{array}{c} \cos(x',y) \\ \cos(y',y) \\ \cos(z',y) \end{array}\right\}$$

$$(6\text{-}48)$$

至此,局部坐标的方向余弦矩阵 $[L]$ 中的全部元素已求出。

　　在计算堤坝、冷却塔、油库等壳体时,为了便于整理结果,常把整体坐标系的 $x'O'y'$ 面放在水平面内,并使局部坐标系的 x 轴平行于 $x'O'y'$ 面。局部坐标的 z 轴仍垂直于三角形平面。我们用式(6-47)先计算出 z 轴的方向余弦。由于局部坐标系的 x 轴垂直于 z' 轴,所以 x 轴的方向余弦为

$$\boldsymbol{\lambda}_x = \left\{\begin{array}{c} \cos(x',x) \\ \cos(y',x) \\ 0 \end{array}\right\}$$

$$(6\text{-}49)$$

单位矢量 $\boldsymbol{\lambda}_x$ 的各个方向余弦的平方和为 1,故

$$\cos^2(x',x) + \cos^2(y',x) = 1$$

$$(6\text{-}50)$$

此外, $\boldsymbol{\lambda}_x$ 与 $\boldsymbol{\lambda}_z$ 得数量积为零,即

$$\cos(x',x)\cos(x',z) + \cos(y',x)\cos(y',z) = 0$$

$$(6\text{-}51)$$

由于 z 轴的方向余弦已知,由式(6-50)、式(6-51)求出 $\cos(x',x)$, $\cos(y',x)$ 即可求得 $\boldsymbol{\lambda}_x$。最后由式(6-48)可求得 y 轴的方向余弦。

　　对于矩形平板薄壳单元,工程上多用于柱壳或箱形薄壳分析,壳的边界必须平行或垂直于柱面的母线方向,因而可以让整体坐标系的 x' 轴平行于柱面的母线方向,并使各个单元的局部坐标系的 x 轴平行于 x' 轴,如图 6-11 所示。显然, x 轴的方向余弦为

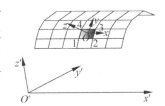

$$\cos(x',x) = 1, \quad \cos(y',x) = 0, \quad \cos(z',x) = 0$$

$$(6\text{-}52)$$

图 6-11　矩形单元的局部坐标

由于 y 轴平行于 14 边,由节点 4 和节点 1 在整体坐标系中的坐标,可计算 y 轴的方向余弦。

$$\cos(x',y) = 0, \quad \cos(y',y) = \frac{y_4' - y_1'}{l_{14}}, \quad \cos(z',y) = \frac{z_4' - z_1'}{l_{14}}$$

$$(6\text{-}53)$$

其中 l_{14} 是 14 边的长度,即

$$l_{14} = \sqrt{(z_4' - z_1')^2 + (y_4' - y_1')^2}$$

$$(6\text{-}54)$$

z 轴的方向余弦可由 x 轴的单位向量与 y 轴的单位向量的矢量积得到

$$\cos(x',z) = 0, \quad \cos(y',z) = -\frac{z_4' - z_1'}{l_{14}}, \quad \cos(z',z) = \frac{y_4' - y_1'}{l_{14}}$$

$$(6\text{-}55)$$

6.7　轴对称壳单元

　　轴对称壳体在工程中得到了广泛的应用。基于薄壳理论的轴对称壳体单元,在厚度方向引入了壳体理论的基尔霍夫假设,于是,轴对称壳体单元本质上是一维单元,从而使分析

大为简化。

轴对称壳体单元,最早提出的是在子午线方向为直线的截锥单元。此种单元表达格式简单,用于实际分析一般也可达到合理的精度,但在模拟曲率较大的壳体时,不仅需要较多的单元,而且还可能产生附加弯矩,因此,很多学者又提出了一系列在子午线方向为曲线的单元。以后又有研究工作者提出了考虑横向剪切变形的中厚壳单元。本节只介绍基于薄壳理论的轴对称壳体单元。

6.7.1 轴对称薄壳理论

轴对称壳体中面内任一点的位移可由其经(子午)向分量 u、周向分量 v 和法向分量 w 确定。在薄壳理论中,根据基尔霍夫假设,壳体内任一点的应变可通过中面的六个广义应变 ε_s、ε_θ、$\gamma_{s\theta}$、κ_s、κ_θ、$\kappa_{s\theta}$,其中 s 表示径向的弧长,θ 为周向坐标,ε_s、ε_θ、$\gamma_{s\theta}$ 表示中面内的伸长和剪切,κ_s、κ_θ、$\kappa_{s\theta}$ 表示中面曲率和扭率的变化。在薄壳理论中,与上述六个广义应变分量相对应的六个广义应变分量分别为 N_s、N_θ、$N_{s\theta}$、M_s、M_θ、$M_{s\theta}$,其中 N_s、N_θ、$N_{s\theta}$ 分别是壳体内垂直于 s 或 θ 方向的截面上单位长度的内力,M_s、M_θ、$M_{s\theta}$ 是相应截面上单位长度的力矩。

如果轴对称壳体所承受的载荷以及支承条件都是轴对称的,则壳体的位移与变形也将是轴对称的。这时只有经向位移分量 u 和法向位移 w,且 u 和 w 只是经向弧坐标 s 的函数,应变分量只有 ε_s、ε_θ、κ_s、κ_θ,应力分量只有 N_s、N_θ、M_s、M_θ。轴对称壳体的几何方程为

$$\{\varepsilon\} = \begin{Bmatrix} \varepsilon_s \\ \varepsilon_\theta \\ \kappa_s \\ \kappa_\theta \end{Bmatrix} = \begin{Bmatrix} \dfrac{\mathrm{d}u}{\mathrm{d}s} + \dfrac{w}{R_s} \\ \dfrac{1}{r}(u\sin\varphi + w\cos\varphi) \\ -\dfrac{\mathrm{d}}{\mathrm{d}s}\left(\dfrac{\mathrm{d}w}{\mathrm{d}s} - \dfrac{u}{R_s}\right) \\ -\dfrac{\sin\varphi}{r}\left(\dfrac{\mathrm{d}w}{\mathrm{d}s} - \dfrac{u}{R_s}\right) \end{Bmatrix}$$

物理方程为

$$\begin{Bmatrix} N_s \\ N_\theta \\ M_s \\ M_\theta \end{Bmatrix} = \frac{Et}{1-\mu^2} \begin{bmatrix} 1 & \mu & 0 & 0 \\ & 1 & 0 & 0 \\ 对 & & \dfrac{t^2}{12} & \dfrac{t^2\mu}{12} \\ 称 & & & \dfrac{t^2}{12} \end{bmatrix} \begin{Bmatrix} \varepsilon_s \\ \varepsilon_\theta \\ \kappa_s \\ \kappa_\theta \end{Bmatrix}$$

几何方程中,φ 为子午线与对称轴的夹角,R_s 是径向的曲率半径,r 是平行圆半径(即中面上任一点的经向坐标)。

6.7.2 薄壳截锥单元

如图 6-12 所示为子午面内轴对称薄壳单元,每个单元有 2 个节点,节点位移为

$$\{\delta_i\} = \begin{Bmatrix} \bar{u}_i \\ \bar{w}_i \\ \beta_i \end{Bmatrix}, \quad i = 1,2$$

单元的节点位移向量可表示成

$$\{\delta\}^e = \left\{ \begin{matrix} \{\delta_1\} \\ \{\delta_2\} \end{matrix} \right\}$$

图 6-12 轴对称壳的截锥单元

其中 $\bar{u}_i$、$\bar{w}_i$ 是总体坐标系中的轴向位移和径向位移,β_i 是经向切线的转角。

1. 单元的位移函数

单元中面上任一点在局部坐标系中的经向位移 u 和法向位移 w 可假定如下:

$$\left. \begin{matrix} u = \alpha_1 + \alpha_2 s \\ w = \alpha_3 + \alpha_4 s + \alpha_5 s^2 + \alpha_6 s^3 \end{matrix} \right\} \tag{6-56}$$

式中的六个待定系数可由节点 1 和节点 2 的各个位移分量及其导数 u_1、w_1、$\left(\dfrac{\mathrm{d}w}{\mathrm{d}s}\right)_1$、$u_2$、$w_2$、$\left(\dfrac{\mathrm{d}w}{\mathrm{d}s}\right)_2$ 确定,与其他单元分析过程相同,可得到形函数矩阵、应变矩阵与单元刚度矩阵。不过求解之前需通过坐标变换得到局部坐标与整体坐标的关系。详细内容请参阅有关的有限元书籍。

2. 位移函数的收敛性

由于式(6-56)的位移函数包含了 s 坐标的完整一次项,所以满足常应变与刚体位移的要求,又由于节点参数中包含了转动$\left(即\dfrac{\mathrm{d}w}{\mathrm{d}s}\right)$,所以满足单元间位移的协调性。因此薄壳截锥单元是收敛的。

习　题

6-1　在薄板弯曲时,为什么能用中面挠度 w 确定任一点的位移与应力? 任一点位移与应力如何用 w 表示?

6-2　矩形薄板单元挠度中的四次方项,在保证几何不变性的条件下,可否取为 $w = \alpha_{11}x^4 + \alpha_{12}y^4$? 为什么?

6-3　验证四节点矩形板单元是完备的非协调元。

6-4　如果三角形板单元的位移函数是

$$w = \alpha_1 + \alpha_2 x + \alpha_3 y + \alpha_4 x^2 + \alpha_5 xy + \alpha_6 y^2 + \alpha_7 x^3 + \alpha_8(x^2 y + xy^2) + \alpha_9 y^3$$

验证当单元的两个边分别平行于坐标轴且长度相等时,决定参数 α_1、α_2、$\cdots$、α_9 的代数方程组的系数矩阵是奇异的。

6-5　试说明为什么能通过小片试验的单元,在单元细分时是收敛的。(提示:从解答的唯一性考虑)

6-6　在理论和应用中,薄板矩形单元与三角形单元存在哪些问题?

6-7　试述平板薄壳单元分析的基本假定。

第7章

结构动力问题的有限元法

前面几章讨论了载荷不随时间变化的静力问题,本章主要介绍利用有限元法进行结构动力分析的基本理论。

7.1 引言

动力学问题在国民经济和科学技术的发展中应用领域极其广泛。最常遇到的结构动力学问题有两类研究对象。一类是在运动状态下工作的机械或结构,例如高速旋转的电机、汽轮机、离心压缩机,往复运动的内燃机、冲压机床,以及高速运行的车辆、飞行器等,它们承受着本身惯性及与周围介质或结构相互作用的动力载荷。如何保证它们运行的平稳性及结构的安全性,是极为重要的研究课题。另一类是承受动力载荷作用的工程结构,例如建于地面的高层建筑和厂房,石化厂的反应塔和管道,核电站的安全壳和热交换器,近海工程的海洋石油平台等,它们可能承受强风、水流、地震以及波浪等各种动力载荷的作用。这些结构的破裂、倾覆和垮塌等破坏事故的发生,将给人民的生命财产造成巨大的损失。正确分析和设计这类结构,在理论和实践上都具有十分重要的意义。

动力学研究的另一重要领域是波在介质中的传播问题。它是研究短暂作用于介质边界或内部的载荷所引起的位移和速度的变化,如何在介质周围传播,以及在界面上如何反射、折射等的规律。它的研究在结构的抗震设计、人工地震探测、无损伤检测等领域都有广泛的应用背景,因此也是近二十多年一直受到工程和科技密切关注的课题。

计算机的广泛应用以及相应的数值分析方法为动力问题有限元的发展和各种复杂结构及机械的动力分析提供了有力的工具。

7.2 结构离散化与动力平衡方程

7.2.1 结构离散化与动载荷

与静力分析相同,动力问题的有限元仍将结构视作仅在节点处连接的有限个单元的集合体,位移法的基本未知量仍为节点位移,通常采用与静力分析相同的位移函数,且假定形函数与时间无关。动力问题离散化时应注意的问题请参阅第 9 章。

下面对作用在结构上的载荷作简要介绍。

当弹性体受到动载荷作用时,结构内的位移场将随时间变化,因而速度、应力、应变也均与时间有关。这时必须考虑两种形式的分布体力,一种为惯性力,另一种为阻尼力,二者均与运动方向相反。

惯性力由结构的加速度引起。设物体的位移场为$\{f\}$,质量密度为ρ,则惯性力为$\rho\{\ddot{f}\}$,由达朗贝尔原理可知,惯性力等价于$\{F_a\}=-\rho\{\ddot{f}\}$,它可以看作是一种体力。

阻尼力可能由变形材料的内部摩擦、所通过的黏性流体的运动或与其他物体的干摩擦等原因产生,通常阻尼力并不是位移变化速率的线性函数,但是为了简单方便,用与速度成正比的黏性阻尼力来近似它,即把阻尼力近似表示为$\{F_d\}=-c\{\dot{f}\}$,c为阻尼系数,也可以把$\{F_d\}$看成是一种体力。

由此可见,动力分析时,除静力分析时所作用的载荷以外,还需考虑惯性力与阻尼力。可以采用与静力分析相同的方法进行载荷的等效移置,但得到的等效节点载荷向量也是时间的函数。

7.2.2　动力平衡方程

按照静力分析的有限元方法,单元内任一点的位移$\{f\}$与单元节点位移$\{\delta\}^e$的关系为

$$\{f\}=[N]\{\delta\}^e \tag{7-1}$$

其中$[N]$为形函数矩阵,与时间无关。因而单元内任一点的速度、加速度分别为

$$\{\dot{f}\}=[N]\{\dot{\delta}\}^e \tag{7-2}$$

$$\{\ddot{f}\}=[N]\{\ddot{\delta}\}^e \tag{7-3}$$

其中$\{\dot{\delta}\}^e$、$\{\ddot{\delta}\}^e$为单元节点的速度与加速度向量。

惯性力$\{F_a\}=-\rho\{\ddot{f}\}$与阻尼力$\{F_d\}=-c\{\dot{f}\}$可按体力等效移置公式移置到单元各节点,得到惯性力与阻尼力的等效节点载荷向量为

$$\{R\}_{F_a}^e=-\int_V[N]^T\rho[\ddot{f}]dV=-\int_V\rho[N]^T[N]\{\ddot{\delta}\}^edV=-[M]^e\{\ddot{\delta}\}^e$$

$$\{R\}_{F_d}^e=-\int_V[N]^Tc[\dot{f}]dV=-\int_Vc[N]^T[N]\{\dot{\delta}\}^edV=-[C]^e\{\dot{\delta}\}^e$$

式中$[M]^e$、$[C]^e$分别称为单元的质量矩阵与单元的阻尼矩阵,表达式为

$$[M]^e=\int_V\rho[N]^T[N]dV \tag{7-4}$$

$$[C]^e=\int_Vc[N]^T[N]dV \tag{7-5}$$

第2章建立了单元的静力平衡方程式(2-37),即$\{F\}^e=[k]^e\{\delta\}^e$,其中$\{F\}^e$为静力分析时的等效节点载荷。动力分析中,载荷$\{F\}^e$随时间变化,记作$\{F(t)\}^e$,将惯性力与阻尼力的等效节点载荷向量$\{R\}_{F_a}^e$与$\{R\}_{F_d}^e$叠加到$\{F(t)\}^e$中得到如下方程:

$$[k]^e\{\delta\}^e=\{F(t)\}^e-[M]^e\{\ddot{\delta}\}^e-[C]^e\{\dot{\delta}\}$$

或者

$$[M]^e\{\ddot{\delta}\}^e + [C]^e\{\dot{\delta}\} + [k]^e\{\delta\}^e = \{F(t)\}^e \tag{7-6}$$

式(7-6)称为单元的动力平衡方程。

采用与静力分析相同的方法由单元刚度矩阵$[k]^e$组集整体刚度矩阵$[K]$,由单元节点载荷向量$\{F(t)\}^e$组集整体节点载荷向量$\{F(t)\}$,而且用同样方法由单元质量矩阵$[M]^e$组集整体质量矩阵$[M]$,由单元阻尼矩阵$[C]^e$组集整体阻尼矩阵$[C]$,最终得到结构整体的动力平衡方程为

$$[M]\{\ddot{\delta}\} + [C]\{\dot{\delta}\} + [K]\{\delta\} = \{F(t)\} \tag{7-7}$$

当忽略阻尼时($[C]=0$),由式(7-7)得到

$$[M]\{\ddot{\delta}\} + [K]\{\delta\} = \{F(t)\} \tag{7-8}$$

如果既无阻尼又无外力作用时,上式变为

$$[M]\{\ddot{\delta}\} + [K]\{\delta\} = 0 \tag{7-9}$$

7.3 集中质量矩阵和一致质量矩阵

由阿切尔(Archer)首先导出的单元质量矩阵由公式(7-4)确定,该质量矩阵叫做一致质量矩阵(或协调质量矩阵)。所谓"一致"是因为用了与推导单元刚度矩阵相同的位移函数来推导质量矩阵。另外,在有限元法中还经常采用集中质量矩阵,它假定单元的质量全部集中在节点上,排除了存在于单元各位移之间的动力耦合,从而使质量矩阵成为对角矩阵。

7.3.1 几个简单单元的集中质量矩阵和一致质量矩阵

1. 二节点杆单元

由式(5-8)知,两节点杆单元的形函数矩阵$[N]$为

$$[N] = [N_i \quad N_j] = \frac{1}{l}[(x_j - x) \quad -(x_i - x)]$$

若单元的i节点位于坐标原点,即$x_i = 0, x_j = l$,则形函数矩阵$[N]$为

$$[N] = \left[1 - \frac{x}{l} \quad \frac{x}{l}\right]$$

根据式(7-4)得到一致质量矩阵为

$$[M]^e = \int_V \rho[N]^T[N]dV = \frac{\rho A l}{6}\begin{bmatrix} 2 & 1 \\ 1 & 2 \end{bmatrix}$$

其中,A是单元的横截面积。一般来说,一致质量矩阵是满阵。若把单元的总质量均匀分配在两个节点上,则可得到单元的集中质量矩阵为

$$[M]^e = \frac{\rho A l}{2}\begin{bmatrix} 1 & 0 \\ 0 & 1 \end{bmatrix}$$

2. 梁单元

由式(5-27)与式(5-28)知,梁单元的形函数矩阵为

$$[N] = [N_1 \quad N_2 \quad N_3 \quad N_4]$$

其中

$$N_1 = \frac{1}{l^3}(l^3 - 3lx^2 + 2x^3), \quad N_2 = \frac{1}{l^2}(l^2x - 2lx^2 + x^3)$$

$$N_3 = \frac{1}{l^3}(3lx^2 - 2x^3), \quad N_4 = -\frac{1}{l^2}(l^2x - x^3)$$

根据式(7-4)得到一致质量矩阵为

$$[M]^e = \frac{m}{420}\begin{bmatrix} 156 & -22l & 54 & 13l \\ & 4l^2 & -13l & -3l^2 \\ & & 156 & 22l \\ & & & 4l^2 \end{bmatrix}$$

其中,l 是单元长度,$m = \rho l$ 是单元的质量。

每个节点集中 1/2 的质量,并略去转动项,得到单元的集中质量阵为

$$[M]^e = \frac{m}{2}\begin{bmatrix} 1 & 0 & 0 & 0 \\ 0 & 1 & 0 & 0 \\ 0 & 0 & 1 & 0 \\ 0 & 0 & 0 & 0 \end{bmatrix}$$

3. 平面问题的三节点三角形单元

由式(2-11)与式(2-12)可知,平面问题的三节点三角形单元的形函数矩阵为

$$[N] = \begin{bmatrix} N_1 & 0 & N_2 & 0 & N_3 & 0 \\ 0 & N_1 & 0 & N_2 & 0 & N_3 \end{bmatrix}$$

其中,$N_i = (a_i + b_i x + c_i y)/2\Delta$,$i = 1, 2, 3$,式中各量含义与第 2 章相同。

根据式(7-4)得到一致质量矩阵为

$$[M]^e = \frac{m}{3}\begin{bmatrix} \frac{1}{2} & 0 & \frac{1}{4} & 0 & \frac{1}{4} & 0 \\ 0 & \frac{1}{2} & 0 & \frac{1}{4} & 0 & \frac{1}{4} \\ \frac{1}{4} & 0 & \frac{1}{2} & 0 & \frac{1}{4} & 0 \\ 0 & \frac{1}{4} & 0 & \frac{1}{2} & 0 & \frac{1}{4} \\ \frac{1}{4} & 0 & \frac{1}{4} & 0 & \frac{1}{2} & 0 \\ 0 & \frac{1}{4} & 0 & \frac{1}{4} & 0 & \frac{1}{2} \end{bmatrix}$$

单元的每个节点上集中 1/3 的质量,这样就得到单元的集中质量矩阵为

$$[M]^e = \frac{m}{3}\begin{bmatrix} 1 & 0 & 0 & 0 & 0 & 0 \\ 0 & 1 & 0 & 0 & 0 & 0 \\ 0 & 0 & 1 & 0 & 0 & 0 \\ 0 & 0 & 0 & 1 & 0 & 0 \\ 0 & 0 & 0 & 0 & 1 & 0 \\ 0 & 0 & 0 & 0 & 0 & 1 \end{bmatrix}$$

其中,$m = \rho t A$ 是单元的质量,t 为单元厚度。

7.3.2　质量矩阵的特点

（1）单元质量矩阵 $[M]^e$ 与整体质量矩阵 $[M]$ 均为对称矩阵。一致质量矩阵是正定的，集中质量矩阵是半正定的。如果集中质量矩阵的对角线上出现零元素，则有可能引起运算故障。

（2）若形函数矩阵 $[N]$ 能反映单元的真实变形，则用一致质量矩阵计算的结果比较精确，频率与振型比较可靠。但假定的单元位移函数总是与真实变形有偏差，这就相当于引入了约束，增加了结构的刚度；而将质量集中在节点上，人为地去掉了一些约束，等于增加了结构的柔度，因此使用集中质量矩阵可以给出比一致质量矩阵更精确的结果。如果网格布局正确反映了结构的体积，而单元又是协调的，且不被低阶积分法则所柔化，则使用一致质量矩阵计算的固有频率是精确解的上限。而用集中质量矩阵计算的固有频率是精确解的下限。

（3）一致质量矩阵为满阵，数值计算花费的时间长；集中质量矩阵为对角阵，所占内存较少，计算简单，节约机时。

但应该注意，不能简单地断定集中质量矩阵和一致质量矩阵哪一种更好。对于梁和壳一类弯曲问题，一致质量矩阵更为精确，对于节点较多的单元，集中质量矩阵也不易构造。

Hinton 等人提出了比集中质量矩阵更好的对角质量矩阵，它可以由一致质量矩阵导出，其步骤如下（它适合于各平移自由度都相互平行的单元，如梁单元和板单元）：

① 只计算一致质量矩阵的对角元素。

② 计算单元总质量 m。

③ 将矩阵中与平移（而不是转动）对应的对角元素 m_{ii} 相加得到 S。

④ 将对角元素 m_{ii} 乘以比值 m/S 调整比例，以保留单元的平移质量。

例如，经上述步骤处理后，梁单元的对角质量矩阵为

$$[M]^e = \frac{m}{78}\begin{bmatrix} 39 & 0 & 0 & 0 \\ 0 & l^2 & 0 & 0 \\ 0 & 0 & 39 & 0 \\ 0 & 0 & 0 & l^2 \end{bmatrix}$$

7.4　自由振动分析

7.4.1　特征值问题

式（7-9）为无阻尼自由振动方程，其解的形式为

$$\{\delta\} = \{\varphi\}\sin(\omega t + \theta) \tag{7-10}$$

其中 $\{\varphi\}$ 是常数列向量，将上式代入式（7-9）后两边左乘 $\{\varphi\}^{\mathrm{T}}$，得

$$([K] - \omega^2[M])\{\varphi\} = 0 \tag{7-11}$$

式（7-11）是齐次线性方程组，有非零解的充要条件是

$$|[K] - \omega^2[M]| = 0 \tag{7-12}$$

方程（7-12）称为特征方程。如果 $[K]$ 和 $[M]$ 的阶数是 n，则式（7-12）是 ω^2 的 n 次方程，ω^2

称为特征值。由该方程解出的 n 个特征值可按升序排列为

$$0 \leqslant \omega_1^2 \leqslant \omega_2^2 \leqslant \cdots \leqslant \omega_n^2 \tag{7-13}$$

第 i 个特征值 ω_i^2 的算术平方根 ω_i 称为结构的第 i 阶固有频率。

满足式(7-11)的向量 $\{\varphi\}$ 称为特征向量。记 $\{\varphi_i\}$ 为对应于特征值 ω_i^2 的特征向量,将 $\omega^2 = \omega_i^2$ 代入式(7-11),得

$$([K] - \omega_i^2[M])\{\varphi_i\} = 0$$

$\{\varphi_i\}$ 称为结构的第 i 阶主振型,也称为第 i 阶主模态。

特征值问题与整体刚度矩阵 $[K]$ 和整体质量矩阵 $[M]$ 的性质有关。如果 $[K]$ 是正定的,则 $\omega_i^2 > 0, i = 1, 2, \cdots, n$;如果 $[K]$ 是半正定的,则 $\omega_i^2 \geqslant 0, i = 1, 2, \cdots, n$,特征值为零的个数等于结构刚体位移自由度的个数。如果集中质量矩阵 $[M]$ 为半正定,其对角线上有 r 个零元素,则 $\omega_n^2 = \omega_{n-1}^2 = \cdots = \omega_{n-r+1}^2 = \infty$,即 n 个特征值的最后 r 个为无穷大。

7.4.2　几种求解特征值问题的方法概述

1. 广义雅可比法

广义雅可比法是求解全部特征值和特征向量的有效方法之一。它的基本思想是用一组正交变换找出一个 $n \times n$ 阶矩阵 $[\Phi]$(n 为自由度数),使 $[K]$ 变换成对角阵 $[\Omega^2]$,使 $[M]$ 变换成单位阵 $[I]$,则 $[\Phi]$ 是唯一的且为所求的特征向量矩阵。

当整体刚度矩阵 $[K]$ 和整体质量矩阵 $[M]$ 中非对角元素较小时,广义雅可比法最有效。该法也使用于结构有刚体位移的情况(对应零特征值),以及集中质量矩阵中对角线元素有零的情况(对应 ∞ 特征值)。

2. 逆迭代法

逆迭代法通过直接迭代特征方程组求解固有频率和振型。先将式(7-11)变换为

$$[K]\{\varphi\} = \omega^2[M]\{\varphi\} \tag{7-14}$$

它的基本思想是,设 $\omega^2 = 1$,且对应的特征向量为 $\{x_1\}$,则方程(7-14)右端为

$$\{y_1\} = 1 \cdot [M]\{x_1\} \tag{7-15}$$

但 $\omega^2 = 1$ 与对应的 $\{x_1\}$ 并不恰好满足式(7-14),代入后将得到求解另一向量 $\{x_2\}$ 的线性代数方程

$$[K]\{x_2\} = \{y_1\} \tag{7-16}$$

求出的 $\{x_2\}$ 将更接近实际的特征向量。将 $\{x_2\}$ 代替 $\{x_1\}$,重复式(7-15)与式(7-16),可得

$$\{y_k\} = [M]\{x_k\}, \quad [K]\{x_{k+1}\} = \{y_k\}, \quad k = 1, 2, \cdots$$

只要假设的 $\{x_1\}$ 不与第一阶振型正交,则向量 $\{x_{k+1}\}$ 将收敛于第一阶振型 $\{\varphi_1\}$。求出 $\{\varphi_1\}$ 后,对应的特征值 ω_1^2 可由瑞利商求得为

$$\omega_1^2 = \frac{\{\varphi_1\}^{\mathrm{T}}[K]\{\varphi_1\}}{\{\varphi_1\}^{\mathrm{T}}[M]\{\varphi_1\}}$$

如前所述,每一次迭代总是扩大迭代向量 $\{x_{k+1}\}$ 内 $\{\varphi_1\}$ 的比重,如果在 $\{x_{k+1}\}$ 中剔除 $\{\varphi_1\}$ 的成分,迭代就会收敛到第二阶振型 $\{\varphi_2\}$ 及固有频率 ω_2。以此类推,求解某阶振型与固有频率时,必须在迭代向量中剔除该阶振型前面的振型。鉴于上述原因,考虑到计算中误差的积累,逆迭代法适用于求解结构的前几阶固有频率与主振型。

3. 子空间迭代法

子空间迭代法的基本思想是,首先选取初始迭代矩阵 $[D_0] = [\hat{\varphi}_1 \quad \hat{\varphi}_2 \quad \cdots \quad \hat{\varphi}_s]$,作矩阵迭代 $[P] = [M][D_0]$,将求出的 $[P]$ 代入 $[K][D_1] = [P]$ 中解出 $[D_1]$,由 $[Q] = [M][D_1]$ 计算出 $s \times s$ 阶矩阵 $[Q]$,再由 $[\bar{K}] = [D_1]^T[P]$ 与 $[\bar{M}] = [D_1]^T[Q]$ 计算自由度缩减后的刚度矩阵 $[\bar{K}]$ 与 $[\bar{M}]$。于是得到如下的特征值问题

$$[\bar{K}]\{a\} = \bar{\omega}^2[\bar{M}]\{a\} \tag{7-17}$$

求解方程(7-17)得到全部 s 个特征值 $\bar{\omega}_i^2$ 和相应的特征向量 $\{a_i\}$。

若各个特征值已经满足精度要求,则将得到的 s 个特征值 $\bar{\omega}_i^2$ 和相应的特征向量 $\{a_i\}$ 作为结果;否则取 $[D_0] = [a_1 \quad a_2 \quad \cdots \quad a_s]$,继续计算,直到满足精度为止。

子空间迭代法计算出的固有频率都由上限一侧向精确值收敛,越是低阶的固有频率,收敛得越快。通常,若希望求出结构的前 s 阶固有频率及主振型,则初始迭代矩阵 $[D_0]$ 中的列数应取 $2s$ 与 $(s+8)$ 中较小的一个数。

子空间迭代法对求解自由度数较大系统的、较低的前若干阶固有频率及主振型非常有效,由于它一般不会漏根,所以是较可靠的方法。该方法的缺点是计算工作量较大。

4. Lanczos 向量法

Lanczos 向量法与子空间迭代法基本相同,不过它将结构的特征方程转化成三对角矩阵的特征值问题求解,这样就使计算过程大大简化,以至对同样的问题,它比子空间迭代法快 5~10 倍,因此 Lanczos 向量法特别适用于快速提取多阶模态。

7.5　动力响应分析

在 7.2 节得到了结构动力平衡方程式(7-7),它是用有限元法将结构离散化后得到的 n 个自由度的二阶常微分方程。结构动力响应分析就是要求该方程在满足初始条件 $\{\delta\} = \{\delta(0)\}$,$\{\dot{\delta}\} = \{\dot{\delta}(0)\}$ 的解。因此结构动力响应分析可归结为求解如下的数学问题:

$$\left.\begin{array}{l} [M]\{\ddot{\delta}\} + [C]\{\dot{\delta}\} + [K]\{\delta\} = \{F(t)\} \\ \{\delta\} = \{\delta(0)\} \\ \{\dot{\delta}\} = \{\dot{\delta}(0)\} \end{array}\right\} \tag{7-18}$$

从数学角度来看,可采用各种标准数值方法求解式(7-18),但是当阶数 n 很大时,若不考虑矩阵 $[M]$、$[C]$ 和 $[K]$ 的特点而盲目采用计算方法,就会在计算上造成不必要的浪费。下面介绍求解结构动力响应的两种基本方法,即振型叠加法与直接积分法。前者只能用于解线性结构的动力响应,而后者可用于解线性/非线性结构的动力响应。因振型叠加法必须先进行模态分析,适用于只激发较少振型的动力响应问题,例如地震等,或者需要较长时间的历时分析;而对像冲击等激发振型较多,所需计算响应的时间又短促的情况,通常用直接积分法。

7.5.1　阻尼模型

系统振动中将阻力称为阻尼。在结构动力分析中,阻尼的作用非常重要。一方面阻尼影响结构的动力响应,起到减振作用,另一方面,动力分析的数值实现过程中,引入阻尼有助

于改善数值稳定性。除模态分析外,其他动力分析都应考虑阻尼的影响。

实际系统中阻尼的物理本质很难确定,最常用的一种阻尼模型是黏性阻尼。下面主要介绍几种常用的阻尼模型及其特性。

1. 黏性阻尼

在流体中低速运动或沿润滑表面滑动的物体,通常认为受到黏性阻尼。黏性阻尼与相对速度成正比,即 $F_d = -cv$,式中 F_d 是黏性阻尼力,v 是相对速度,c 称为黏性阻尼系数,或简称阻尼系数。

2. 模态阻尼

模态阻尼定义了每阶特征频率的振型所对应的振动阻尼系数,通常用于振型叠加法求解线性系统动力响应的阻尼描述。

3. 瑞利阻尼

瑞利阻尼与单元质量和刚度成比例,它是由单元的质量矩阵 $[M]$ 与单元的刚度矩阵 $[K]$ 来度量单元阻尼矩阵 $[C]$ 的一种简化方法,即假定 $[C] = a_0[M] + a_1[K]$,其中 a_0、a_1 为常数。

4. 数值阻尼

在时域动力响应分析中,直接积分的时间步长取值时引入数值阻尼。在系统出现高频干扰时,加入数值阻尼起到稳定求解的作用。

7.5.2　振型叠加法

振型叠加法是以结构无阻尼的振型作为基底,采用坐标变换将 n 自由度系统的动力平衡方程(7-7)解耦,得到 n 个单自由度系统的振动方程,然后通过叠加得到系统原来的振动。多自由度系统的阻尼经常假定为模态阻尼,对这种类型的阻尼系统,振型叠加法行之有效。

设 n 自由度系统的 n 个主振型为 $\{\varphi_1\}$、$\{\varphi_2\}$、$\cdots$、$\{\varphi_n\}$,振型矩阵 $[\Phi]$ 定义为

$$[\Phi] = [\{\varphi_1\} \quad \{\varphi_2\} \quad \cdots \quad \{\varphi_n\}]$$

$[\Phi]$ 满足

$$[\Phi]^T[M][\Phi] = [M_p], \quad [\Phi]^T[K][\Phi] = [K_p], \quad [\Phi]^T[C][\Phi] = [C_p]$$

式中 $[M_p]$、$[K_p]$ 依次称为主质量矩阵、主刚度矩阵,二者均为对角矩阵。其表达式为

$$[M_p] = \begin{bmatrix} M_{p1} & & & \\ & M_{p2} & & \\ & & \ddots & \\ & & & M_{pn} \end{bmatrix} \quad [K_p] = \begin{bmatrix} K_{p1} & & & \\ & K_{p2} & & \\ & & \ddots & \\ & & & K_{pn} \end{bmatrix} \tag{7-19}$$

作如下的坐标变换:

$$\{\delta\} = [\Phi]\{\xi\} \tag{7-20}$$

于是式(7-7)成为

$$[\Phi]^T[M][\Phi]\{\ddot{\xi}\} + [\Phi]^T[C][\Phi]\{\dot{\xi}\} + [\Phi]^T[K][\Phi]\{\xi\} = [\Phi]^T\{F(t)\}$$

或写成

$$[M_p]\{\ddot{\xi}\} + [C_p]\{\dot{\xi}\} + [K_p]\{\xi\} = \{Q(t)\} \tag{7-21}$$

虽然主质量矩阵 $[M_p]$ 与主刚度矩阵 $[K_p]$ 均为对角矩阵,但 $[C_p]$ 一般并非对角矩阵,因而方

程(7-21)仍然存在耦合。工程中常采用近似处理办法将$[C_p]$表示成对角矩阵。一种方法是忽略$[C_p]$中的全部非对角线元素，另一种方法是假定阻尼矩阵$[C]=a_0[M]+a_1[K]$，其中a_0、a_1为常数(这种阻尼模型即为瑞利阻尼)，于是$[C_p]=a_0[M_p]+a_1[K_p]$，此时将$[C_p]$变成对角矩阵，可表示为

$$[C_p] = \begin{bmatrix} C_{p1} & & & \\ & C_{p2} & & \\ & & \ddots & \\ & & & C_{pn} \end{bmatrix} \tag{7-22}$$

经过上述近似处理，方程(7-21)已经解耦，其中第 i 个方程为

$$M_{pi}\ddot{\xi}_i + C_{p_i}\dot{\xi}_i + K_{pi}\xi_i = Q_i(t) \tag{7-23}$$

$\{\xi\}$坐标系下的初始条件为

$$\xi_i(0) = \frac{1}{M_{pi}}\{\phi_i\}^T[M]\delta_i(0), \quad \dot{\xi}_i(0) = \frac{1}{M_{pi}}\{\phi_i\}^T[M]\dot{\delta}_i(0) \tag{7-24}$$

由单自由度系统的振动理论，知方程(7-23)在初始条件(7-24)下的解为

$$\xi_i(t) = e^{-\zeta_i\omega_i t}\left[\xi_i(0)\cos\omega_{di}t + \frac{\dot{\xi}_i(0)+\zeta_i\omega_i\xi_i(0)}{\omega_{di}}\sin\omega_{di}t\right] +$$

$$\frac{1}{M_{pi}\omega_{di}}\int_0^t Q_i(\tau)e^{-\zeta_i\omega_i(t-\tau)}\sin\omega_{di}(t-\tau)d\tau \tag{7-25}$$

其中$2\zeta_i\omega_i = \dfrac{C_{pi}}{M_{pi}}$，$\omega_{di}=\omega_i\sqrt{1-\zeta_i^2}$，$\zeta_i$称为第 i 阶振型阻尼比，ω_{di}是第 i 阶有阻尼固有频率。

将式(7-25)代入式(7-20)，便得到系统对任意激励的响应。如果有阻尼系统受到的激励力$\{F(t)\}$是同一频率的简谐激励力

$$\{F(t)\} = \{F_0\}\sin\omega t \tag{7-26}$$

其中$\{F_0\}$表示激励力幅的常数列向量，ω 为激励频率，则式(7-23)成为

$$M_{pi}\ddot{\xi}_i + C_{pi}\dot{\xi}_i + K_{pi}\xi_i = Q_{0i}\sin\omega t \tag{7-27}$$

式(7-27)的特解为

$$\xi_i = \frac{Q_{0i}}{K_{pi}}\beta_i\sin(\omega t - \theta_i) \tag{7-28}$$

将式(7-28)代入式(7-20)得到系统对简谐激励的响应为

$$\{\delta(t)\} = \sum_{i=1}^n \frac{\beta_i\{\phi_i\}\{\phi_i\}^T}{K_{pi}}\{F_0\}\sin(\omega t - \theta_i) \tag{7-29}$$

其中β_i为第 i 阶振幅放大因子，β_i与初相角θ_i的表达式为

$$\beta_i = \frac{1}{\sqrt{\left(1-\dfrac{\omega^2}{\omega_i^2}\right)^2 + \left(2\zeta_i\dfrac{\omega}{\omega_i}\right)^2}}, \quad \theta_i = \arctan\frac{2\zeta_i\dfrac{\omega}{\omega_i}}{1-\dfrac{\omega^2}{\omega_i^2}}$$

式(7-27)的解是相应的齐次方程的通解与特解(7-29)的和。由于阻尼的存在，其通解是逐渐衰减的瞬态振动，称为瞬态响应，而特解(7-29)是与激励同频率、同时存在的简谐振动，称为稳态响应。瞬态响应只存在于振动的初始阶段，系统对简谐激励的响应通常指稳态响应。简谐响应分析一般是求解系统的稳态响应，并讨论影响稳态响应振幅与相位差的各

种因数,得到幅频响应曲线与相频响应曲线。

任意激励或者作用时间极短的脉冲激励下,系统通常没有稳态响应,只有瞬态响应。一般将这类激励下的动力响应分析称为瞬态响应分析。由此可见瞬态响应分析与初始条件有关。

7.5.3 直接积分法

直接积分法的基本思想是对时间进行离散,只要求在离散点上满足动力平衡方程,在时间间隔 Δt 内位移、速度、加速度的变化规律及其关系是假设的,采用不同的假设得到不同的直接积分法。直接积分法的计算过程是:假设 $t=0$ 时刻的状态向量 $\{\delta(0)\}$、$\{\dot{\delta}(0)\}$、$\{\ddot{\delta}(0)\}$ 是已知的,将时间求解域 $0 \leqslant t \leqslant T$ 进行离散,即可由 $t=0$ 时刻的状态向量计算 $t_1 = 0 + \Delta t$ 时刻的状态向量,进而计算 $t_2 = t_1 + \Delta t$ 时刻的状态向量,直至 $t=T$ 时刻结束,便得到动力响应的全过程。下面将对有限元软件提供的常用几种直接积分法作简单介绍。

1. Newmark 法

Newmark 法中作如下假设:

$$\{\dot{\delta}_{t+\Delta t}\} = \{\dot{\delta}_t\} + \left[(1-\gamma)\{\ddot{\delta}_t\} + \gamma\{\ddot{\delta}_{t+\Delta t}\}\right]\Delta t$$

$$\{\delta_{t+\Delta t}\} = \{\delta_t\} + \{\dot{\delta}_t\}\Delta t + \left[\left(\frac{1}{2} - \beta\right)\{\ddot{\delta}_t\} + \beta\{\ddot{\delta}_{t+\Delta t}\}\right]\Delta t^2$$

其中 γ 和 β 是按直接积分精度和稳定性要求而确定的参数。

Newmark 法对线性问题无条件稳定,而且无数值阻尼的影响。对非线性问题,通过自适应步长的选择以及适当增加结构阻尼或数值阻尼,可有效克服非线性问题分析中可能出现的数值失稳。

2. Houbolt 法

Houbolt 法包括标准 Houbolt 法与单步 Houbolt 法。标准 Houbolt 法中采用固定时间步长 Δt,这种积分基于通过前三时刻和时间为 $t+\Delta t$ 的当前点位移的三次拟合,速度和加速度作如下假设:

$$\{\dot{\delta}_{t+\Delta t}\} = \frac{1}{\Delta t}\left[\frac{11}{6}\{\delta_{t+\Delta t}\} - 3\{\delta_t\} + \frac{3}{2}\{\delta_{t-\Delta t}\} - \frac{1}{3}\{\delta_{t-2\Delta t}\}\right]$$

$$\{\ddot{\delta}_{t+\Delta t}\} = \frac{1}{\Delta t^2}\left[2\{\delta_{t+\Delta t}\} - 5\{\delta_t\} + 4\{\delta_{t-\Delta t}\} - \{\delta_{t-2\Delta t}\}\right]$$

在瞬态分析时,只给定初始条件(第三个时刻的位移、速度和加速度),还需要知道前两个时刻的位移,方可计算当前步的速度于加速度。这就需要一个特殊的起动程序计算前两个时刻的位移。

单步 Houbolt 法克服了标准 Houbolt 法需要特殊的起动程序和必须采用固定步长的缺点,它是一种变步长的积分方案,特别适用于动力接触分析。

Houbolt 法与 Newmark 法一样,对线性问题无条件稳定,对非线性问题条件稳定。它有很强的高频数值阻尼,在非线性分析中起着增强数值稳定性的作用。时间步长越大,数值稳定性越好,但可能使计算结果精度受影响。

3. 中心差分法

中心差分法假设从三个不同时刻的位移值计算当前的加速度值

$$\{\ddot{\delta}_t\} = \frac{1}{\Delta t^2}\big[\{\delta_{t-\Delta t}\} - 2\{\delta_t\} + \{\delta_{t+\Delta t}\}\big]$$

在一些有限元程序中,速度由下式近似(向后差分)

$$\{\dot{\delta}_t\} = \frac{\{\delta_t\} - \{\delta_{t-\Delta t}\}}{\Delta t}$$

中心差分法是条件稳定的时间积分方案。时间步长大小受模型允许的最大时间步长的限制,以便保证积分的数值稳定性。最大时间步长可取为 $2/\omega_{\max}$,其中 $\omega_{\max}$ 为系统的最高固有频率。这种方法特别适用于分析撞击问题。

习　　题

7-1　用有限元法分析结构动力问题,与静力问题有哪些不同?

7-2　什么是集中质量矩阵?什么是一致质量矩阵?它们在形式上和实质上的相同点和不同点是什么?

7-3　求解特征值问题的常用方法有哪些?试对这些方法作比较。

7-4　四节点矩形平面单元面积为 A,厚度为 t,质量密度为 ρ。试求集中质量矩阵和一致质量矩阵。

第8章

弹塑性问题的有限元法

本章介绍弹塑性问题的有限元法,使读者初步了解非线性有限元法。

8.1 弹塑性有限元法概述

当物体处于发生屈服之前,认为它是完全弹性的,此时弹性应变状态为瞬时应力状态的单值函数。如果是线性弹性问题,则在弹性阶段,应力与应变关系是线性关系,符合胡克定律。当受力体一旦进入塑性状态后,应力应变关系不再服从胡克定律,而变为非线性问题,这种由材料性能引起的非线性问题称为材料非线性问题。受力体刚进入塑性变形时,变形量很小,应力、应变仍然可认为服从小变形所给出的定义,故称为小变形弹塑性问题,简称弹塑性问题。塑性加工精压、校直等工艺中,变形体质点的位移和转动较小,应变与位移的关系基本为线性,可视为弹塑性问题。非线性问题用有限元求解十分有力,但弹塑性有限元法比线性弹性有限元法复杂得多,具体表现在:(1)由于在塑性区应力和应变之间为非线性关系,所以在弹塑性有限元法中,求解的是 一个非线性问题。为了求解方便,要用适当的方法将问题线性化。一般采用逐步加载法,即将物体屈服后所需加的载荷分成若干步施加,在每个加载步的每个迭代计算步中,把问题看作是线性的。(2)弹塑性问题的应力与应变的关系不一定是一一对应的。塑性应变的大小,不仅决定于当时的应力状态,而且还决定于加载历史。卸载时,塑性区内的应变和应力呈线性关系。由于在加载和卸载时,塑性区内的应力—应变关系不同,因此,在每步加载计算时,一般应检查塑性区内各单元是处于加载状态,还是卸载状态。(3)塑性理论中关于塑性应力-应变关系和硬化假设有多种理论,采用不同的理论就会得到不同的弹塑性矩阵表达式,由此会得到不同的有限元计算公式。本章假设材料为各向同性硬化材料、服从 Mises 屈服条件和 Prandtl-Reuss 应力应变关系,以不依赖时间的弹塑性变形问题为对象,简要介绍弹塑性有限元的基本方程、基本求解方法和加载步长的控制。

8.2 弹塑性理论基础

在弹塑性小变形的情况下,弹性力学中的平衡方程和几何方程仍然成立,但是物理方程却不同,因为它涉及材料处于弹塑性状态的性能。弹塑性问题是最常见的材料非线性行为。

描述超出线性弹性范围的材料行为的塑性理论由三个重要概念组成。首先是屈服准则,它确定一个给定的应力状态是在弹性范围还是发生了塑性流动;其次是流动定律,描述塑性应变张量增量与当前应力状态的关系并以此形成弹塑性本构关系表达式;最后是硬化定律,确定随着变形的发展屈服准则的变化,即材料的后继屈服条件。

8.2.1　材料的塑性性质

塑性阶段应力与应变关系,和弹性阶段时一样,要建立在实验的基础上。简单拉伸和薄壁筒扭转实验所得到的应力-应变曲线是研究材料塑性性质的基本资料。图 8-1 是低碳钢的拉伸曲线。从实验得知,应力增加到屈服应力 σ_y 时,应力-应变曲线上出现屈服平台,从该处开始线弹性行为被弹塑性响应代替。发生屈服以后,大多数材料要使继续增加变形必须使应力进一步增加,即 $d\sigma/d\varepsilon > 0$,这就是所谓的加工硬化。如果屈服阶段很长,可以简化成如图 8-2 所示的曲线,即 $d\sigma/d\varepsilon = 0$,称为理想塑性或完全塑性。

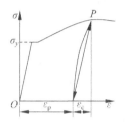

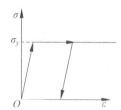

图 8-1　低碳钢拉伸应力应变曲线　　　　图 8-2　理想塑性应力应变曲线

由实验得知,材料变形超过屈服极限以后,卸载是弹性的,它沿着和原点斜率大致相同的斜直线作为卸载路径,这表明卸载过程的不可逆性。因此,弹塑性应力和应变之间并没有一一对应的关系,即应变不仅依赖于当时的应力状态,而且还依赖于整个加载的历史。

在一般情况下,对于弹塑性状态的物理方程,无法建立起最终应力状态和最终应变状态之间的全量关系,而只能建立反映加载路径的应力应变之间的增量关系。当然,若整个加载过程是简单加载或接近简单加载,可以建立应力和应变之间的全量关系,但增量关系包括了加载和卸载过程。

8.2.2　Mises 屈服准则及硬化定律

在外载荷作用下,物体内某一点开始产生塑性变形时,应力所必须满足的条件称为屈服准则。常用的屈服准则有如下几种:

(1) Von Mises 准则

(2) Tresca 准则

(3) Mohr-Coulomb 准则

(4) Drucker-Prager 准则

其中(3)(4)包括线性与抛物线性两种。前两个准则只适用于金属材料,后两个准则适用于土壤、岩石、混凝土等摩擦材料。下面介绍 Mises 屈服准则。

Mises 屈服准则认为:材料在复杂应力状态下的形变能达到单向拉伸屈服时的形变能时,材料开始屈服。Mises 屈服条件是

$$\sqrt{\frac{1}{2}\left[(\sigma_1-\sigma_2)^2+(\sigma_2-\sigma_3)^2+(\sigma_3-\sigma_1)^2\right]}=\sigma_y \tag{8-1}$$

式中,σ_1、σ_2、σ_3 为主应力,σ_y 是单向拉伸时的屈服极限。

塑性力学中采用等效应力和塑性等效应变衡量变形体的屈服和加/卸载状态。

等效应力定义为

$$\bar{\sigma}=\sqrt{\frac{1}{2}\left[(\sigma_1-\sigma_2)^2+(\sigma_2-\sigma_3)^2+(\sigma_3-\sigma_1)^2\right]}$$

或用一般应力表示为

$$\bar{\sigma}=\frac{\sqrt{2}}{2}\sqrt{(\sigma_x-\sigma_y)^2+(\sigma_y-\sigma_z)^2+(\sigma_z-\sigma_x)^2+6(\tau_{xy}^2+\tau_{yz}^2+\tau_{zx}^2)} \tag{8-2}$$

于是 Mises 屈服条件是

$$\bar{\sigma}=\sigma_y \tag{8-3}$$

在单向应力状态下,等效应力 $\bar{\sigma}$ 就是单向应力 σ。许多材料试验表明静水应力状态对塑性流动没有影响,因此引进应力偏量

$$\sigma_{ij}'=\sigma_{ij}-\delta_{ij}\sigma_m \quad 即 \quad \left.\begin{array}{l}\sigma_x'=\sigma_x-\sigma_m,\tau_{xy}'=\tau_{xy}\\ \sigma_y'=\sigma_y-\sigma_m,\tau_{yz}'=\tau_{yz}\\ \sigma_z'=\sigma_z-\sigma_m,\tau_{zx}'=\tau_{zx}\end{array}\right\} \tag{8-4}$$

式中 $\sigma_m=\frac{1}{3}(\sigma_{11}+\sigma_{22}+\sigma_{33})=\frac{1}{3}(\sigma_x+\sigma_y+\sigma_z)$ 称为平均应力。则等效应力可以用应力偏量表示为

$$\bar{\sigma}=\frac{\sqrt{3}}{2}\sqrt{\sigma_x'^2+\sigma_y'^2+\sigma_z'^2+2(\tau_{xy}'^2+\tau_{yz}'^2+\tau_{zx}'^2)} \tag{8-5}$$

若记

$$\{\sigma'\}=\begin{bmatrix}\sigma_x' & \sigma_y' & \sigma_z' & \sqrt{2}\tau_{xy}' & \sqrt{2}\tau_{yz}' & \sqrt{2}\tau_{zx}'\end{bmatrix}^{\mathrm{T}}$$

则等效应力可简写为

$$\bar{\sigma}=\sqrt{\frac{3}{2}\sigma_{ij}'\sigma_{ij}'} \tag{8-6}$$

以上所讨论的是材料的初始屈服条件,下面讨论材料的应变强化规律,即材料的后继屈服条件。假设材料进入塑性之后,载荷按微小增量方式逐步加载,应力和应变增量为 $\mathrm{d}\{\sigma\}$ 和 $\mathrm{d}\{\varepsilon\}$。则全应变增量 $\mathrm{d}\{\varepsilon\}$ 为弹性应变增量 $\mathrm{d}\{\varepsilon\}_e$ 和塑性应变增量 $\mathrm{d}\{\varepsilon\}_p$ 之和,即

$$\mathrm{d}\{\varepsilon\}=\mathrm{d}\{\varepsilon\}_e+\mathrm{d}\{\varepsilon\}_p \tag{8-7}$$

对应于等效应力,定义等效应变为

$$\bar{\varepsilon}=\frac{\sqrt{2}}{2(1+\mu)}\sqrt{(\varepsilon_x-\varepsilon_y)^2+(\varepsilon_y-\varepsilon_z)^2+(\varepsilon_z-\varepsilon_x)^2+\frac{3}{2}(\gamma_{xy}^2+\gamma_{yz}^2+\gamma_{zx}^2)} \tag{8-8}$$

对于单向拉伸 $\varepsilon_x=\varepsilon,\varepsilon_y=\varepsilon_z=-\mu\varepsilon,\gamma_{xy}=\gamma_{yz}=\gamma_{zx}=0$,等效应变恰好等于 ε。

定义塑性应变增量的等效应变为塑性等效应变增量 $\mathrm{d}\bar{\varepsilon}_p$。因为塑性变形不产生体积改变,故取 $\mu=\frac{1}{2}$,于是有

$$\mathrm{d}\bar{\varepsilon}_p=\frac{\sqrt{2}}{3}\sqrt{(\mathrm{d}\varepsilon_x^p-\mathrm{d}\varepsilon_y^p)^2+(\mathrm{d}\varepsilon_y^p+\mathrm{d}\varepsilon_z^p)^2+(\mathrm{d}\varepsilon_z^p+\mathrm{d}\varepsilon_x^p)^2+\frac{3}{2}(\mathrm{d}\gamma_{xy}^{p2}+\mathrm{d}\gamma_{yz}^{p2}+\mathrm{d}\gamma_{zx}^{p2})}$$

$$\tag{8-9}$$

同样引进应变偏量

$$
\left.
\begin{aligned}
\varepsilon'_x = \varepsilon_x - \varepsilon_m, \gamma'_{xy} = \gamma_{xy} \\
\varepsilon'_y = \varepsilon_y - \varepsilon_m, \gamma'_{yz} = \gamma_{yz} \\
\varepsilon'_z = \varepsilon_z - \varepsilon_m, \gamma'_{zx} = \gamma_{zx}
\end{aligned}
\right\}
\tag{8-10}
$$

式中 $\varepsilon_m = (\varepsilon_x + \varepsilon_y + \varepsilon_z)/3$ 称为平均应变。塑性变形中的体积应变等于零,即 $\varepsilon_x^p + \varepsilon_y^p + \varepsilon_z^p = 0$,因此对于塑性应变,偏量就是它本身,即 $\mathrm{d}\varepsilon'^p_{ij} = \mathrm{d}\varepsilon^p_{ij}$。所以

$$
\mathrm{d}\bar{\varepsilon}_p = \sqrt{\frac{2}{3}} \sqrt{\mathrm{d}\varepsilon_x^{p^2} + \mathrm{d}\varepsilon_y^{p^2} + \mathrm{d}\varepsilon_z^{p^2} + \frac{1}{2}(\mathrm{d}\gamma_{xy}^{p^2} + \mathrm{d}\gamma_{yz}^{p^2} + \mathrm{d}\gamma_{zx}^{p^2})}
\tag{8-11}
$$

若记

$$
\mathrm{d}\{\varepsilon\}_p = \left[\mathrm{d}\varepsilon_x^p \quad \mathrm{d}\varepsilon_y^p \quad \mathrm{d}\varepsilon_z^p \quad \frac{1}{\sqrt{2}}\gamma_{xy}^p \quad \frac{1}{\sqrt{2}}\gamma_{yz}^p \quad \frac{1}{\sqrt{2}}\gamma_{zx}^p \right]^T
\tag{8-12}
$$

则等效塑性应变增量可写成

$$
\mathrm{d}\bar{\varepsilon}_p = \sqrt{\frac{2}{3} \mathrm{d}\varepsilon_{ij}^p \mathrm{d}\varepsilon_{ij}^p}
\tag{8-13}
$$

如图 8-1 所示,如果应力超过屈服极限到达 P 点,卸载是弹性的,即 P 点以与原点斜率相同的斜直线为卸载路径。若卸载后继续加载,则几乎按原卸载路径回复到 P 点。这样,经过卸载再加载时的屈服极限提高了,而且提高后的屈服应力和卸载前的塑性应变 ε_p 有关。

应用到复杂应力状态下有如下的塑性强化规律:在进入初始屈服后,进行卸载或部分卸载后再加载,其后继屈服应力值仅与卸载前的等效塑性应变总量有关。也就是说,后继屈服只有当等效应力符合

$$
\bar{\sigma} = H\left(\int \mathrm{d}\bar{\varepsilon}_p\right)
\tag{8-14}
$$

时才会发生。函数 H 反映了后继屈服应力对于等效应变总量的依赖关系。

如图 8-3 所示,将单向拉伸曲线上超出屈服应力的 σ 作为等效应力 $\bar{\sigma}$,它所对应的塑性应变 ε_p 作为等效塑性应变总量 $\bar{\varepsilon}_p$,可以作出 $\bar{\sigma} - \bar{\varepsilon}_p$ 曲线图。

式(8-14)写成增量形式为

$$
\mathrm{d}\sigma = H' \mathrm{d}\bar{\varepsilon}_p
\tag{8-15}
$$

则 H' 就是强化阶段曲线 $\bar{\sigma} - \bar{\varepsilon}_p$ 的斜率。式(8-14)和式(8-15)反映了材料初始屈服后强化与屈服之间的关系,即材料的后继屈服条件,也就是等向强化材料的 Mises 屈服准则。

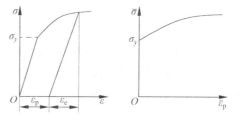

图 8-3　$\bar{\sigma} - \bar{\varepsilon}_p$ 曲线

常用的硬化定律除上述等向强化(或叫各向同性硬化)外,还有运动硬化、混合硬化。

8.2.3　Prandtl-Reuss 塑性流动增量理论

流动法则描述塑性变形条件下材料的本构关系。对金属材料,常用的流动法则是 Prandtl-Reuss 塑性流动法则。

Prandtl-Reuss 塑性流动法则认为,金属材料的塑性应变增量是和屈服面相关联的。对

于等向强化 Mises 屈服准则,屈服面方程为

$$f = \bar{\sigma} - H\left(\int d\bar{\varepsilon}_p\right) = 0 \tag{8-16}$$

式(8-16)表示应力空间的一张曲面。Prandtl-Reuss 流动法则指出,塑性应变增量矢量垂直于应力空间的屈服面,且塑性应变增量偏量与应力偏量成正比,即 Prandtl-Reuss 应力应变关系

$$d\{\varepsilon\}_p = \frac{3d\bar{\varepsilon}_p}{2\bar{\sigma}}\{\sigma'\} \tag{8-17}$$

由式(8-2)和式(8-4),得

$$\frac{\partial \bar{\sigma}}{\partial \{\sigma\}} = \left[\frac{3\sigma'_x}{2\bar{\sigma}} \quad \frac{3\sigma'_y}{2\bar{\sigma}} \quad \frac{3\sigma'_z}{2\bar{\sigma}} \quad \frac{3\tau_{xy}}{\bar{\sigma}} \quad \frac{3\tau_{yz}}{\bar{\sigma}} \quad \frac{3\tau_{zx}}{\bar{\sigma}}\right] \tag{8-18}$$

将式(8-18)代入式(8-17),则

$$d\{\varepsilon\}_p = d\bar{\varepsilon}_p \frac{\partial \bar{\sigma}}{\partial \{\sigma\}} \tag{8-19}$$

8.3 弹塑性有限元法

8.3.1 弹塑性有限元法的应力应变关系

Prandtl-Reuss 塑性理论认为当弹性应变与塑性应变部分相比属于同一量级时,在塑性区应考虑弹性应变部分,即总应变增量偏量由两部分组成,其表达式如式(8-7)所示。在弹性阶段,即当变形体中的某质点尚未屈服或处于卸载状态时,其应力应变关系符合胡克定律;进入弹塑性阶段符合 Prandtl-Reuss 假设。

根据应力增量与其产生的弹性应变增量之间的关系满足胡克定律,是线性的,可写为

$$d\{\sigma\} = [D]_e d\{\varepsilon\}^e = [D]_e(d\{\varepsilon\} - d\{\varepsilon\}_p) \tag{8-20}$$

式中 $[D]_e$ 为弹性矩阵。将上式两边乘以 $\left\{\frac{\partial \bar{\sigma}}{\partial \{\sigma\}}\right\}^T$,得出

$$\left\{\frac{\partial \bar{\sigma}}{\partial \{\sigma\}}\right\}^T d\{\sigma\} = \left\{\frac{\partial \bar{\sigma}}{\partial \{\sigma\}}\right\}^T [D]_e(d\{\varepsilon\} - d\{\varepsilon\}_p) \tag{8-21}$$

再利用强化材料的 Mises 准则式(8-15),得

$$\left\{\frac{\partial \bar{\sigma}}{\partial \{\sigma\}}\right\}^T d\{\sigma\} = d\bar{\sigma} = H'd\bar{\varepsilon}_p \tag{8-22}$$

将式(8-19)、式(8-22)代入式(8-21),得

$$H'd\bar{\varepsilon}_p d\{\sigma\} = \left\{\frac{\partial \bar{\sigma}}{\partial \{\sigma\}}\right\}^T [D]_e\left(d\{\varepsilon\} - d\bar{\varepsilon}_p \frac{\partial \bar{\sigma}}{\partial \{\sigma\}}\right) \tag{8-23}$$

将上式写成等效塑性应变增量 $d\bar{\varepsilon}_p$ 和全应变增量 $d\{\varepsilon\}$ 的关系式为

$$d\bar{\varepsilon}_p = \frac{\left\{\frac{\partial \bar{\sigma}}{\partial \{\sigma\}}\right\}^T [D]_e}{H' + \left\{\frac{\partial \bar{\sigma}}{\partial \{\sigma\}}\right\}^T [D]_e \frac{\partial \bar{\sigma}}{\partial \{\sigma\}}} d\{\varepsilon\} \tag{8-24}$$

将上式和式(8-19)代入式(8-20),得

$$d\{\sigma\} = \left[[D]_e - \frac{[D]_e \dfrac{\partial \bar{\sigma}}{\partial \{\sigma\}} \left\{ \dfrac{\partial \bar{\sigma}}{\partial \{\sigma\}} \right\}^T [D]_e}{H' + \left\{ \dfrac{\partial \bar{\sigma}}{\partial \{\sigma\}} \right\}^T [D]_e \dfrac{\partial \bar{\sigma}}{\partial \{\sigma\}}} \right] d\{\varepsilon\} \tag{8-25}$$

记

$$[D]_p = -\frac{[D]_e \dfrac{\partial \bar{\sigma}}{\partial \{\sigma\}} \left\{ \dfrac{\partial \bar{\sigma}}{\partial \{\sigma\}} \right\}^T [D]_e}{H' + \left\{ \dfrac{\partial \bar{\sigma}}{\partial \{\sigma\}} \right\}^T [D]_e \dfrac{\partial \bar{\sigma}}{\partial \{\sigma\}}} \tag{8-26}$$

$$[D]_{ep} = [D]_e - [D]_p \tag{8-27}$$

得到增量形式的弹塑性应力应变关系

$$d\{\sigma\} = [D]_{ep} d\{\varepsilon\} \tag{8-28}$$

式中，$[D]_{ep}$ 为弹塑性矩阵。弹塑性矩阵是变形历史与应力状态的函数。

下面列出弹塑性矩阵的显式表达式。

1. 空间问题弹塑性矩阵的显式

对于空间问题，弹性矩阵为

$$[D]_e = \frac{E}{1+\mu} \begin{bmatrix} \dfrac{1-\mu}{1-2\mu} & \dfrac{\mu}{1-2\mu} & \dfrac{\mu}{1-2\mu} & 0 & 0 & 0 \\ & \dfrac{1-\mu}{1-2\mu} & \dfrac{\mu}{1-2\mu} & 0 & 0 & 0 \\ & & \dfrac{1-\mu}{1-2\mu} & 0 & 0 & 0 \\ & \text{对} & & \dfrac{1}{2} & 0 & 0 \\ & & \text{称} & & \dfrac{1}{2} & 0 \\ & & & & & \dfrac{1}{2} \end{bmatrix} \tag{8-29}$$

由式(8-29)和式(8-18)，并注意到 $\sigma'_x + \sigma'_y + \sigma'_z = 0$，得

$$[D]_e \frac{\partial \bar{\sigma}}{\partial \{\sigma\}} = \frac{3[D]_e}{2\bar{\sigma}} [\sigma'_x \quad \sigma'_y \quad \sigma'_z \quad 2\tau_{xy} \quad 2\tau_{yz} \quad 2\tau_{zx}]^T = \frac{3G}{\bar{\sigma}} [\sigma'_x \quad \sigma'_y \quad \sigma'_z \quad \tau_{xy} \quad \tau_{yz} \quad \tau_{zx}] \tag{8-30}$$

其中 $G = \dfrac{E}{2(1+\mu)}$ 为材料的剪切弹性模量。

根据式(8-26)，得

$$[D]_p = \frac{9G^2}{(H'+3G)\bar{\sigma}^2} \begin{bmatrix} \sigma'^2_x & \sigma'_x\sigma'_y & \sigma'_x\sigma'_z & \sigma'_x\tau_{xy} & \sigma'_x\tau_{yz} & \sigma'_x\tau_{zx} \\ & \sigma'^2_y & \sigma'_y\sigma'_z & \sigma'_y\tau_{xy} & \sigma'_y\tau_{yz} & \sigma'_y\tau_{zx} \\ & & \sigma'^2_z & \sigma'_z\tau_{xy} & \sigma'_z\tau_{yz} & \sigma'_z\tau_{zx} \\ & \text{对} & & \tau^2_{xy} & \tau_{xy}\tau_{yz} & \tau_{xy}\tau_{zx} \\ & & \text{称} & & \tau^2_{yz} & \tau_{yz}\tau_{zx} \\ & & & & & \tau^2_{zx} \end{bmatrix} \tag{8-31}$$

把式(8-29)和式(8-31)代入式(8-27)，得空间问题的弹塑性矩阵为

$$[D]_{ep} = \frac{E}{1+\mu} \begin{bmatrix} \frac{1-\mu}{1-2\mu}-\omega\sigma_x'^2 & \frac{\mu}{1-2\mu}-\omega\sigma_x'\sigma_y' & \frac{\mu}{1-2\mu}-\omega\sigma_x'\sigma_z' & -\omega\sigma_x'\tau_{xy} & -\omega\sigma_x'\tau_{yz} & -\omega\sigma_x'\tau_{zx} \\ & \frac{1-\mu}{1-2\mu}-\omega\sigma_y'^2 & \frac{\mu}{1-2\mu}-\omega\sigma_y'\sigma_z' & -\omega\sigma_y'\tau_{xy} & -\omega\sigma_y'\tau_{yz} & -\omega\sigma_y'\tau_{zx} \\ & & \frac{1-\mu}{1-2\mu}-\omega\sigma_z'^2 & -\omega\sigma_z'\tau_{xy} & -\omega\sigma_z'\tau_{yz} & -\omega\sigma_z'\tau_{zx} \\ & & & \frac{1}{2}-\omega\tau_{xy}^2 & -\omega\tau_{xy}\tau_{yz} & -\omega\tau_{xy}\tau_{zx} \\ & \text{对} & & & \frac{1}{2}-\omega\tau_{yz}^2 & -\omega\tau_{yz}\tau_{zx} \\ & & \text{称} & & & \frac{1}{2}-\omega\tau_{zx}^2 \end{bmatrix}$$

$$(8\text{-}32)$$

式中 $\omega = \dfrac{9G}{2\bar{\sigma}^2(H'+3G)}$。

2. 对称问题弹塑性矩阵的显式

对于轴对称问题，$\mathrm{d}\gamma_{r\theta}=\mathrm{d}\gamma_{z\theta}=0$，$\mathrm{d}\tau_{r\theta}=\mathrm{d}\tau_{z\theta}=0$，于是

$$[D]_p = \frac{9G^2}{(H'+3G)\bar{\sigma}^2} \begin{bmatrix} \sigma_r'^2 & \sigma_r'\sigma_z' & \sigma_r'\tau_{rz} & \sigma_r'\sigma_\theta' \\ & \sigma_z'^2 & \sigma_z'\tau_{rz} & \sigma_z'\sigma_\theta' \\ \text{对} & & \tau_{rz}^2 & \tau_{rz}\sigma_\theta' \\ & \text{称} & & \sigma_\theta'^2 \end{bmatrix}$$

$$(8\text{-}33)$$

$$[D]_{ep} = \frac{E}{1+\mu} \begin{bmatrix} \frac{1-\mu}{1-2\mu}-\omega\sigma_r'^2 & \frac{\mu}{1-2\mu}-\omega\sigma_r'\sigma_\theta' & \frac{\mu}{1-2\mu}-\omega\sigma_r'\sigma_z' & -\omega\sigma_r'\tau_{zr} \\ & \frac{1-\mu}{1-2\mu}-\omega\sigma_\theta'^2 & \frac{\mu}{1-2\mu}-\omega\sigma_\theta'\sigma_z' & -\omega\sigma_\theta'\tau_{zr} \\ & \text{对} & \frac{1-\mu}{1-2\mu}-\omega\sigma_z'^2 & -\omega\sigma_z'\tau_{zr} \\ & & \text{称} & \frac{1}{2}-\omega\tau_{zr}^2 \end{bmatrix}$$

$$(8\text{-}34)$$

3. 平面问题弹塑性矩阵的显式

平面应力问题中，$\mathrm{d}\gamma_{xz}=\mathrm{d}\gamma_{yz}=0$，$\mathrm{d}\sigma_z=\mathrm{d}\tau_{xz}=\mathrm{d}\tau_{yz}=0$；
等效应力为

$$\bar{\sigma} = \sqrt{\sigma_x^2+\sigma_y^2-\sigma_x\sigma_y+3\tau_{xy}^2};$$

弹性矩阵为

$$[D]_e = \frac{E}{1-\mu^2} \begin{bmatrix} 1 & \mu & 0 \\ \mu & 1 & 0 \\ 0 & 0 & \frac{1-\mu}{2} \end{bmatrix}$$

$$(8\text{-}35)$$

则

$$[D]_e \frac{\partial \bar{\sigma}}{\partial \{\sigma\}} = \frac{3G}{\bar{\sigma}(1-\mu)} \begin{bmatrix} \sigma'_x + \mu\sigma'_y \\ \sigma'_y + \mu\sigma'_x \\ (1-\mu)\tau_{xy} \end{bmatrix} \tag{8-36}$$

将上式代入式(8-26),得出

$$[D]_p = \frac{E}{Q(1-\mu^2)} \begin{bmatrix} (\sigma'_x + \mu\sigma'_y)^2 & (\sigma'_x + \mu\sigma'_y)(\sigma'_y + \mu\sigma'_x) & (1-\mu)(\sigma'_x + \mu\sigma'_y)\tau_{xy} \\ & (\sigma'_y + \mu\sigma'_x)^2 & (1-\mu)(\sigma'_y + \mu\sigma'_x)\tau_{xy} \\ \text{对称} & & (1-\mu)\tau_{xy}^2 \end{bmatrix} \tag{8-37}$$

其中,$Q = \sigma_x'^2 + \sigma_y'^2 + 2\mu\sigma'_x\sigma'_y + 2(1-\mu)\tau_{xy}^2 + \dfrac{2H'(1-\mu)\bar{\sigma}^2}{9G}$,在塑性区,$\mu = \dfrac{1}{2}$。于是平面应力问题的弹塑性矩阵为

$$[D]_{ep} = \frac{E}{Q} \begin{bmatrix} \sigma_y'^2 + 2p & -\sigma'_x\sigma'_y + 2\mu p & -\dfrac{(\sigma'_x + \mu\sigma'_y)}{1+\mu}\tau_{xy} \\ & \sigma_x'^2 + 2p & -\dfrac{(\sigma'_y + \mu\sigma'_x)}{1+\mu}\tau_{xy} \\ \text{对称} & & \dfrac{R}{2(1+\mu)} + \dfrac{2H'}{9E}(1-\mu)\bar{\sigma}^2 \end{bmatrix} \tag{8-38}$$

式中 $p = \dfrac{2H'}{9E}\sigma^2 + \dfrac{\tau_{xy}^2}{1+\mu}$,$R = \sigma_x'^2 + 2\mu\sigma'_x\sigma'_y + \sigma_y'^2$。

平面应变问题的弹塑性矩阵 $[D]_{ep}$ 可以由式(8-38)直接得到,只要将 E 换成 $E/(1-\mu^2)$,μ 换成 $\mu/(1-\mu)$ 即可。

8.3.2　弹塑性有限元方程

由于弹塑性变形条件下应力与变形间的非线性关系,弹塑性体形状的累积变化一般不能像弹性问题一样能一次算出,通常将载荷分解为若干个增量逐步加上去,即按增量法求解。

设对于 t 时刻至 $t+\Delta t$ 时刻增量步计算,在 t 时刻的载荷为:单位体积的体积力为 ${}^t b_i$,作用在力边界面 S_p 上单位面积的表面力为 ${}^t p_i$,位移为 ${}^t u_i$,应变为 ${}^t \varepsilon_{ij}$,应力为 ${}^t \sigma_{ij}$。在此基础上,于 Δt 时间增量步内外载荷增加一个增量,体积力增量为 Δb_i,面积力增量为 Δp_i,在位移边界面 S_u 上有给定位移增量 $\Delta\bar{\delta}_i$,从而在变形体内任一点产生位移增量 $\Delta\delta_i$,应变增量 $\Delta\varepsilon_{ij}$,应力增量 $\Delta\sigma_{ij}$。

在 $t+\Delta t$ 时刻,增量形式的虚功方程为

$$\int_V ({}^t\sigma_{ij} + \Delta\sigma_{ij})\delta(\Delta\varepsilon_{ij})\mathrm{d}V = \int_{S_p} ({}^t p_i + \Delta p_i)\delta(\Delta\delta_i)\mathrm{d}S + \int_V ({}^t b_i + \Delta b_i)\delta(\Delta\delta_i)\mathrm{d}V \tag{8-39}$$

将增量形式的本构方程代入上式,忽略二阶微量,得

$$\int_V ([D]_{ep})_{ijkl}\Delta\varepsilon_{kl}\delta(\Delta\varepsilon_{ij})\mathrm{d}V = \int_{S_p} {}^{t+\Delta t}p_i\delta(\Delta\delta_i)\mathrm{d}S + \int_V {}^{t+\Delta t}b_i\delta(\Delta\delta_i)\mathrm{d}V - \int_V {}^t\sigma_{ij}\delta(\Delta\varepsilon_{ij})\mathrm{d}V \tag{8-40}$$

下面对式(8-40)进行离散化处理。设对单元 e 选取的形函数矩阵为 $[N]$,单元内任一点的位移增量是单元节点位移增量的函数。

$$\{\Delta\delta\} = [N]\{\Delta\delta\}^e \tag{8-41}$$

式中，$\{\Delta\delta\}^e$ 是单元节点位移增量列阵。

应变增量为

$$\{\Delta\varepsilon\} = [B]\{\Delta\delta\}^e \tag{8-42}$$

式中，$\{\Delta\varepsilon\} = [\Delta\varepsilon_x \quad \Delta\varepsilon_y \quad \Delta\varepsilon_z \quad 2\Delta\varepsilon_{xy} \quad 2\Delta\varepsilon_{yz} \quad 2\Delta\varepsilon_{zx}]^T$。

增量型本构方程可以表示为

$$\{\Delta\sigma\} = [D]_{ep}\{\Delta\varepsilon\} = [D]_{ep}[B]\{\Delta\delta\}^e \tag{8-43}$$

式中，$\{\Delta\sigma\} = [\Delta\sigma_x \quad \Delta\sigma_y \quad \Delta\sigma_z \quad \Delta\tau_{xy} \quad \Delta\tau_{yz} \quad \Delta\tau_{zx}]^T$。

将式(8-38)～式(8-40)代入式(8-37)，得

$$\left(\int_{V^e}[B]^T[D]_{ep}[B]\mathrm{d}V\right)\{\Delta\delta\}^e = \int_{S_p}[N]^{T\,t+\Delta t}\{p\}\mathrm{d}S + \int_{V^e}[N]^{T\,t+\Delta t}\{b\}\mathrm{d}V - \int_{V^e}[B]^T\{\sigma\}\mathrm{d}V \tag{8-44}$$

记

$$\begin{cases} [k]^e = \displaystyle\int_{V^e}[B]^T[D]_{ep}[B]\mathrm{d}V \\[2mm] \{p\}^e = \displaystyle\int_{S_p}[N]^{T\,t+\Delta t}\{p\}\mathrm{d}S + \int_{V^e}[N]^{T\,t+\Delta t}\{b\}\mathrm{d}V \\[2mm] {}^t\{F\}^e = \displaystyle\int_{V^e}[B]^T\{\sigma\}\mathrm{d}V \\[2mm] \{\Delta p\}^e = \{p\}^e - {}^t\{F\}^e \end{cases} \tag{8-45}$$

式(8-44)可写为

$$[k]^e\{\Delta\delta\}^e = \{\Delta p\}^e \tag{8-46}$$

式(8-46)称为单元刚度矩阵方程。其中，$[k]^e$ 称为单元刚度矩阵，$\{\Delta p\}^e$ 称为单元节点载荷增量列阵。

把所有单元刚度方程进行集合，即可获得整体有限元方程

$$[K]\{\Delta\delta\} = \{\Delta p\} \tag{8-47}$$

式中，$[K]$ 为整体刚度矩阵，$[K] = \sum_e [k]^e$；$\{\Delta\delta\}$ 为整体位移增量列阵，$\{\Delta p\}$ 为整体节点载荷增量列阵，$\{\Delta p\} = \sum_e \{\Delta p\}^e$。

应注意的是，式(8-47)的形式虽然与弹性问题的相同，但由于其中刚度矩阵为变形历史与应力状态的函数，所以，弹塑性有限元刚度方程为非线性方程。

8.3.3 弹塑性有限元方程的求解

上面建立的增量形式的弹塑性有限元方程(8-47)是一个非线性方程组，刚度矩阵与当前变形状态及变形历史有关，是位移的函数。对于弹塑性分析，要计算变形体的最终状态，一般用增量即沿加载路径进行逐步加载将非线性方程线性化来求解，而每个加载步的计算都涉及若干次迭代计算。下面介绍弹塑性有限元非线性方程组求解的几种基本方法。

1. 变刚度法

变刚度法又称切线刚度法，在等效应力达到屈服极限后应与应变关系由式(8-28)确定。弹塑性矩阵$[D]_{ep}$中含有应力，是加载过程的函数。方程(8-28)的求解通常采用增量

形式来近似代替微分形式。计算中因$[D]_{ep}$在一个加载步范围内变化不大,可假设在每一加载步中是一个常数,并以该加载步前的应力状态近似计算出$[D]_{ep}$,即

$$\{\Delta\sigma\} = [D]_{ep}\{\Delta\varepsilon\} \tag{8-48}$$

同样由式(8-46)确定的单元刚度矩阵$[K]^e$在一个加载步中也是常数。

弹塑性变形过程中,在一个变形体内,不仅各点的应力状态是不同的,而且随着载荷是变化的,通常在变形体内从一个区域到另一个区域,等效应力是逐渐达到屈服极限的。变形体内部可能同时存在弹性区、过渡区、塑性加载区和塑性卸载区四种不同状态的区域的单元。对于符合 Mises 屈服准则的各向同性强化弹塑性材料,屈服函数如式(8-16)所示。变形体的四种区域和单元,可用屈服函数判别如下:

1) 弹性区

$$\begin{cases} f({}^t\sigma_{ij}, {}^tH, {}^t\bar{\varepsilon}^p) < 0 \\ f({}^{t+\Delta t}\sigma_{ij}, {}^{t+\Delta T}H, {}^{t+\Delta t}\bar{\varepsilon}^p) < 0 \\ [D]_{ep} = [D]_e \end{cases} \tag{8-49}$$

2) 弹塑性加载区

$$\begin{cases} f({}^t\sigma_{ij}, {}^tH, {}^t\bar{\varepsilon}^p) \geqslant 0 \\ f({}^{t+\Delta t}\sigma_{ij}, {}^{t+\Delta t}H, {}^{t+\Delta t}\bar{\varepsilon}^p) \geqslant 0 \\ [D]_{ep} = [D]_e - [D]_p \end{cases} \tag{8-50}$$

3) 弹塑性卸载区

$$\begin{cases} f({}^t\sigma_{ij}, {}^tH, {}^t\bar{\varepsilon}^p) \geqslant 0 \\ f({}^{t+\Delta t}\sigma_{ij}, {}^{t+\Delta t}H, {}^{t+\Delta t}\bar{\varepsilon}^p) < 0 \\ [D]_{ep} = [D]_e \end{cases} \tag{8-51}$$

4) 过渡区

$$\begin{cases} f({}^t\sigma_{ij}, {}^tH, {}^t\bar{\varepsilon}^p) < 0 \\ f({}^{t+\Delta t}\sigma_{ij}, {}^{t+\Delta t}H, {}^{t+\Delta t}\bar{\varepsilon}^p) \geqslant 0 \end{cases} \tag{8-52}$$

在过渡区,t时刻该区处于弹性状态,增量步中进入弹塑性状态。对此增量步的本构矩阵引入系数m进行加权平均计算。

$$[D]_g = m[D]_e + (1-m)[D]_{ep} \tag{8-53}$$

这里$m = (H - {}^t\bar{\sigma})/({}^{t+\Delta t}\bar{\sigma} - {}^t\bar{\sigma})$为加权系数,$0 \leqslant m \leqslant 1$。

变形体内单元的状态可分为弹性单元、弹塑性单元及过渡单元三类。各类单元有不同的应力与应变关系和单元刚度矩阵。对于整体来说,可用下列关系式表示:

$$[K] = \sum_{n_1}[k]_e + \sum_{n_2}[k]_{ep} + \sum_{n_3}[k]_g \tag{8-54}$$

式中n_1、n_2、n_3分别为弹性单元、弹塑性单元和过渡单元的数量,$[k]_e$、$[k]_{ep}$和$[k]_g$分别为弹性单元、弹塑性单元和过渡单元的刚度矩阵。

随着加载各单元的状态的变化,$[K]$也是变化的。在计算中,每增加一个载荷增量,就得重新计算一次整体刚度矩阵,即将弹塑性有限元方程式(8-47)视为刚度矩阵为分段常数的线性方程组(如图 8-4),所以称之为变刚度法。

整体刚度矩阵求出后,就可根据载荷和位移的线性方程组求解出未知节点位移增量,进而求出各单元的应变及应力增量。

采用不同的加载方法，过渡单元的处理也有不同。下面叙述两种加载方法。

（1）定加载法

定加载法又称等量加载法。它每次的加载量是预先给定的。这种加载法的加载量一般较大。由于每次加载量较大，所以加载中由弹性转变为弹塑性的单元较多。过渡单元在加载步中达到屈服，为此单元刚度矩阵按下式计算

$$[k]_g = m[k]_e (1-m)[k]_{ep} \qquad (8\text{-}55)$$

m 的取值需要进行迭代来逼近，收敛性一般很好，只需进行 $2\sim3$ 次迭代就能达到满意的精度。

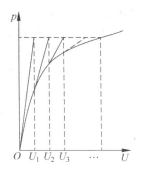

图 8-4　变刚度法示意图

（2）变加载法

变加载法又称为 r 因子法。用这种方法计算，每次加载量是变化的，其大小是由计算结果来确定的。计算开始时预先施加一个单位载荷增量，然后求出各单元在施加该载荷后的等效应力增量。根据这个增量求出弹性单元达到屈服所需施加载荷的增量值，最后取这些增量值中最小的一个增量值作为本次加载的加载量。r 弹性单元的加载因子按下式进行计算。

$$r_i = (\sigma_y - {}^t\bar\sigma_i)/({}^{t+\Delta t}\bar\sigma_i - {}^t\bar\sigma_i) \qquad (8\text{-}56)$$

采用这种处理方法，能保证每次加载后，弹性单元中等效应力最大者正好达到屈服。在下一次加载中该单元按弹塑性单元处理。这种方法避免了在每个加载步中单元由弹性转变为弹塑性所需迭代计算 m 因子的过程，还能保证足够高的计算精度。

（3）变刚度法的基本计算步骤

变刚度法的基本计算步骤如下：

① 以上一加载步的计算结果作为本步计算的初始值，计算 $[D]_e$ 单元刚度矩阵并装配总刚度矩阵。

② 施加全部载荷于结构，作线弹性计算。

③ 算出各单元的等效应力，搜索最大等效应力值 $\bar\sigma_{\max}$，计算初始加载系数 $\beta = \sigma_s/\bar\sigma_{\max}$。

④ 以 $\beta\{\delta\}$、$\beta\{\varepsilon\}$、$\beta\{\sigma\}$、$\beta[p]$ 作为弹塑性有限元分析的初始状态和弹性变形的极限状态。

⑤ 设定屈服后每一增量步所施加的载荷增量值：$\{\Delta p\} = \dfrac{1}{n}(1-\beta)\{p\}$，其中 n 为变形体进入屈服后至加载完毕的加载步数。

⑥ 在进入屈服后的各增量步计算中，首先判别单元弹塑性状态及估算弹塑性过渡单元的 m 值。

⑦ 根据 m 值修正计算 $[D]_{ep}$、单元刚度矩阵和总刚度矩阵。

⑧ 施加假想载荷增量值 $\{\Delta p\}$，作弹塑性计算。

⑨ 修正 m 值，重复⑦⑧步骤。

⑩ 计算各个未屈服的弹性单元的 r 值，并决定 $r_{\min}$ 值，修正加载步长。

⑪ 将按 $\{\Delta p\}$ 计算的位移、应变、应力和 $\{\Delta p\}$ 等乘上 $r_{\min}$。

⑫ 对塑性单元计算 $\Delta\bar\varepsilon_p$，并检查单元是否卸载。对卸载单元用弹性应力应变关系重做

一次这个阶段的计算。

⑬ 各节点位移和单元应力应变的更新。

⑭ 计算残余力，进行载荷增量步的收敛判定。若未满足收敛条件，则以残余力为下一迭代步的载荷增量，重复求解刚度方程式，直至收敛为止。

⑮ 节点坐标、单元屈服应力和切线模量的更新。

⑯ 该增量步终了时单元弹塑性状态及加载状态的判别及其存储。

⑰ 载荷全部加完，则计算结束；否则返回第⑥步作重复计算，直至加载完毕。

2. 初载荷法

初载荷法是将塑性变形部分视为初应力或初应变来处理，将塑性变形问题转化为弹性问题的求解方法。

在小位移变形的弹塑性问题中，若利用式(8-27)、式(8-28)，则

$$d\{\sigma\} = ([D]_e - [D]_p)d\{\varepsilon\} = [D]_e d\{\varepsilon\} - [D]_p d\{\varepsilon\} = [D]_e d\{\varepsilon\} + d\{\sigma_0\} \qquad (8\text{-}57)$$

把 $-[D]_p d\{\varepsilon\}$ 视为初应力 $\{\sigma_0\}$，就与弹性有限元法一样，只要在基本方程中，增加一项由 $-[D]_p d\{\varepsilon\}$ 引起的初载荷向量即可。这样一来，联系应力增量和应变增量的仅是弹性矩阵 $[D]_e$，所以相应的刚度矩阵计算与弹性问题时的相同。这种方法称为初应力法。

此外，应力-应变关系还可改写成另一种形式

$$d\{\sigma\} = [D]_e d\{\varepsilon\}_e = [D]_e (d\{\varepsilon\} - d\{\varepsilon\}_p) = [D]_e (d\{\varepsilon\} - \{\varepsilon_0\}) \qquad (8\text{-}58)$$

把 $d\{\varepsilon\}_p$ 视为初应变 $\{\varepsilon_0\}$，则与弹性问题中存在初应变的情况相似，只要在基本方程上加上一项由 $d\{\varepsilon\}_p$ 引起的初载荷向量即可。而且由于使用的只是弹性矩阵 $[D]_e$，所以其相应的刚度矩阵计算与弹性时相同。这种方法称为初应变法。

无论是初应力法还是初应变法，它们都是在基本方程中，加上一个由初应力（或初应变）引起的初载荷向量，从而求得弹塑性体中节点的位移，单元的应变、应力等。所以把它们统称为初载荷法。

下面分别叙述初应力法和初应变法。

(1) 初应力法。为了使问题线性化，单元屈服后，仍采用逐步加载法，当每次加载的载荷较小时，式(8-57)可写为

$$\Delta\{\sigma\} = [D]_e d\{\varepsilon\} + \{\sigma_0\}$$
$$\{\sigma_0\} = -[D]_p \Delta\varepsilon \qquad (8\text{-}59)$$

上式可用图 8-5 表示。

这样，由虚功原理及变分原理，可得

$$[K]\Delta\{\delta\} = \Delta\{p\} + \{p_0\} \qquad (8\text{-}60)$$

这里，$\Delta\{p\}$ 为外载荷增量，$\{p_0\}$ 为初载荷。

$$[K] = \sum_e \int_{V^e} [B]^T [D]_e [B] dV$$

$$\{p_0\} = -\sum_e \int_{V^e} [B]^T \{\sigma_0\} dV = \sum_e \int_{V^e} [B]^T [D]_p \Delta\{\varepsilon\} dV$$

$$(8\text{-}61)$$

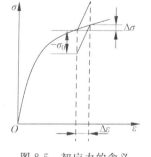

图 8-5　初应力的含义

由上式可以看出，问题的求解只需计算一次弹性刚度矩阵，随着加载过程的进行，逐步更新初载荷即可。初载荷向量 $\{p_0\}$ 不仅与加载前的应力水平有关，而且与此次加载引起的

应变增量有关。这样在式(8-60)中，等号两侧都含有未知数。所以每一次加载时，必须用迭代方法解基本方程。具体迭代过程，可先取 $\{\sigma_0\}=0$，由式(8-61)求得初载荷向量 $\{p_0\}=0$，然后在载荷 $\Delta\{p\}$ 下，解方程式(8-60)，此时，式(8-60)可写为

$$[K]\Delta\{\delta_1\}=\Delta\{p\}+\{p_0\}=\Delta\{p\} \qquad (8\text{-}62)$$

求得 $\Delta\{\delta_1\}$ 后，由 $\Delta\{\delta_1\}$ 计算出相应的应变增量 $\Delta\{\varepsilon_1\}$ 和初载荷向量 $\{p_1\}$，然后再进行第二次计算，解方程

$$[K]\Delta\{\delta_2\}=\Delta\{p\}+\{p_1\} \qquad (8\text{-}63)$$

得 $\Delta\{\delta_2\}$。依次迭代下去，写成一般迭代式，则为

$$[K]\Delta\{\delta_{i+1}\}=\Delta\{p\}+\{p_i\}, \quad i=1,2,3,\cdots \qquad (8\text{-}64)$$

当两次相邻迭代所得的初应力相差甚小时，迭代结束。

为了提高计算精度，考虑过渡单元，运用前面引入的加权系数 m，这样初载荷矢量为

$$\{p_i\}=\sum_e\int_{v^e}[B]^{\mathrm{T}}[D]_{\mathrm{p}}(1-m)\Delta\{\varepsilon\}\mathrm{d}V \qquad (8\text{-}65)$$

当单元为弹性状态时，取 $m=1$；单元为弹塑性变形状态时，取 $m=0$；若为过渡单元，则计算出 m 值。

初应力法的基本计算步骤如下：

①～⑥ 步与变刚度法相同。

⑦ 对屈服单元（包括过渡单元）以前增量步所得的应力（过渡单元是达到屈服时的应力）计算 $[D]_{\mathrm{p}}$。

⑧ 对载荷增量 $\Delta\{p\}$ 进行线弹性计算，求得各单元全应变增量 $\Delta\{\varepsilon_1\}$。

⑨ 用上一次迭代计算所得的全应变增量，重新计算初应力。

⑩ 求出相应的初载荷，与 $\Delta\{p\}$ 一起使用，按弹性问题求解得节点位移增量和应变增量。

⑪ 重复步骤⑨⑩直到相邻两次所得的初应力非常接近时为止。

⑫ 求出应力增量，把位移增量、应力增量迭加到上一加载步所得的数值上。

⑬ 输出计算结果。

⑭ 载荷若全部加完，则停机，否则，回到步骤⑦，继续计算。

（2）初应变法。初应变法中塑性应变增量定义为初应变，即 $\{\varepsilon_0\}=\mathrm{d}\{\varepsilon\}_{\mathrm{p}}$，如图8-6所示，由式(8-19)、式(8-22)，可得

$$\mathrm{d}\{\varepsilon\}_{\mathrm{p}}=\frac{1}{H'}\frac{\partial\bar{\sigma}}{\partial\{\sigma\}}\left(\frac{\partial\bar{\sigma}}{\partial\{\sigma\}}\right)^{\mathrm{T}}\mathrm{d}\{\sigma\} \qquad (8\text{-}66)$$

若采用逐步加载法，进行线性化处理，则式(8-66)写成增量形式为

$$\{\Delta\varepsilon\}_{\mathrm{p}}=\frac{1}{H'}\frac{\partial\bar{\sigma}}{\partial\{\sigma\}}\left(\frac{\partial\bar{\sigma}}{\partial\{\sigma\}}\right)^{\mathrm{T}}\{\Delta\sigma\} \qquad (8\text{-}67)$$

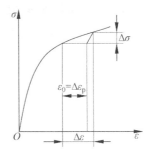

图8-6　初应变的含义

由虚功原理及变分原理可以得到与式(8-58)形式相同的基本方程。其中，刚度矩阵与初应力法的计算公式(8-59)相同，用弹性刚度矩阵计算；初载荷向量为

$$\{p_0\}=\sum_e\int_{v^e}[B]^{\mathrm{T}}[D]_{\mathrm{e}}\{\Delta\varepsilon\}_{\mathrm{p}}\mathrm{d}V=\sum_e\int_{v^e}\frac{1}{H'}[B]^{\mathrm{T}}[D]_{\mathrm{e}}\frac{\partial\bar{\sigma}}{\partial\{\sigma\}}\left(\frac{\partial\bar{\sigma}}{\partial\{\sigma\}}\right)^{\mathrm{T}}\{\Delta\sigma\}\mathrm{d}V$$

$$(8\text{-}68)$$

这样,初载荷向量不仅与本加载步以前的应力有关,而且与本加载步的应力增量有关。所以在基本方程式的等号两侧均有未知数,必须用迭代的方法求解,迭代公式与初应力法相似,为

$$[K]\{\Delta\delta_{i+1}\} = \{\Delta p\} + \{p_i\}, \quad i = 0,1,2,3,\cdots \tag{8-69}$$

其中,i 为迭代计算次数。当 $i=0$ 时,$\{\varepsilon_0\} = \{\Delta\varepsilon\}_p = 0$,$\{p_0\} = 0$ 按纯弹性计算。当迭代过程中,相邻两次计算所得的初应变相差很小时,迭代完成。每次加载时的 $\dfrac{1}{H'}\dfrac{\partial\bar{\sigma}}{\partial\{\sigma\}}\left(\dfrac{\partial\bar{\sigma}}{\partial\{\sigma\}}\right)^{\mathrm{T}}$ 的计算,可利用此次加载前的应力进行。

初应变法的计算步骤与初应力法基本相同。

(3) 变刚度法与初载荷法比较。变刚度法在每次加载时,必须重新计算刚度矩阵,因此计算工作量较大,但它是本构方程和平衡方程的迭代,精度较高,一般不存在收敛与否的问题。变刚度法的最大缺陷是不能应用于软化材料的塑性问题,它会造成不收敛。

初载荷法中,由于刚度矩阵是由弹性矩阵计算而得的,因此每次加载时其刚度矩阵不变,这样使计算工作量大大减少。但在每个加载步内,都必须进行初应力或初载荷的迭代计算,于是就存在迭代是否收敛的问题。对于一般硬化材料,初应力法的迭代过程一定收敛,而对初应变法,一般来说收敛的充分条件是 $3G/H' < 1$。

对于理想塑性材料,用初载荷法计算,其迭代过程是发散的。另外,当已屈服单元数较多,即塑性区较大时,用初载荷法计算其收敛过程缓慢。

因此,应该根据具体情况选择变刚度法和初载荷法。例如,材料的硬化程度不大时,可采用变刚度法,因为若采用初载荷法即使收敛,其收敛过程也相当缓慢。另外,可以将这两种方法结合起来使用,例如在每次加载开始几步的计算用初载荷法,迭代几步后,修改刚度矩阵,以加快收敛速度。

习　题

8-1　弹塑性有限元法与弹性有限元法有何异同?

8-2　已知厚壁筒护环的内外半径分别为 342mm、481mm,高 1016mm。试求护环液压胀形(两端封闭)加载过程中,护环整个壁厚开始均匀胀形(整个壁厚开始屈服)时内压 p 的极限值。

第 2 篇

有限元建模

第9章

有限元模型

本章主要介绍有限元模型的有关知识。使读者了解有限元模型的重要性,对有限元模型所包括的要素有完整的认识。

9.1 有限元模型的重要性

有限元前处理的任务就是建立有限元分析模型,又称有限元建模。利用现有有限元软件,分析人员可将求解过程视为"黑匣子",因此在整个有限元分析过程中,有限元建模是最重要、最关键的环节。但是,要建立合理的有限元模型,需要综合考虑很多因素,对专业知识、有限元知识、软件使用技能等方面都提出很高要求。

有限元模型的重要性主要体现在如下三个方面:

(1) 有限元模型是决定有限元计算结果正确性的基础。如果模型不正确,即便算法再精确也不会得到正确的结果。

(2) 有限元模型是决定有限元计算结果精度的主要因素。模型的误差、模型的不合理都会导致计算结果的误差。

(3) 有限元模型严重影响分析时间。不同的有限元模型需要的计算时间和存储容量可能相差很大,不合理的模型还可能导致计算过程死循环或无法求解。

9.2 有限元模型的定义

有限元模型是为数值计算提供所有输入数据的计算模型,它反映分析对象的所有输入数据信息,因此有限元模型应包括六类信息:分析问题类型、几何模型、单元类型、网格布局及网格划分、边界条件、材料参数与几何特性。有限元模型主要以图形表示,不易用图形表示的信息,需用文字说明,六类信息必须全面。

9.2.1 分析问题类型

分析问题类型的确定是有限元建模中最关键的环节。分析问题类型主要包括结构类型与分析类型。

1. 结构类型

结构类型如表 9-1 所示。确定结构类型时,应综合考虑结构几何形状特点与载荷、约束特点。

表 9-1　结构类型

结 构 类 型		几何形状特点	载荷与约束特点
平面问题	平面应力问题	结构在一个坐标方向的几何尺寸远小于其余两个坐标方向的几何尺寸，如等厚度薄板	(1) 作用于侧面的表面力平行于板面，且沿板厚均匀分布 (2) 体积力平行于板面，且沿板厚均匀分布 (3) 顶面与底面无载荷作用 (4) 约束沿板厚不变
	平面应变问题	结构沿一个坐标方向的尺寸很长，所有垂直于该轴的和横截面均相同，如较长的等直柱体	(1) 侧表面所受载荷垂直于柱体轴线，且沿柱体轴线分布规律不变 (2) 体积力垂直于柱体轴线，且沿柱体轴线分布规律不变 (3) 约束沿柱体轴线不变
空间问题		结构在三个坐标方向的几何尺寸为同一数量级	载荷与约束无特殊性
轴对称问题	空间轴对称问题	平面图形绕定轴旋转一周而成	载荷、约束对称于同一固定轴
	轴对称壳问题	线型图形绕定轴旋转一周而成	载荷、约束对称于同一固定轴
杆系问题	杆、桁架结构	构件一个方向的尺寸远大于另外两个方向的几何尺寸，称为一维杆件；受载后发生拉压变形称为杆；由杆铰接而成的结构为桁架结构	杆中不受载荷作用，或载荷沿杆轴线 杆端铰接
	梁、刚架结构	构件一个方向的尺寸远大于另外两个方向的几何尺寸称为一维杆件；受载后发生弯曲变形称为梁；由梁刚接而成的结构为刚架结构	杆中受垂直杆轴线的载荷 杆端刚接
	杆梁组合结构	由杆梁铰接而成的结构称为杆梁组合结构	杆端铰接
板壳问题	薄板弯曲问题	构件在一个坐标方向的几何尺寸远小于其余两个坐标方向的几何尺寸，称为二维板件；受载后发生弯曲变形称为板壳，中面为平面则为板	既受平行于板面载荷，又受垂直于板面载荷
	薄壳弯曲问题	构件在一个坐标方向的几何尺寸远小于其余两个坐标方向的几何尺寸，称为二维板件；受载后发生弯曲变形称为板壳，中面为曲面则为壳	既受平行于壳面载荷，又受垂直于壳面载荷

　　例如一受均匀内压的厚壁圆筒，如果筒体很长，而且横置于光滑水平面上，则可视为平面应变问题；如果筒体不太长，而且直立于光滑水平面，则可视为空间轴对称问题。如果是受均匀内压的薄壁圆筒，且筒体不太长，直立置于光滑水平面，则可视为轴对称壳问题。如果内压或支撑没有特点，只能按空间问题处理。

　　再如天线塔架，组成塔架的构件横截面尺寸远小于长度方向尺寸，可视为一维杆件。天线塔架的杆件虽然受到风载作用，但由于风载对杆件弯曲作用很小，可作为杆单元处理，杆件受到的风载简化到两端节点上,因此天线塔架可按桁架结构处理。

特别注意的是,结构类型的确定还与分析的要求与目的有关。例如,对于机械传动系统中的传动轴,如果分析的是整个传动系统,则可用梁单元模拟,如果是分析传动轴本身的应力集中,则应作为空间问题处理。

2. 分析类型

分析类型包括结构分析类型与非结构分析类型两大类。结合本书有限元原理内容,此处只介绍结构分析类型。结构分析类型包括静力分析、动力分析、屈曲分析,动力分析包括动力响应分析、模态分析。建立有限元模型时,必须明确分析类型,这样才能根据有限元理论合理地布置有限元网格。

结构的静力分析计算在固定不变载荷作用下结构的响应(位移、应力、应变),它是结构设计与强度校核的基础。结构的动力响应分析计算在动载荷作用下结构的响应(位移、应力、应变)大小及其变化规律。结构模态分析也称为固有特性分析,它的目标是确定系统的各阶固有频率与振型,也为结构动力分析提供依据。结构屈曲分析的目的是确定结构失去稳定性的临界载荷与屈曲模态,应用于易失稳的细长受压杆或薄壁结构的设计分析。

9.2.2 几何模型

几何模型是网格划分的基础,包括几何模型的形状与尺寸。在确定几何模型形状时,要进行降维处理、细节简化与几何形状的近似。在确定几何模型尺寸时,应利用结构对称性、只考虑局部结构等方法,以减小计算规模。

1. 降维处理

任何构件或零部件都是三维实体,当其几何形状具有某种特殊性时,可简化为一维杆件或二维板件等,称为降维处理。降维处理能够使求解问题得到简化,减少计算规模,降低计算费用,又能保证足够的计算精度。在有限元建模时,应根据分析问题类型进行降维简化,从而确定有限元分析所对应的几何模型。表 9-2 为结构类型与有限元分析几何模型对应关系。

表 9-2 结构类型与几何模型对应关系

结 构 类 型		几何模型型式	有限元建模对应几何模型
平面问题	平面应力问题	平面	中面
	平面应变问题		横截面
空间轴对称问题			子午面
薄板弯曲问题			中面
杆系结构		线框	轴线
轴对称薄壳问题			子午面内线框
空间问题		实体	实体
薄壳问题		曲面	中面

2. 细节简化与几何形状的近似

实际结构中往往包括一些小孔、浅槽、微小的凸台、倒角、过渡圆角等,在建立有限元模型时,常忽略这些细节,从而简化几何模型。划分有限元网格时,常用直线单元边界代替结构的曲线边界,用平面单元边界代替结构的曲面边界。细节能否忽略,要综合考虑分析的目的、细节在结构中的位置等。几何形状能否近似处理,要考虑分析的精度要求。

一般认为静力分析、动力响应分析时,主要关心的是结构内的位移、应力、应变,删除细节,将影响分析结果,因此应尽量保留结构中的细节;对结构进行模态分析时,关心的是结构整体的特性,忽略这些细节对分析结果几乎无影响,删除这些细节,可以简化几何模型。

例如,机械结构中大量存在过渡圆角,过渡圆角附近一般存在应力集中,而应力集中对过渡圆角几何形状的误差异常敏感,而且过渡圆角处的应力集中一般又是分析研究的目标,此时对过渡圆角进行简化处理时应尽量保持原状。但是对过渡圆角的处理还应考虑应力集中程度、结构分析的目的和要求等因素。如图 9-1(a)所示的槽形结构,共有 A、B、C、D 四处过渡圆角。静力分析时,由于 C、D 两处有较大的应力集中,因此在这两个圆角处应采用较密集的单元网格,便于很好地模拟原过渡圆角形状;而在 A、B 两处,由于应力梯度小,几何形状误差对计算结果影响不大,可以采用较稀疏的单元网格。静力分析时的网格如图 9-1(b)所示;模态分析时,则可采用如图 9-1(c)所示的较为规则、均匀的网格布局,而且删除了结构上的过渡圆角。

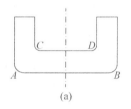 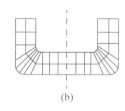 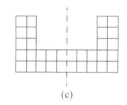

(a)　　　　　　　　　　(b)　　　　　　　　　　(c)

图 9-1　过渡圆角的处理

对含曲线边界或曲面边界的结构,若计算精度要求不高或者估算时,可以直代曲,有效减小计算规模。但计算精度要求高时,最好采用高阶单元,这样可以减少几何形状离散化误差。如图 9-2 为厚壁圆筒的有限元网格,其中图 9-2(a)使用低阶四面体单元,图 9-2(b)使用高阶四面体单元,显然,高阶单元离散化结果比较理想。

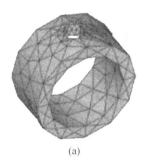 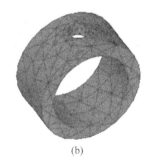

(a)　　　　　　　　　　　　　　　(b)

图 9-2　厚壁圆筒几何形状的近似

3. 结构对称性的利用

工程实际中,很多结构具有对称性,如能恰当地加以利用,可以使结构的有限元计算模型以及相应的计算规模得到缩减,从而使数据准备工作和计算工作量大幅降低。

对称结构包括两类基本形式:具有对称面(轴)的对称结构与具有循环对称的对称结构。

当结构中的一部分假想地相对于结构的某一平面(或直线)对折后,结构两部分的形状、物理性质和约束条件完全重合,则称该平面为对称面,称该直线为对称轴,称该结构为具有对称面或对称轴的对称结构。具有对称面(轴)的对称结构上作用的载荷包括对称载荷、反对称载荷与一般载荷。若载荷在结构对折后相互重合,则称为对称载荷,如图 9-3(a)所示;若载荷在结构对折后,须将对称面(或轴)某一边的载荷冠以负号才能相互重合,则称为反对称载荷,如图 9-3(b)所示;无上述特点则称为一般载荷。

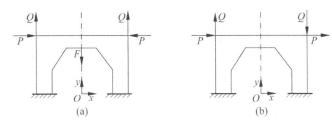

图 9-3　具有对称面结构

在静力分析中,利用结构对称性,可取结构的一部分建立有限元模型,并由载荷的对称情况分析对称面(轴)上的位移状态,从而确定对称面(轴)上节点的位移约束条件。计算结束后,由此部分的计算结果推断出整个结构的计算结果,从而达到简化分析的目的。当结构与载荷系统存在两个对称面(轴)时,可取 1/4 建模,当结构载荷系统存在三个对称面时,可取 1/8 建模。

若结构具有一对称轴,当结构的一部分假想地绕着该对称轴作周期性旋转运动时,可以得到与结构的其余部分在形状、物理性质、边界条件和受载状态完全一致的特征,则称这种结构具有循环对称性。如图 9-4 所示为循环对称结构,O 为对称中心,图 9-4(a)中阴影部分绕对称中心作周期性旋转时,得到与结构其余部分形状、物理性质完全一致的特征,齿轮、花键轴等就属于这种情况,它们不是轴对称问题,但可以划分成若干个几何、物理、边界均完全相同的子结构。图 9-4(b)中,对称中心点一边的结构绕对称中心旋转 $180°$,可以与另一半结构完全一致,该结构也属于循环对称结构。

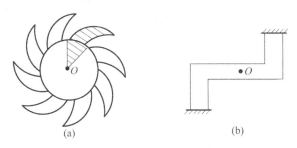

图 9-4　循环对称结构

对这种结构进行静力分析时,可利用循环对称性的基本理论,根据结构循环对称性的特点进行适当处理,只取其中的一个子结构建立有限元模型,从而达到简化分析的目的。商用有限元软件中大多有循环对称分析功能,可参阅有关资料进一步了解这一功能。下面只介绍具有对称面(轴)的对称结构的简化处理方法,为叙述方便,简称对称结构。

结构对称性利用的关键是确定对称面(轴)上的位移状态。一般来说,作用在对称结构上的载荷系统分为对称、反对称和一般三种情况。下面分三种情况讨论对称性的利用问题。

(1) 结构对称,载荷对称。这种情况下,对称面(轴)上的位移状态具有如下两个特征:

① 垂直于对称面(轴)的平移位移分量为零。

② 方向矢量平行于对称面(轴)的转动位移分量为零。

(2) 结构对称,载荷反对称。这种情况下,对称面(轴)上的位移状态具有如下两个特征:

① 平行于对称面(轴)的平移位移分量为零。

② 方向矢量垂直于对称面(轴)的转动位移分量为零。

需要说明的是,结构动力分析时,也可利用对称性简化模型。进行结构动力响应分析时,动态激励可区分为对称的、反对称的、一般的,处理方法与静力分析完全相同。进行模态分析时,由于对称结构的固有振型有两种形式,一种是对称于对称面的振型,另一种是反对称于对称面的振型,在利用对称性进行简化分析时,必须根据两种振型的特点,按对称与反对称两种形式确定结构对称面上节点的位移约束条件,确定方法与静力分析相同,分别进行计算,将这两种形式的振型按各自的固有频率由小到大顺序排列起来,就是原结构的固有频率和振型。因此,对于具有一个对称面的结构,可取结构的 1/2 建立有限元模型,分别按对称和反对称两种情况计算。对于具有两个对称面的结构,由于每个对称面均按对称和反对称考虑,结构具有四种形式的振型,这样,取结构的 1/4 建立有限元模型,经四次计算即可求得结构的固有频率与振型。由此可知,模态分析时对称性的利用比较复杂,不注意会丢掉某阶固有频率与相应模态,因此若结构规模不大,运算空间足够时,建议取整体进行模态分析。

下面举例说明。

例 9-1   如图 9-5(a)所示为一具有中心圆孔的矩形薄板,在上下两边界上作用有均布载荷。试利用对称性确定对称面上位移状态。

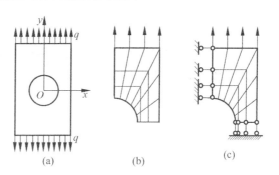

图 9-5   结构对称、载荷对称

解 Ox 轴和 Oy 轴是结构的对称轴,外载荷对称于 Ox 轴和 Oy 轴,故可取结构的 1/4 作为有限元分析的几何模型。

取第一象限的 1/4 作为几何模型。如图 9-5(b)所示进行网格划分,下面根据上述方法建立对称轴上的位移条件。

本例为平面问题,每个节点有两个位移分量 u、v,对 Ox 对称轴,载荷对称,垂直于对称轴的位移分量 $v=0$;对 Oy 对称轴,载荷对称,垂直于对称轴的位移分量 $u=0$。

因此在 Ox 轴上只有 x 方向的移动位移,y 方向不能移动,故可用铅垂放置的滚动铰支座表示该对称轴上的位移约束情况；在 Oy 轴上只有 y 方向的移动位移，x 方向不能移动，故可用水平放置的滚动铰支座表示该对称轴上的位移约束情况。

将位移约束条件移置到节点上，便得到图 9-5(c)所示的对称面上约束情况。

例 9-2　如图 9-6(a)所示为一具有中心方孔的矩形薄板，在板四边作用均布剪力，试利用对称性确定对称面上位移状态。

解　Ox 轴和 Oy 轴是结构的对称轴，外载荷反对称于 Ox 轴和 Oy 轴，故可取结构的四分之一作为有限元分析的几何模型。

取第一象限的 1/4 作为几何模型。如图 9-6(b)所示进行网格划分，下面根据上述方法建立对称轴上的位移条件。

本例中每个节点有两个位移分量 u、v。对 Ox 对称轴，载荷反对称，平行于该对称轴的位移分量 $u=0$，故可用水平放置的滚动铰支座表示该对称轴上的位移约束情况。

对 Oy 对称面，载荷反对称，平行于该对称面的位移分量 $v=0$，故可用铅垂放置的滚动铰支座表示该对称面上的约束情况。

将位移约束条件移置到节点上，便得到图 9-6(c)所示的对称面上约束情况。

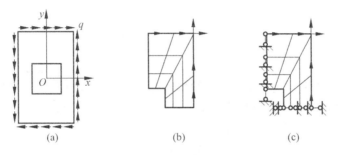

图 9-6　结构对称、载荷反对称

例 9-3　四边固支方板受载如图 9-7 所示，试利用对称性确定对称面上位移状态。

解　图 9-7(a)中，Oxz 面和 Oyz 面是结构的对称面，外载荷对称于 Oxz 面和 Oyz 面，故可取结构的 1/4 建立有限元分析的几何模型。本例为板壳问题，每个节点有六个位移分量 u、v、w、θ_x、θ_y、θ_z。对 Oxz 对称面，载荷对称，垂直于该对称面的位移分量 $v=0$，方向矢量平行于该对称面的转动位移分量 $\theta_x=\theta_z=0$；对 Oyz 对称面，载荷对称，垂直于该对称面的位移分量 $u=0$，方向矢量平行于该对称面的转动位移分量 $\theta_y=\theta_z=0$。

图 9-7(b)中，Oxz 面和 Oyz 面是结构的对称面，外载荷反对称于 Oxz 面和 Oyz 面，也可取结构的 1/4 建立有限元分析的几何模型。对 Oxz 对称面，载荷反对称，平行于该对称面的位移分量 $u=w=0$，方向矢量垂直于该对称面的转动位移分量 $\theta_y=0$；对 Oyz 对称面，载荷反对称，平行于该对称轴的位移分量 $v=w=0$，方向矢量垂直于对称轴的转动位移分量 $\theta_x=0$。

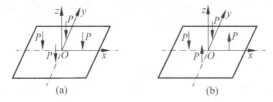

图 9-7　四边固支方板受对称载荷与反对称载荷

（3）结构对称，载荷为一般的情况。如果所分析的结构对称，但载荷既不对称，也不反对称，这时可以将这种结构简化成载荷为对称和/或反对称情况的组合，仍可简化分析过程，提高分析的综合效率。

如图 9-8(a)所示，结构对称，载荷一般，可将其载荷分解为图 9-8(b)与图 9-8(c)的组合。图 9-8(b)结构对称，载荷对 x、y 轴均对称，图 9-8(c)结构对称，载荷对 x 轴反对称、对 y 轴对称，均可取相同的 1/4 结构作为有限元分析的几何模型，分别施加对称轴上节点的边界条件，进行两次分析计算，并将计算结果叠加起来，即可得到原结构 1/4 的解答，进而得出整个结构的解答。在两次分析中，对结构划分网格仅需一次。

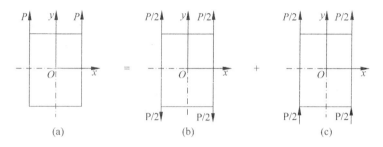

图 9-8   结构对称、载荷一般

同理，9-9(a)所示对称结构，载荷一般，可将其分解为图 9-9(b)所示的对称载荷与图 9-9(c)所示的反对称载荷的组合。可取结构的 1/2 作为有限元分析的几何模型，只需确定对称面 A 面与 B 面的节点位移约束条件和载荷状况，进行两次计算后叠加即可。

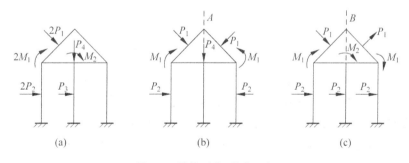

图 9-9   结构对称、载荷一般

（4）对称性利用中的特殊问题如下：

① 对称性利用中的约束不足问题。利用结构的对称性取某一部分建立有限元模型时，往往会产生约束不足现象。例如，图 9-8(c)的有限元模型为图 9-10，在竖直方向存在刚体位移。对这种约束不足问题，利用有限元法分析时，必须增加附加约束，以消除模型的刚体位移。在本例中，竖直方向可以用刚度很小的杆单元或边界弹簧单元连接到模型某节点上，这样既消除了模型的刚体位移，又不致因附加的杆单元或边界弹簧单元刚度太大而影响结构原有的变形状态。

② 对称面上单元的处理。在有限元模型中，如果某单元的所有节点均位于对称面上，则这种单元称为对称平面上的单元。如图 9-11 为平板对称截面上焊接了加强筋的示意图，若用梁单元模拟加强筋，则该梁单元即为对称平面上的单元。

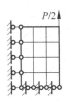

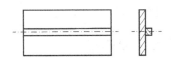

图 9-10 约束不足 　　图 9-11 对称平面上单元的处理

这种情况下,若以对称平面为界取结构的 1/2 建立有限元模型,对称面上节点的边界条件与前面叙述没有区别,但要特别注意,对称面上梁单元刚度矩阵的计算问题。这种梁单元对结构 1/2 模型的刚度贡献应该是整个单元刚度矩阵的 1/2,而非 1/2 单元的全部单元刚度矩阵。也就是说,应该计算对称面上整个梁单元的单元刚度矩阵,然后将单元刚度矩阵元素的 1/2 叠加到 1/2 结构有限元模型的整体刚度矩阵中,否则会导致计算错误。

4. 局部结构的确定

在机械、水土等工程中,有些结构虽然尺寸很大,但受力却是相对很小的局部,因此结构只在局部发生变形,应力也分布在局部区域内,这时只要从整个结构中取一部分进行分析即可。有些结构物的受力受到周围物体的影响,这种影响简单地按约束条件施加不能很好地反映实际情况,这时必须把和结构物相连的一部分周围物体和结构物一起作为计算对象。上述情况下均需确定计算对象的边界。

第一类结构的典型实例就是齿轮。进行齿轮轮齿有限元分析时,取一个轮齿的局部区域为隔离体,如图 9-12 所示,设定 $PQRS$ 的边界条件为零位移约束。通过改变边界深度 PQ 和边界宽度 PS,研究边界位置对齿根最大拉应力的影响,最后确定合理的边界条件。也可以先取较大区域,划分粗网格计算,根据计算结果再次确定较合理边界。同理,在分析压路机对土壤的作用时,也可按其思路取一部分土壤作为几何模型。

第二类结构的典型实例就是闸坝。在对闸坝等结构物进行有限元分析时,为了使地基弹性对结构物中应力的影响能反映出来,必须把和结构物相连的地基部分和结构物一起作为分析对象。所取地基范围的大小,应根据结构物底部的宽度确定。如图 9-13 为地基范围选取示例,其中 b 为结构物底部的宽度,L 为在结构物两边和下方所取地基尺寸,最近的大量分析指出:在地基比较均匀的情况下,没有必要使 L 超过 $2b$,地基范围的形状对结果影响也不大。如果地基不均匀,需要在地基中布置很多的单元,若计算机容量不允许,则可分两步进行有限元分析。第一步,考虑较大范围的地基,并加密地基部分网格,而结构物内布置

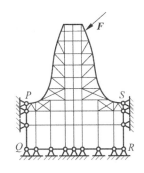

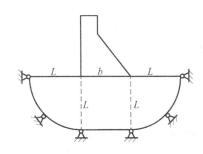

图 9-12 轮齿有限元分析模型 　　图 9-13 分析闸坝时均匀地基范围选取示意图

较少的单元,在地基边界施加固定铰支座进行有限元分析,目的是计算出地基上各节点的位移;第二步,把结构物内的网格加密,减小地基范围,而把所选地基边界上各节点的位移值作为已知量输入,得到最后分析结果。

9.2.3 单元类型的选择

划分网格前需要选定单元类型。单元类型的选择应综合考虑分析问题的结构类型、几何模型形状特征、精度要求、计算条件等因素。为适应特殊的分析对象和边界条件,一些问题需要采用多种单元组合建模。

结构类型是选择单元类型的最根本依据。如平面应力问题、平面应变问题应选择平面类型单元,空间问题则需选择空间实体单元。应根据几何模型的形状特征选择具体单元类型,原则是选择的单元形状应使形成的网格尽可能准确地代表所取的几何模型。如平面问题中,若只有互相垂直的直线边界,则采用四边形单元即可;若出现斜交的直线边界则可采用三角形单元;若出现曲线边界,最好采用高阶单元,否则会带来形状近似的误差。但是若精度要求不高或计算条件有限时,也可选择低阶单元作近似分析。

选择单元类型时还应考虑单元的形态。单元形态包括单元形状、边中节点的位置、细长比等。一般来说,为了保证有限元分析的精度,必须使单元的形态尽可能规则。

例如,对于三角形单元,三条边长应尽量接近,不应出现大的钝角、大的边长。这是因为根据误差分析,应力和位移的误差都和单元的最小内角的正弦成反比。因而,等边三角形单元的形态最好,它与等腰直角三角形单元的误差之比为 $\sin45°∶\sin60°=1∶1.23$。但是,为了适应几何模型边界,以及单元要由小到大逐渐过渡,不可能使所有的三角形单元都接近等边三角形。实际上,常常使用等腰直角三角形单元。

对于矩形单元,细长比(长宽比)不宜过大。细长比是指单元最大尺寸和最小尺寸之比。最优细长比在很大程度上取决于不同方向上位移梯度的差别。梯度较大的方向,单元尺寸要小一些;梯度小的方向,单元尺寸可以大一些;如果各方向上位移梯度大致相同,则细长比越接近1,精度越高。有文献推荐,一般情况下,为了得到较好的位移结果,单元的细长比不应超过7;为了获得较好的应力结果,单元的细长比不应超过3。一般情况下,正方形单元的形态最好。对于一般的四边形单元也应避免过大的边长比。过大的边长比会导致有限元方程成为病态的方程组。

9.2.4 网格布局及网格划分

有限元模型的合理性在很大程度上由网格形式决定,而且网格形式直接影响计算结果的精度与计算规模。因此,网格划分是建立有限元模型的重要环节。

1. 网格划分原则

划分网格时一般应考虑以下原则:

(1)兼顾精度和经济性;

(2)对称结构的网格布局应满足对称性;

(3)载荷、材料、几何形状的不连续处应自然分割;

(4)节点编号使半带宽越小越好。

2. 划分网格要兼顾精度和经济性

在位移函数收敛的前提下,网格划得越密(即单元尺寸越小),理论上计算结果越精确。另一方面,网格越密,单元越多,计算时间和费用将增加,同时也会受到计算机容量的限制。因此,划分网格要兼顾精度和经济性。而且,经验表明,当网格加密到一定程度后,再加密网格,精度的提高不明显,这将造成经济上的浪费。

兼顾精度和经济性一般应从以下几方面考虑:

(1) 根据分析类型确定网格疏密与网格布局。

① 静力分析时,如果只计算变形,或动力响应分析时,只计算位移响应,则网格可以疏一些;若需计算应力、应变,或计算应力响应,要保持相同的精度,则网格应相对密一些。固有特性分析时,如果只计算少数低阶模态,可以选择较疏的网格,需要计算高阶模态,则应选择较密的网格。此外,网格数量还与质量矩阵的形式有关。由于一致质量矩阵的计算精度高于集中质量矩阵,所以采用一致质量矩阵时可以采用较疏的网格,而采用集中质量矩阵时应选择较密的网格。

② 对结构进行静力分析与动响应分析时,网格布局应同结构的应力梯度(应力变化率)相一致,即在应力急剧变化(应力梯度大)的区域,单元小一些,网格密一些,而且网格划分应由密到疏逐渐过渡。例如图 9-14 中的网格布局,在孔处应力集中,网格要密。在具体划分时,还应注意单元大小不要悬殊,否则会引起较大的计算误差。如果对结构进行模态分析,一般应选择较为均匀的网格分布。这是因为,均匀的网格布局将使结构刚度矩阵、质量矩阵中各元素值的大小相差不大,可以减少数值分析中的误差,提高固有频率和振型的计算精度。

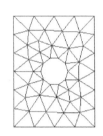

图 9-14 网格的疏密

(2) 具体操作。实际应用时并不知道划分多少网格最合适,或者对实际问题难以估计结构应力梯度,这时可以先采用较为稀疏的均匀网格试算,根据试算结果适当加密网格,进行第二次计算。

加密网格一般遵循以下几点:

① 所有以前的网格(粗网格)应包含于当前加密的网格(细网格)之中。

② 加密网格过程中,单元类型不变,即单元位移函数不变。这就省去了重新推导单元位移函数、单元刚度矩阵、单元载荷向量等工作。

③ 比较网格加密前后的计算结果,如果前后两次的计算结果有较大差异,表明了加密网格的优越性和有继续加密网格的必要。如果前后两次的计算结果差别很小,表明没有继续加密网格的必要,计算结果已收敛。

在有限元中,计算结果精度与网格疏密的关系因具体结构而异。简单结构在简单载荷作用下,变形非常简单,用疏网格即可得到很高的精度。例如受集中载荷的等截面悬臂梁,使用一个单元也可得到非常精确的结果。但复杂工况下的复杂结构,由于位移场、应力场分布复杂,即使采用较密网格,也不一定得到满意的结果。

3. 对称结构的网格布局

由上所述,利用对称性可以减少计算模型。但是,若模型整体不太复杂时,也可取整体直接建立有限元分析模型。此时注意网格的布局应尽量不破坏对称性。

如图 9-15 所示结构,采用三种不同的网格布局。计算结果表明,图 9-15(a)所示的网格精度最好,图 9-15(c)所示的网格精度最差,因为图 9-15(c)网格破坏了结构的对称性。

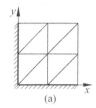 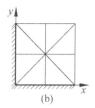 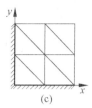

(a)　　　　　　　　　(b)　　　　　　　　　(c)

图 9-15　对称结构的三种网格划分

一定数目的单元网格布局对计算结果的影响在粗网格下尤其应注意。如图 9-16 为周边固支方板的四种网格布局。＊号标注的单元被边界完全约束而不起作用,实际上是虚线所围部分模拟方板。因此,图 9-16(a)所示的网格精度较好,图 9-16(b)所示网格,加＊号部分全部固定,此网格布局太刚,图 9-16(c)、图 9-16(d)的网格布局破坏了结构的对称性。

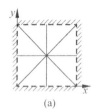 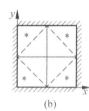 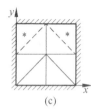 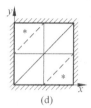

(a)　　　　　　(b)　　　　　　(c)　　　　　　(d)

图 9-16　周边固支方板的网格划分

4. 不连续处的自然分割

工程结构在几何形状、载荷分布和材料特性等方面可能存在不连续处。一般情况下,在离散化过程中应把有限元模型的节点、单元的分界线或分界面设置在相应的不连续处。

如图 9-17 所示结构,集中载荷 P 的作用点 A 处应设置节点,其优点是不需进行载荷移置,可节省计算时间,提高计算精度。分布载荷的突变处(B、C、D 处)也应设置节点,保证在任一单元的边界上分布载荷连续。

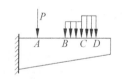

图 9-17　载荷不连续处的自然分割

几何形状有突变的部位应设置单元的分界线或分界面。对于平面应力问题,以厚度突变处作为单元的分界线,以保证每个单元厚度均为常数。对非均质材料,在不同材料的自然分界线上应设置单元的分界线,以保证各单元的材料参数相同。

几何形状、载荷和材料参数突变处网格应加密,这是因为场函数在这些地方易产生较大变化。

5. 单元和整体节点编号

当利用整体刚度矩阵的带状特征进行存储和求解方程组时,单元节点编号直接影响系统整体刚度矩阵的半带宽,即影响计算机中存储信息的多少、计算时间和计算费用。因而,要求合理的节点编号使带宽极小化。半带宽的计算已在 2.5 节介绍,进行网格节点编号时应使网格中单元节点号的最大差值为最小,这样才能保证半带宽最小。在图 9-18 所示网格的四种编号方案中,单元节点编号的最大差值分别为 5、3、5、9。显然,图 9-18(b)所示方案为合理方案。由此可以得出结论,对细长构件,节点号应沿着构件短边依次排列。对环形体,应采用"各走一边,两边交替"的方式编号,如图9-19;对于分叉体,则按图9-20所示的分层方式编号,以分界线为界,将分叉体分成两批,先编一批再编另一批。

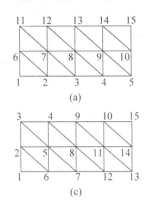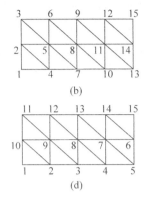

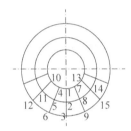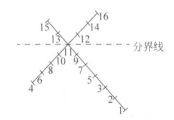

图9-18　细长构件四种节点编号方案

图9-19　环形体节点编号　　　　图9-20　分叉体节点编号

　　然而,对于具有中间节点的单元或空间问题,需借助于带宽极小化的优化程序来对节点进行编号,先进的有限元程序包一般都配备这样的程序。

　　单元的编号只影响整体刚度矩阵的装配时间。由于这一时间在有限元运算时间中只占很小的比例,因而对单元的编号并无特殊要求。

9.2.5　边界条件

　　边界条件反映了分析对象与外界的相互作用,是实际工况条件在有限元模型上的表现形式。只有定义了完整的边界条件,才能计算出需要的结果。

　　边界条件的类型很多,不同分析问题需要定义相应的边界条件。在结构分析中,边界条件主要包括位移约束条件和载荷类型数据。

1. 位移约束条件

　　位移约束条件是对节点位移的大小和相互关系的限制。如2.5节所述,整体刚度矩阵是奇异矩阵,其物理意义是整个结构在无约束或约束不足时发生刚体位移,因此为了求出结构的变形位移,就必须对有限元模型施加足够的位移约束,以排除各种可能的刚体位移。

　　平面刚体的刚体运动表现为两个平动和一个转动,空间结构的刚体运动表现为三个平动和三个转动,因此,为了消除刚体位移,平面结构上应至少施加三个位移约束,以限制两个方向的平动刚体位移和一个转动刚体位移；空间结构上应至少施加六个位移约束，以限制三个方向的平动刚体位移和三个转动刚体位移。

建立位移约束条件时，首先应考虑结构接触边界上的自然约束条件，其次注意利用结构对称性。如果施加这些约束不足以消除刚体位移，则需要人为增加约束。人为增加约束的一般原则是：①增加约束的数量刚好能消除刚体位移，不能多加约束；②增加约束的位置应远离应力集中区和大变形区，以减小约束对计算结果的影响；③若能判断结构某些点上的位移非常小，则可在这些点上增加零位移约束。需要说明的是，轴对称结构的模型只需要施加轴向位移约束，而不需要限制径向刚体运动，这是由轴对称单元性质决定的。

位移约束通常包括刚性约束、弹性约束、强迫约束。刚性约束用于模拟结构之间的刚性接触，即认为接触面上的节点不发生变形。这是实际中一种近似但又非常简便的办法，若支撑结构有足够的刚性，则可认为结构受到刚性约束。刚性约束规定约束节点的位移分量为零，包括固定端约束、球铰链约束、固定铰支座约束、滑动铰支座约束。在结构与外界的接触边界上，若支撑材料有弹性，接触节点的位移不为零，则可认为结构受到弹性约束。弹性约束可通过弹簧单元来实现，但如果确定实际接触的等效弹性系数比较困难，则可取支撑结构的一部分与结构一起作有限元分析。规定节点位移分量的值为一非零已知值的约束条件称为强迫约束，计算装配应力时通常用到强迫约束。例如使用有限元软件分析过盈配合问题时，需在接触表中定义接触体间的过盈闭合量，它是一个非零的已知值。

对实际中的组合结构，采用不同的单元模拟结构的不同部分，则涉及异类单元连接的约束处理；若采用子结构技术对复杂结构进行有限元分析时，则涉及结构连接自由度问题。这些问题边界条件的施加请参阅其他文献。

2. 载荷类型数据

在进行结构分析时，有限元模型上的载荷包括集中载荷、分布面力、分布体力。有限元理论中将所有载荷都转置为等效节点载荷，因常用的有限元软件对分布载荷均可直接处理，故有限元建模时直接施加面力和体力即可。

重力是体积力的一种，用有限元软件分析需定义重力加速度；当结构作匀速转动时，应考虑惯性力，惯性力也是一种体积力，因有限元软件中可直接定义惯性力，故用有限元软件分析转动刚体问题时应定义材料的质量密度。

9.2.6　材料参数与几何特性

1. 材料参数

商用有限元软件的材料库允许模拟绝大多数的工程材料，包括金属、混凝土、塑料、橡胶、泡沫材料、复合材料、颗粒状土壤、岩石等，数据可以直接输入，可以从文件中读取，也可以从材料库中导入。

三种最常用的材料模型为：线弹性、弹塑性和超弹性。

（1）线弹性材料模型。线弹性模型是结构分析中最基础的材料模型，线弹性材料本构关系服从广义胡克定律，即应力应变在加卸载时呈线性关系，卸载后材料无残余应变。当材料的应力水平较低时，按该模型计算应力应变关系基本符合实际情况。

一般认为该模型只有在小的弹性应变时是有效的（一般不超过 5%）；材料可以是各向同性、正交各向异性或者完全各向异性；可以具有依赖与温度或者其他场变量的属性。

对完全不具有方向敏感性的各向同性材料,描述这种材料只需要 3 个独立材料参数,即质量密度、弹性模量、泊松比。但是当泊松比接近 0.5 时,材料是不可压缩的,不进行处理,有限元软件会发出错误或警告信息,此时必须勾选"几乎不可压缩材料"(nearly incompressible material)选项。橡胶一类的材料几乎都是不可压缩的。

在一般情况下,线弹性材料都具有方向敏感性,称为各向异性。其中完全各向异性材料需要 21 个材料参数,正交各向异性材料需要 9 个独立材料参数,横观各向同性材料需要 5 个独立材料参数。常见的各向异性材料有竹子、木材、纤维板、酚醛层压板、树脂基复合材料、硅钢片等。如玻璃纤维增强树脂基复合材料为正交各向异性材料,许多复合材料井盖由玻璃纤维增强树脂基复合材料制成。导线与木材是横观各向同性材料,沿着生长方向是木材的纤维方向,其横截面各个方向的模量相等。水晶、方解石等一般认为是完全各向异性材料。目前有限元软件中复合材料的材料参数只可输入 9 个参数,因此可以较好模拟横观各向同性材料与正交各向异性材料,但不能模拟完全各向异性材料。

(2) 弹塑性材料模型。在高应力(应变)的情况下,金属开始具有非线性、非弹性的行为,称其为塑性。弹塑性是最常见、被研究得最透彻的材料非线性行为。采用屈服面、塑性势和流动定律的弹塑性力学模型及弹塑性有限元法,已在金属、土壤等领域获得了广泛应用。在进行弹塑性分析时可以从有限元软件的材料库或文件库读入数据,也可以直接输入材料参数。

目前使用较多的弹塑性材料模型是理想弹塑性模型与线性强化弹塑性模型。对压力容器分析时,往往忽略材料的强化作用,把材料看成一旦屈服就可以无限变形的理想弹塑性模型。理想弹塑性模型需要输入 4 个材料参数,即质量密度、弹性模量、泊松比、屈服应力。线性强化弹塑性模型主要包括等向强化模型、随动强化模型,其中等向强化模型采用 Von Mises(各向同性)屈服准则,对金属、高分子多聚物以及饱和地质材料都可以有很好的近似度,适用于金属材料、岩土材料变形不大时使用。随动强化模型采用 Hill(各向异性)屈服准则,适用于微观结构和具有塑性膨胀性质的材料,如宏观金属的锻造过程。线性强化弹塑性模型需要输入 5 个材料参数,即质量密度、弹性模量、泊松比、屈服应力、切线模量。钢筋混凝土材料,文献中用的比较多的是多线性等向强化模型。有关弹塑性模型及材料参数输入,请参照有限元软件说明。

(3) 超弹性材料模型。超弹性材料表现出高度非线性的应力应变行为,在较小的应力作用下有高度变形,且在极大的应变下保持弹性变形,但卸载时变形可自动恢复。常用的超弹性材料有橡胶、海绵、泡沫等。常见的超弹性模型有 Mooney-Rivlin 模型,Ogden 模型,St Venant-Kirchhoff 模型,Fung 模型等。橡胶类材料广泛应用于轮胎、胶管、缓存气囊、阻尼器等工程结构,该类材料一般使用 Mooney-Rivlin 本构模型,泡沫材料一般使用 Ogden 本构模型。

2. 几何特性

不同的单元类型,几何特性也不同。应结合有限元软件定义单元的几何特性。一般来说,平面应力问题、板壳问题只需定义板厚;杆单元只需定义横截面积;二维直梁单元需定义梁的高度与横截面积,二维曲梁单元需定义梁的厚度与宽度,但三维梁单元除需定义横截面积、惯性矩外,还必须定义梁轴线参考矢量,表明梁截面在不同的方向可以具有不同的抗弯刚度。几何特性的具体定义请参阅相关有限元软件用户手册。

习　题

9-1　什么是有限元模型？包括哪些类型的数据？

9-2　结构对称性包括哪些类型？利用对称性时关键要做什么处理？

9-3　进行结构应力分析时，为什么要对有限元模型进行位移约束处理？施加位移约束的原则是什么？

9-4　划分网格应遵循的原则是什么？对实际问题划分有限元网格时，如何兼顾精度与经济性？

9-5　如题 9-5 图所示对称结构，若取阴影部分进行有限元分析，试写出组合形式。对每种形式施加对称面的约束条件，并分析是否有刚体位移；若有，该如何处理？

9-6　如题 9-6 图所示刚架对称于 Oyz 面，若取一半进行有限元分析，试写出组合形式；对每种形式施加对称面的约束条件。

题 9-5 图

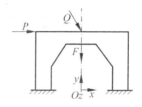

题 9-6 图

第10章

有限元建模过程

本章主要介绍有限元建模的一般过程,并通过例题分析,使读者对有限元模型的建立过程及有限元模型的图示有较全面的了解。

10.1 有限元建模的一般过程

建立有限元模型时,需要遵循两条基本原则:一是保证计算结果的精度,二是控制模型的规模。保证精度是必须的,在此前提下,减小模型规模是必要的,它可在有限条件下使有限元计算更好更快地完成。

有限元建模的一般过程如图 10-1 所示。

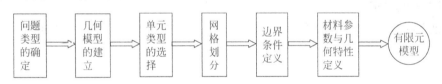

图 10-1　有限元建模的一般过程

10.2 有限元建模举例

例 10-1　悬臂梁的静力分析。

悬臂梁受载如图 10-2 所示,载荷沿厚度均匀分布,梁长、宽、厚尺寸依次为 1m、0.1m、0.01m,已知材料为各向同性,弹性模量 $E=2\times10^{11}\mathrm{Pa}$,泊松比 $\mu=0.3$,不考虑梁自重,建立静力分析的有限元模型。

解　① 根据结构与受载特点,本例可视为平面应力问题,且为静力分析。

② 几何模型取中面,形状及尺寸如图 10-3 所示。

③ 采用四节点四边形单元对中面划分图示有限元网格。

④ 悬臂梁左端固定,考虑到平面问题中的节点为铰接点,故在网格左端所有节点处均安置相应的固定铰支座,以实现约束条件的离散化,在右上端节点施加载荷,该载荷应为沿厚度分布载荷的合力,合力大小为 10000N/m×0.01m=100N。

⑤ 材料为线弹性,弹性模量 $E=2\times10^{11}$Pa,泊松比 $\mu=0.3$;几何特性参数为板厚,根据题意,板厚 $t=0.01$m。

建立的静力分析的有限元模型图示如图 10-3 所示。

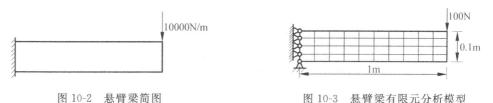

图 10-2　悬臂梁简图　　　　　　　　　图 10-3　悬臂梁有限元分析模型

例 10-2　简支梁受均布载荷作用时的静力分析。

图 10-4 所示矩形截面简支梁,梁长 20m,梁高 4m,厚度为 0.5m,承受均布载荷,载荷集度为 $q=10$N/m²,沿厚度均匀分布。已知材料为各向同性,弹性模量 $E=2\times10^{11}$N/m²,泊松比 $\mu=0.3$。不计梁自重,建立静力分析的有限元模型。

解　① 根据结构与受载特点,本例可视为平面应力问题,且为静力分析。

② 几何模型取中面,形状及尺寸如图 10-5 所示。

③ 采用四节点四边形单元对中面划分有限元网格。

④ 左端中节点加固定铰支座,右端中节点加滑动铰支座,根据对称性,对称面水平方向位移为零,应施加水平滑动铰支座。所受载荷的集度为沿厚度方向的合力,即为 10N/m²$\times0.5$m$=5$N/m,将分布载荷施加在上边界。

⑤ 材料为线弹性,弹性模量 $E=2\times10^{11}$Pa,泊松比 $\mu=0.3$;几何特性参数为板厚,根据题意,板厚 $t=0.5$m。

所建立的有限元分析模型图示如图 10-5 所示。本例中应特别注意对称性的利用与分布载荷的处理。本例根据对称性也可取跨度的一半分析。

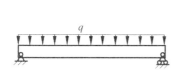

图 10-4　简支梁简图

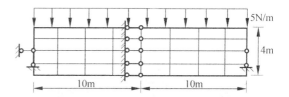

图 10-5　简支梁有限元分析模型图示

例 10-3　受内压厚壁圆筒的静力分析。

受内压的厚壁圆筒,筒长 20m,内径 0.2m,外径 1.0m,两端自由,承受 $q=10$N/m² 的均布内压。已知材料为各向同性,弹性模量 $E=2\times10^{11}$N/m²,泊松比 $\mu=0.3$。试建立静力分析的有限元模型。

解　① 根据结构与受载特点,本例属平面应变问题,且为静力分析。

② 几何模型取横截面,由于对称性,只需取横截面的四分之一离散化,几何模型形状及尺寸如图 10-6 所示。

③ 因有曲线边界,可采用八节点曲边四边形单元,划分网格从里到外由密到疏逐渐过渡。

④ 在左侧与下侧两对称面上施加相应位移约束,在内部边界施加内压,压力集度为 $10N/m^2 \times 1m = 10N/m$。

⑤ 材料为线弹性,弹性模量 $E = 2 \times 10^{11} Pa$,泊松比 $\mu = 0.3$;几何特性参数为板厚,根据题意,板厚 $t = 1m$,在有限元软件中,平面应变问题板厚默认值为单位 1,不必定义。

所建立的有限元分析模型图示如图 10-7 所示。

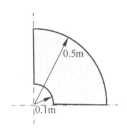

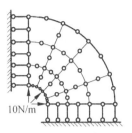

图 10-6　几何模型　　　　　　图 10-7　受内压厚壁圆筒有限元模型图示

讨论:

(1) 本例中,若筒长仍为 20m,但圆筒横置于光滑水平面,其余条件不变,则仍按平面应变问题处理,由对称性,可取横截面的 1/2 分析,几何模型及尺寸如图 10-8 所示。因有曲线边界,故可采用高阶四边形单元划分网格,如图 10-9 采用八节点四边形单元,在左侧对称面的所有节点上施加水平放置的滑动铰支座,底部 1 个节点施加竖直放置的滑动铰支座,内表面施加垂直于该面的压力。所建立的有限元分析模型图示如图 10-9 所示。

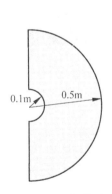

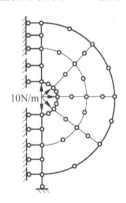

图 10-8　几何模型　　　　　　图 10-9　横置于光滑水平面长圆筒有限元模型图示

(2) 本例中,若筒长为 2m,其余条件不变,则因筒身较短,不能简化为平面应变问题,但根据结构与受载特点,可简化为空间轴对称问题,应取子午面建立有限元模型。根据对称性,可取筒长的一半分析,几何模型及尺寸如图 10-10 所示。可采用四节点矩形单元对子午面划分网格,根据对称性,中间截面(左侧)的轴向位移为零,故应在中间截面全部节点施加水平放置的滑动铰支座,内压施加在底部边界(圆筒内侧)。所建立的有限元分析模型图示如图 10-11 所示。注意轴对称单元不必施加径向约束。

本例建模时,将轴向定义为 x 轴,这是有限元软件 MSC. MARC 中规定的,而 ANSYS 与 ABAQUS 软件中,将轴向定义为 y 轴,且不允许有负 x 坐标。在 ANSYS 软件中的有限

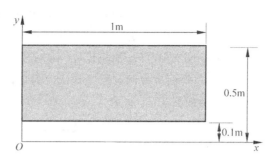

图 10-10　子午面

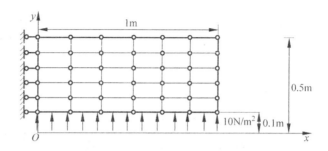

图 10-11　受内压厚壁圆筒有限元分析模型图示（MSC. MARC）

元模型图示如图 10-12。因此有限元建模时,应充分考虑所用软件。需要注意的是,有限元软件中,轴对称问题的面力按边载荷施加,但数值单位仍为单位面积上的载荷,故在有限元模型上所加面力如图 10-12 所示。

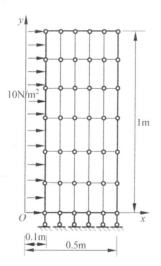

图 10-12　受内压厚壁圆筒有限元模型图示（ANSYS）

（3）本例中,若筒长为 2m,直立于光滑水平面,其余条件不变,则仍可简化为空间轴对称问题,但由于轴向无对称性,需要取整个筒长分析,底部（模型左侧）所有节点施加滑动铰支座。所建立的有限元分析模型图示如图 10-13 所示。

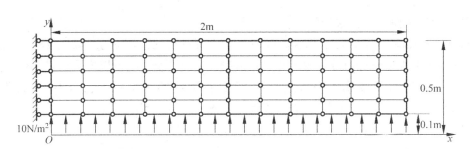

图 10-13 直立于光滑水平面受内压厚壁圆筒有限元模型图示(MSC. MARC)

（4）本例中，若筒长为 2m，横置于光滑水平面，其余条件不变，则只能按空间问题处理，由对称性，可取圆筒的 1/4 分析，几何模型如图 10-14 所示。因有曲面边界，故可采用二十节点六面体单元划分网格，注意在对称面上施加相应的边界条件。所建立的有限元模型图示如图 10-15 所示。图中，后侧面、左侧面均为对称面，下表面为光滑支撑面，三个面的每个节点均施加垂直于相应面放置的滑动铰支座，内表面施加垂直于该面的压力。

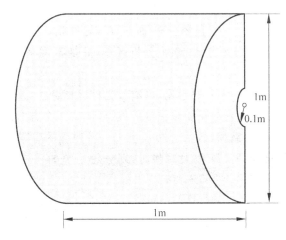

图 10-14 圆筒 1/4

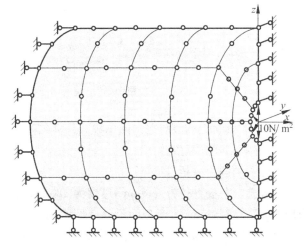

图 10-15 横置于光滑水平面短圆筒有限元模型图示

例 10-4　压路机对土壤作用的静力分析。

筑路工程中常用压路机压实路面,若不考虑土壤自重,试建立压路机滚子静止作用于路面时,对路面土壤进行静力分析时的有限元模型。设滚子长 2m,可视为圆柱体,滚子与土壤接触处为平行于滚子轴线的一条直线,压路机重力沿滚子轴线均匀分布,压力集度为 1000N/m。已知土壤材料为各向同性,弹性模量 $E=2\times10^{11}$N/m²,泊松比 $\mu=0.3$。

解　① 根据已知条件,本例属平面应变问题,且为静力分析。

② 几何模型取横截面。本例中的土壤无明确边界,需要先确定计算对象的边界与几何模型形状。为方便起见,可取矩形区域分析,几何模型形状及尺寸如图 10-16 所示。

③ 几何模型形状规则,采用四节点矩形单元划分网格。

④ 底边与两侧所有节点施加固定铰支座约束,上边界中间节点施加压力为 1000N/m×1m=1000N。

⑤ 材料为线弹性,土壤的弹性模量 $E=20$MPa,泊松比 $\mu=0.2$;几何特性参数为土壤厚度,在有限元软件中,厚度默认值为单位 1,不必定义。

所建立的有限元分析模型图示如图 10-16 所示。

第一次分析时,a、b 取值大一些,且划分较稀疏的均匀网格,所建立的有限元分析模型如图 10-16 所示。根据第一次分析结果,缩小分析区域,并加密网格,特别是加密载荷作用处的网格,图中 a、b 单位为 m。

本例也可按空间问题处理。为方便起见,可取长方体区域分析,采用八节点六面体单元划分网格,底面与四个侧面所有节点施加球铰链约束(即固定三个方向的移动位移),顶面施加载荷集度为 1000N/m 的均布载荷,载荷分布长度 2m,所建立的有限元分析模型图示如图 10-17 所示。第一次分析时,a、b、c 取值大一些,且划分较稀疏的网格。根据第一次分析结果,缩小分析区域,并加密网格作进一步分析。

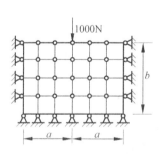

图 10-16　平面应变有限元模型图示

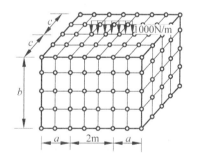

图 10-17　空间问题有限元模型图示

有限元软件分析结果表明,平面应变模型与空间问题模型计算结果吻合,但平面应变模型计算量小,是应优先选择的有限元分析模型。

例 10-5　复合材料检查井盖的静力分析。

井盖由一平板与五根肋组成。平板直径为 690mm,厚度为 18mm;四根肋呈井字型,肋宽 40mm,对称分布,两肋中心距为 120mm,第五条肋沿整个圆板周边,肋宽 20mm,五根肋的厚度均为 45mm,结构简图如图 10-18 所示。井盖材料为玻璃纤维增强树脂基复合材料。板中心加载圆直径为 356mm,井盖第五条肋置于光滑的水平井座上。设均布压力作用在板面中心半径为178mm的圆面上,要分析总载荷大小为20吨时井盖的变形与应力分布,试建立有限元分析模型。

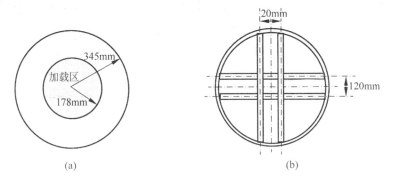

图 10-18　检查井盖尺寸简图

(a)井盖正面尺寸;(b)井盖背面尺寸

解　① 根据已知条件,本例为空间问题,且为静力分析。

② 根据对称性,可取 1/4 分析。

③ 可采用八节点六面体单元划分网格。井盖表面为四边形单元,网格划分如图 10-19(a)所示,井盖表面单元沿板厚扩充 18mm,形成八节点六面体单元,从而形成井盖平板的有限元网格。注意圆板上在施加载荷区域应有明显的单元分界线,并注意圆板节点与肋节点连接处的一致性,这些问题在网格布局时一定要考虑周全。井盖肋的有限元网格如图 10-19(b)所示。

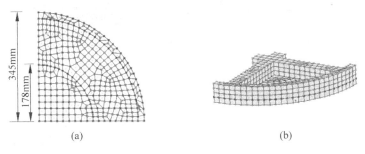

图 10-19　检查井盖有限元网格

(a)井盖表面网格划分;(b)井盖肋网格划分

④ 在井盖环肋底部所有节点施加垂直于板面的滑动铰支座(即井盖环肋底部垂直于板面的位移为0),因井盖置于井座中时,侧面会受到井座的约束,故环肋侧面所有节点均施加垂直侧面的滑动铰支座,在板面圆形区域内施加垂直于板面的压力,压力集度为 20 吨/$[\pi \times (178mm)^2] = 1.97MPa$。

⑤ 材料为玻璃纤维增强树脂基复合材料,是正交各向异性材料,共有 9 个独立材料参数,即 $E_L = 14.5GPa$,$E_T = 13.6GPa$,$E_n = 5.9GPa$;$\mu_{LT} = 0.149$,$\mu_{Tn} = 0.3$,$\mu_{nL} = 1.46$;$G_{LT} = 1.78GPa$,$G_{Tn} = 1.69GPa$,$G_{nL} = 1.46GPa$。空间问题不需要定义几何特性。

例 10-6　匀速转动的飞轮。

如图 10-20 所示为由两种材料黏合而成的飞轮,以角速度 ω 绕铅垂轴 z 匀速转动,设内

径为 0.2m,各层径向厚度 h 为 0.15m,飞轮厚度 h 为 0.6m。飞轮自
重不计,试建立飞轮的有限元分析模型。

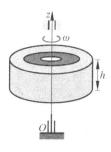

图 10-20　飞轮

解 ① 根据已知条件,本例属空间轴对称问题。

② 可取如图 10-21(a)所示子午面分析。

③ 形状规则,可采用四节点矩形环单元划分网格,有限元网格如
图 10-21(a)所示。

④ 根据对称性,中间截面的轴向位移为零,应在中间截面全部节
点处施加只能径向移动的滑动铰支座。匀速转动时产生的惯性力为
分布体力,方向沿径向(向外),应施加在全部单元上。

⑤ 定义两种材料的弹性模量、泊松比、质量密度;对轴对称问题不需要定义几何特性,
但匀速转动时必须定义质量密度,用于计算惯性力。

说明:如图 10-21(a)为使用有限元软件 MSC. MARC 时的有限元分析模型图示,如
图 10-21(b)为使用有限元软件 ANSYS 或 ABAQUS 时的有限元分析模型图示。

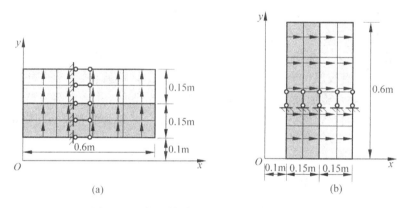

图 10-21　匀速转动飞轮有限元分析模型图示

例 10-7 矩形截面简支梁静力分析。

矩形截面简支梁尺寸与受力如图 10-22 所示,已知截面长与宽均为 5cm,均布载荷集度
为 $q=2\text{kN/m}$,集中载荷 $F=8\text{kN}$,载荷均作用在纵向对称面内。若材料的弹性模量 $E=
3.0\times10^{11}\text{N/m}^2$,泊松比 $\mu=0.3$,要求支承点与梁中点的挠度。试建立有限元分析模型。

解 ① 根据已知条件,本例为受横向力的等截面细长直梁,结构与载荷有纵向对称面,
故发生平面弯曲,可由平面梁单元分析,故本例为平面梁单元的静力分析。

② 取梁轴线为几何模型。

③ 可采用两节点平面直梁单元分析,如图 10-23 进行单元分割。在载荷突变处布置节
点,题目要求梁中点挠度,故在梁中点必须布置节点。

④ 左端施加两个方向的滑动铰支座,右端施加滑动铰支座,分布载荷可直接加在简支
梁左段,集中载荷加在相应节点上。

⑤ 定义材料的弹性模量、泊松比;对平面直梁单元,几何特性需定义梁横截面高度、梁
横截面面积。

建立的有限元分析模型图示如图 10-23 所示。

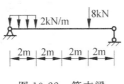

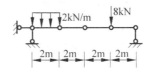

图 10-22　简支梁　　　　　图 10-23　简支梁有限元分析模型图示

例 10-8　闭截面空心固支梁的静力分析。

两端固支的直梁,跨度为 10m,中部受垂直于梁轴线的集中载荷 P 作用,截面形状如图 10-24 所示,若材料的弹性模量为 E,泊松比为 μ,试建立固支梁静力分析的有限元模型。

解　① 本例为细长直梁,可采用直梁单元分析。对于一般的闭截面空心梁或开口梁(如工字型截面梁、槽型截面梁),横截面对 y、z 轴的惯性矩可能不同,为反映普遍问题,一般将该类梁视为空间梁。因此本例为空间梁单元的静力分析。

② 取梁轴线为几何模型,根据对称性可取一半分析,几何模型如图 10-25 所示。

③ 采用两节点直梁单元,将梁轴线一半进行单元分割,平均分为 5 份。

④ 集中载荷的一半直接加在梁的中部(即模型的一端,y 轴负向),左端施加三个滑动铰支座与转角 $\theta_{Ax}=\theta_{Ay}=\theta_{Az}=0$ 表示空间固定端约束;右端施加滑动铰支座(约束 x 方向位移)与 $\theta_{By}=\theta_{Bz}=0$ 为对称面上施加的约束条件。

⑤ 定义材料的弹性模量、泊松比;对空间直梁单元,几何特性需定义梁横截面面积、横截面的两个惯性矩、局部坐标轴的方向矢量。

建立的有限元分析模型图示如图 10-25 所示。

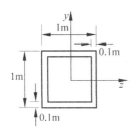

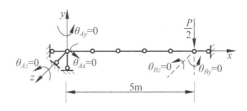

图 10-24　截面形状　　　　　图 10-25　两端固支梁有限元分析模型图示

例 10-9　集中载荷作用的周边固支方板的静力分析。

边长为 L 的方形薄板,四边固定,中心受垂直于板面的集中载荷 P 作用,设边长 $L=1.0\text{m}$,板厚 $t=0.01\text{m}$,载荷 $P=2000\text{N}$,弹性模量 $E=2.0\times10^{11}\text{Pa}$,泊松比 $\mu=0.3$。要计算薄板的挠度,建立有限元分析模型。

解　① 本例为薄板弯曲问题的静力分析。

② 取薄板中面分析,几何模型如图 10-26 所示。

③ 可采用四节点四边形薄壳单元,划分网格如图 10-26 所示,载荷作用点(板中心)应布置节点,该处网格加密。

④ 全部边界节点约束六个自由度,即三个移动位移,三个转动位移。在板中心节点施加垂直于板面的压力。因三个转动位移不易在图中表示,在应用有限元软件分析时施加便可。

⑤ 材料为线弹性,弹性模量 $E=2×10^{11}$ Pa,泊松比 $\mu=0.3$;几何特性参数为板厚,根据题意,板厚 $t=0.01$ m。

建立的有限元静力分析模型图示如图 10-26 所示。

讨论:

(1) 本例中,若对四边固支方板进行模态分析,则可采用较稀疏的均匀网格,全部边界节点约束六个自由度,并与静力分析相同定义材料参数与几何特性参数。建立的模态分析模型图示如图 10-27 所示。

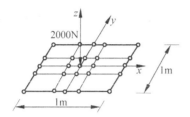 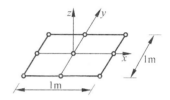

图 10-26　周边固支方板静力分析模型图示　　　图 10-27　周边固支方板模态分析模型图示

(2) 若对有小孔的四边固支方板进行模态分析,则可忽略小孔,建立有限元分析模型。

例 10-10　杯子受集中载荷与均布内压作用时的静力分析。

一杯子置于硬橡胶板上,形状、尺寸及集中载荷如图 10-28 所示,杯内受均布内压作用,载荷集度为 0.2MPa,杯厚 1mm,材料弹性模量 $E=72$ GPa,泊松比 $\mu=0.20$。图 10-28(a) 中尺寸单位为 mm,图 10-28(b) 中集中载荷单位为 N。要分析杯子的变形与应力分布,试建立有限元分析模型。

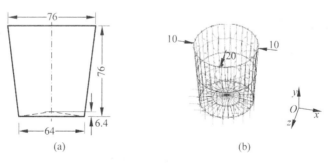

图 10-28　杯子尺寸与受力

解　① 本例杯子很薄,所受载荷无特殊性,故为薄壳问题。

② 取中面为几何模型。

③ 可采用四节点四边形薄壳单元,网格划分如图 10-29 所示,注意划分网格时要在集中载荷作用点处布置节点。

④ 杯子置于硬橡胶板上,使杯底不能有任何移动,但能转动(水平方向有摩擦),所以应在杯底边缘一周的所有节点上施加限制三个方向移动的约束(滑动铰支座)。在相应节点施加集中载荷,并在杯子内部面上施加均布压力,压力集度为 0.2MPa。

⑤ 材料为线弹性,弹性模量 $E=72$ GPa,泊松比 $\mu=0.20$;几

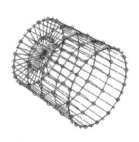

图 10-29　杯子网格图

何特性参数为杯子厚度,根据题意,杯厚 $t=1\text{mm}$。

建立的有限元静力分析模型图示如图 10-30 所示。

讨论:

本例中,若杯子只承受均布内压作用,则为轴对称壳问题,应取子午面内的线框分析,并采用轴对称壳单元划分该线框。在轴对称壳单元中,每个节点有 3 个自由度,即轴向(y 向)位移、径向(x 向)位移与 xy 平面内的转动位移(绕原点转角)。图 10-31 中,杯子置于硬橡胶板上,底部边缘节点(x 轴上节点)轴向(y 向)位移、径向(x 向)位移为 0;在杯子内部全部边界上施加均布压力,载荷集度为 0.2MPa。建立的有限元分析模型图示如图 10-31 所示。

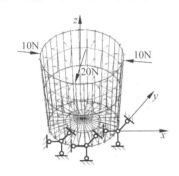
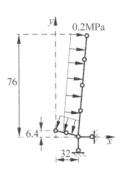

图 10-30　杯子受非对称载荷有限元模型图示　　图 10-31　杯子受均匀内压有限元模型图示

几点说明:

(1) 轴对称壳中,分布载荷为单位面积的载荷,施加在边上。这主要考虑到与有限元软件的一致性。

(2) 有限元软件中,处理轴对称壳问题与空间轴对称问题的方法一致,即 ANSYS、ABAQUS 中轴向为 y 轴;而 MSC.MARC 中,轴向为 x 轴。使用其他有限元软件时应详细查看轴对称壳单元的使用说明。

习　　题

10-1　具有中心圆孔的矩形板受均布拉力如题 10-1 图所示,设长、宽、厚尺寸依次为 2m、1m、0.1m,中心圆孔直径 0.4m,载荷集度 $q=100\text{N/m}^2$,沿板厚分布规律不变。设板的材料为各向同性,试利用对称性建立静力分析的有限元分析模型。

10-2　如题 10-2 图所示为一均质等厚度薄板结构,承受载荷沿厚度分布不变。已知 $P=1000\text{N/m}$,$q=500\text{N/m}^2$,$a=2\text{m}$,厚度 $t=0.1\text{m}$,试利用对称性建立静力分析的有限元模型。

10-3　一厚壁圆筒筒长 10m,内径 2m,外径 6m,直立于光滑水平面上,上端自由,承受内压沿筒长呈三角形线性分布(上端为零),下端压力载荷集度为 100N/m。若自重不计,根据结构与受载特点建立厚壁圆筒静力分析的有限元分析模型。

10-4　上端开口的厚壁圆筒筒长 8m,内径 2m,外径 6m,底部深度 1m,直立于光滑水平面上,上端自由,筒内承受均布内压,压力集度为 100N/m^2。若自重不计,根据结构与受载特点建立厚壁圆筒静力分析的有限元分析模型。

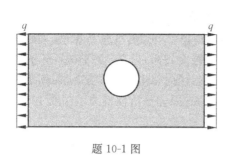

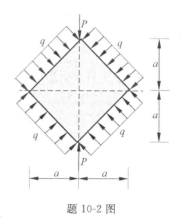

题 10-1 图   题 10-2 图

10-5   如题 10-5 图所示为两端固支的矩形截面梁,跨度为 a,梁高为 b,梁厚为 h,承受均布压力作用,压力集度为 q,且该压力沿梁厚分布不变。设梁自重不计,材料为各向同性,试建立如下两种情形下静力分析的有限元模型。

(1) a、b 属于同一数量级,$h \ll a$,$h \ll b$;

(2) b、h 属于同一数量级,$a \gg b$,$a \gg h$。

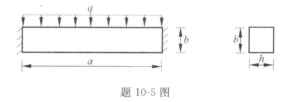

题 10-5 图

10-6   四边简支的方板,边长为 $l = 1\mathrm{m}$,厚度为 $h = 0.01\mathrm{m}$,弹性模量为 $E = 2 \times 10^{11}\mathrm{Pa}$,泊松比 $\mu = 0.3$,板上受垂直于板的均布载荷作用,载荷集度为 $q = 200\mathrm{N/m^2}$,试利用对称条件,只取 1/4 板作为研究对象,建立静力分析有限元分析模型。

10-7   筑路工程中常用压路机压实路面,若不考虑土壤自身重力,试建立压路机滚子作用于路面时,对路面土壤进行动应力计算时的有限元分析模型。设压路机的载荷大小为 $10\sin\pi t \mathrm{kN/m}$,方向垂直于路面。土壤的材料参数请查阅资料给出。

10-8   如题 10-8 图有孔试件为等厚度圆板,厚度为 5.32mm、直径为 108.04mm,有对称的四个孔,且孔直径为 16mm,孔心距薄板中心距离为 27.5mm,试件材质为 A45 钢,试建立试件模态分析的有限元模型。A45 钢的材料参数请查阅资料给出。

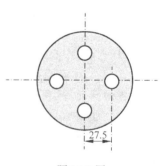

题 10-8 图

第 3 篇

有限元程序可视化设计

第11章

面向对象的程序设计概述

面向对象是一种新兴的程序设计方法，或者说它是一种新的程序设计范型，其基本思想是使用对象，类，继承，封装，消息等基本概念来进行程序设计。

面向对象是从现实世界中客观存在的事物（即对象）出发来构造软件系统，并在系统构造中尽可能运用人类的自然思维方式，强调直接以问题域（现实世界）中的事物为中心来思考问题，认识问题，并根据这些事物的本质特点，把它们抽象地表示为系统中的对象，作为系统的基本构成单位。这可以使系统直接地映射问题域，保持问题域中事物及其相互关系的本来面貌。

面向对象可以有不同层次的理解。

从世界观的角度可以认为：面向对象的基本哲学是认为世界是由各种各样具有自己的运动规律和内部状态的对象所组成的；不同对象之间的相互作用和通信构成了完整的现实世界。因此，人们应当按照现实世界这个本来面貌来理解世界，直接通过对象及其相互关系来反映世界。这样建立起来的系统才能符合现实世界的本来面目。

从方法学的角度可以认为：面向对象的方法是面向对象的世界观在开发方法中的直接运用。它强调系统的结构应该直接与现实世界的结构相对应，应该围绕现实世界中的对象来构造系统，而不是围绕功能来构造系统。

从程序设计的角度来看，面向对象的程序设计语言必须有描述对象及其相互之间关系的语言成分。这些程序设计语言可以归纳为以下几类：系统中一切皆为对象；对象是属性及其操作的封装体；对象可按其性质划分为类，对象成为类的实例；实例关系和继承关系是对象之间的静态关系；消息传递是对象之间动态联系的唯一形式，也是计算的唯一形式；方法是消息的序列。

11.1 面向对象的基本概念

面向对象，明确地给出对象的定义或说明对象的定义的非常少。起初，"面向对象"是专指在程序设计中采用封装、继承、抽象等设计方法。可是，这个定义显然不能再适合现在情况。面向对象的思想已经涉及软件开发的各个方面。如，面向对象的分析（object oriented analysis，OOA），面向对象的设计（object oriented design，OOD），以及我们经常说的面向对象的编程实现(object oriented programming,OOP)。

面向对象是当前计算机界关心的重点,它是 20 世纪 90 年代软件开发方法的主流。面向对象的概念和应用已超越了程序设计和软件开发,扩展到很宽的范围。如数据库系统、交互式界面、应用结构、应用平台、分布式系统、网络管理结构、CAD 技术、人工智能等领域。

在学习面向对象的分析、设计和实现前,先了解对象的概念、面向对象的开发方法以及开发模型。

下面分别介绍:对象的基本概念、对象的特征、对象的要素、面向对象的开发方法、面向对象的模型。

11.1.1　对象的基本概念

1. 对象

对象是人们要进行研究的任何事物,从最简单的整数到复杂的飞机等均可看作对象,它不仅能表示具体的事物,还能表示抽象的规则、计划或事件。

2. 对象的状态和行为

对象具有状态,一个对象用数据值来描述它的状态。

对象还有操作,用于改变对象的状态,对象及其操作就是对象的行为。

对象实现了数据和操作的结合,使数据和操作封装于对象的统一体中。

3. 类

具有相同特性和行为(功能)的对象之抽象就是类。因此,对象的抽象是类,类的具体化就是对象,也可以说,类的实例是对象。

类具有属性,它是对象的状态的抽象,用数据结构来描述类的属性。

类具有操作,它是对象的行为的抽象,用操作名和实现该操作的方法来描述。

4. 类的结构

在客观世界中有若干类,这些类之间有一定的结构关系。通常有两种主要的结构关系,即一般-具体结构关系,整体-部分结构关系。

(1) 一般-具体结构称为分类结构,也可以说是"或"关系,或者是"is a"关系。

(2) 整体-部分结构称为组装结构,它们之间的关系是一种"与"关系,或者是"has a"关系。

5. 消息和方法

对象之间进行通信的结构叫做消息。在对象的操作中,当一个消息发送给某个对象时,消息包含接收对象去执行某种操作的信息。发送一条消息至少要包括说明接受消息的对象名、发送给该对象的消息名(即对象名、方法名)。一般还要对参数加以说明,参数可以是认识该消息的对象所知道的变量名,或者是所有对象都知道的全局变量名。

类中操作的实现过程叫做方法,一个方法有方法名、参数、方法体。

11.1.2　对象的特征

1. 对象唯一性

每个对象都有自身唯一的标识,通过这种标识,可找到相应的对象。在对象的整个生命期中,它的标识都不改变,不同的对象不能有相同的标识。

2. 分类性

分类性是指将具有一致的数据结构(属性)和行为(操作)的对象抽象成类。一个类就是这样一种抽象,它反映了与应用有关的重要性质,而忽略其他一些无关内容。任何类的划分都是主观的,但必须与具体的应用有关。

3. 继承性

继承性是子类自动共享父类数据结构和方法的机制,这是类之间的一种关系。在定义和实现一个类的时候,可以在一个已经存在的类的基础之上来进行,把这个已经存在的类所定义的内容作为自己的内容,并加入若干新的内容。

继承性是面向对象程序设计语言不同于其他语言的最重要的特点,是其他语言所没有的。

在类层次中,子类只继承一个父类的数据结构和方法,则称为单重继承。

在类层次中,子类继承了多个父类的数据结构和方法,则称为多重继承。

在软件开发中,类的继承性使所建立的软件具有开放性、可扩充性,这是信息组织与分类的行之有效的方法,它简化了对象、类的创建工作量,增加了代码的可重性。

采用继承性,提供了类的规范的等级结构。通过类的继承关系,使公共的特性能够共享,提高了软件的重用性。

4. 多态性(多形性)

多态性是指相同的操作或函数、过程可作用于多种类型的对象上并获得不同的结果。不同的对象,收到同一消息可以产生不同的结果,这种现象称为多态性。

多态性允许每个对象以适合自身的方式去响应共同的消息。

多态性增强了软件的灵活性和重用性。

11.1.3 对象的要素

1. 抽象

抽象是指强调实体的本质、内在的属性。在系统开发中,抽象指的是在决定如何实现对象之前的对象的意义和行为。使用抽象可以尽可能避免过早考虑一些细节。

类实现了对象的数据(即状态)和行为的抽象。

2. 封装性(信息隐藏)

封装性是保证软件部件具有优良的模块性的基础。

面向对象的类是封装良好的模块,类定义将其说明(用户可见的外部接口)与实现(用户不可见的内部实现)显式地分开,其内部实现按其具体定义的作用域提供保护。

对象是封装的最基本单位,封装防止了程序相互依赖性而带来的变动影响,面向对象的封装比传统语言的封装更为清晰、更为有力。

3. 共享性

面向对象技术在不同级别上促进了共享。

同一类中的共享。同一类中的对象有着相同数据结构。这些对象之间是结构、行为特征的共享关系。

在同一应用中共享。在同一应用的类层次结构中,存在继承关系的各相似子类中,存在数据结构和行为的继承,使各相似子类共享共同的结构和行为。使用继承来实现代码的共享,这也是面向对象的主要优点之一。

在不同应用中共享。面向对象不仅允许在同一应用中共享信息,而且为未来目标的可重用设计准备了条件。通过类库这种机制和结构来实现不同应用中的信息共享。

11.1.4　面向对象的开发方法

目前,面向对象开发方法的研究已日趋成熟,国际上已有不少面向对象产品出现。面向对象开发方法有 Coad 方法、Booch 方法和 OMT 方法等。

1. Booch 方法

Booch 最先描述了面向对象的软件开发方法的基础问题,指出面向对象开发是一种根本不同于传统的功能分解的设计方法。面向对象的软件分解更接近人对客观事务的理解,而功能分解只通过问题空间的转换来获得。

2. Coad 方法

Coad 方法是 1989 年 Coad 和 Yourdon 提出的面向对象开发方法。该方法的主要优点是通过多年来大系统开发的经验与面向对象概念的有机结合,在对象、结构、属性和操作的认定方面,提出了一套系统的原则。该方法完成了从需求角度进一步进行类和类层次结构的认定。尽管 Coad 方法没有引入类和类层次结构的术语,但事实上已经在分类结构、属性、操作、消息关联等概念中体现了类和类层次结构的特征。

3. OMT 方法

OMT 方法是 1991 年由 Rumbaugh 等 5 人提出来的,其经典著作为"面向对象的建模与设计"。

该方法是一种新兴的面向对象的开发方法,开发工作的基础是对真实世界的对象建模,然后围绕这些对象使用分析模型来进行独立于语言的设计,面向对象的建模和设计促进了对需求的理解,有利于开发得更清晰、更容易维护的软件系统。该方法为大多数应用领域的软件开发提供了一种实际的、高效的保证,努力寻求一种问题求解的实际方法。

4. UML(Unified Modeling Language)语言

软件工程领域在 1995—1997 年取得了前所未有的进展,其成果超过软件工程领域过去 15 年的成就总和,其中最重要的成果之一就是统一建模语言(UML)的出现。UML 将是面向对象技术领域内占主导地位的标准建模语言。

UML 不仅统一了 Booch 方法、OMT 方法、OOSE 方法的表示方法,而且对其作了进一步的发展,最终统一为大众接受的标准建模语言。UML 是一种定义良好、易于表达、功能强大且普遍适用的建模语言。它融入了软件工程领域的新思想、新方法和新技术。它的作用域不限于支持面向对象的分析与设计,还支持从需求分析开始的软件开发全过程。

11.1.5　面向对象的模型

1. 对象模型

对象模型表示了静态的、结构化的系统数据性质,描述了系统的静态结构,它是从客观世界实体的对象关系角度来描述,表现了对象的相互关系。该模型主要关心系统中对象的结构、属性和操作,它是分析阶段三个模型的核心,是其他两个模型的框架。

（1）对象和类。

对象：对象建模的目的就是描述对象。

类：通过将对象抽象成类，可以使问题抽象化，抽象增强了模型的归纳能力。

属性：属性指的是类中对象所具有的性质（数据值）。

操作和方法：操作是类中对象所使用的一种功能或变换。类中的各对象可以共享操作，每个操作都有一个目标对象作为其隐含参数。方法是类的操作的实现步骤。

（2）关联和链。

关联是建立类之间关系的一种手段；链是建立对象之间关系的一种手段。

关联和链的含义：链表示对象间的物理与概念联结，关联表示类之间的一种关系，链是关联的实例，关联是链的抽象。

角色：说明类在关联中的作用，它位于关联的端点。

受限关联：两个类及一个限定词组成，限定词是一种特定的属性，用来有效地减少关联的重数，限定词在关联的终端对象集中说明。限定提高了语义的精确性，增强了查询能力，在现实世界中，常常出现限定词。

关联的多重性：是指类中有多少个对象与关联的类的一个对象相关。重数常描述为"一"或"多"。

（3）类的层次结构。

聚集关系：聚集是一种"整体-部分"关系。在这种关系中，有整体类和部分类之分。聚集最重要的性质是传递性，也具有逆对称性。

聚集可以有不同层次，可以把不同分类聚集起来得到一颗简单的聚集树，聚集树是一种简单表示，比画很多线来将部分类联系起来简单得多，对象模型应该容易地反映各级层次。

一般化关系：是在保留对象差异的同时共享对象相似性的一种高度抽象方式。它是"一般-具体"的关系。一般化类称为父类，具体类又称为子类，各子类继承了父类的性质，而各子类的一些共同性质和操作又归纳到父类中。因此，一般化关系和继承是同时存在的。

（4）对象模型。

模板：是类、关联、一般化结构的逻辑组成。

对象模型：是由一个或若干个模板组成。模板将模型分为若干个便于管理的子块，在整个对象模型和类及关联的构造块之间，模板提供了一种集成的中间单元，模板中的类名及关联名是唯一的。

2．动态模型

动态模型是与时间和变化有关的系统性质。该模型描述了系统的控制结构，它表示了瞬间的、行为化的系统控制性质，它关心的是系统的控制、操作的执行顺序，它表示从对象的事件和状态的角度出发，表现了对象的相互行为。

该模型描述的系统属性是触发事件、事件序列、状态、事件与状态的组织。使用状态图作为描述工具。它涉及到事件、状态、操作等重要概念。

事件：是指定时刻发生的某件事。

状态：是对象属性值的抽象。对象的属性值按照影响对象显著行为的性质将其归并到一个状态中去。状态指明了对象对输入事件的响应。

状态图：是一个标准的计算机概念，它是有限自动机的图形表示，这里把状态图作为建立动态模型的图形工具。状态图反映了状态与事件的关系。当接收一事件时,下一状态就取决于当前状态和所接收的该事件,由该事件引起的状态变化称为转换。

3. 功能模型

功能模型描述了系统的所有计算。功能模型指出发生了什么,动态模型确定什么时候发生,而对象模型确定发生的客体。功能模型表明一个计算如何从输入值得到输出值,它不考虑计算的次序。功能模型由多张数据流图组成。数据流图用来表示从源对象到目标对象的数据值的流向,它不包含控制信息,控制信息在动态模型中表示,同时数据流图也不表示对象中值的组织,值的组织在对象模型中表示。

数据流图中包含有处理、数据流、动作对象和数据存储对象。

处理:数据流图中的处理用来改变数据值。最低层处理是纯粹的函数,一张完整的数据流图是一个高层处理。

数据流:数据流图中的数据流将对象的输出与处理、处理与对象的输入、处理与处理联系起来。在一个计算机中,用数据流来表示一中间数据值,数据流不能改变数据值。

动作对象:是一种主动对象,它通过生成或者使用数据值来驱动数据流图。

数据存储对象:数据流图中的数据存储是被动对象,它用来存储数据。它与动作对象不一样,数据存储本身不产生任何操作,它只响应存储和访问的要求。

11.2 面向对象的分析

面向对象分析的目的是对客观世界的系统进行建模。

对象分析、建立模型有三种用途:用来明确问题需求;为用户和开发人员提供明确需求;为用户和开发人员提供一个协商的基础,作为后继的设计和实现的框架。

11.2.1 对象的分析

系统分析的第一步是:陈述需求。分析者必须同用户一块工作来提炼需求,因为这样才表示了用户的真实意图,其中涉及对需求的分析及查找丢失的信息。

11.2.2 建立对象模型

首先标识和关联,因为它们影响了整体结构和解决问题的方法,其次是增加属性,进一步描述类和关联的基本网络,使用继承合并和组织类,最后操作增加到类中去作为构造动态模型和功能模型的副产品。

1. 确定类

构造对象模型的第一步是标出来自问题域的相关的对象类,对象包括物理实体和概念。所有类在应用中都必须有意义,在问题陈述中,并非所有类都是明显给出的。有些是隐含在问题域或一般知识中的。

根据下列标准,去掉不必要的类和不正确的类。

(1)冗余类:若两个类表述了同一个信息,保留最富有描述能力的类。

(2)不相干的类:除掉与问题没有关系或根本无关的类。

(3)模糊类:类必须是确定的,有些暂定类边界定义模糊或范围太广。

（4）属性：某些名词描述的是其他对象的属性，则从暂定类中删除。如果某一性质的独立性很重要，就应该把它归属到类，而不把它作为属性。

（5）操作：如果问题陈述中的名词有动作含义，则描述的操作就不是类，但是具有自身性质而且需要独立存在的操作应该描述成类。

2. 准备数据字典

为所有建模实体准备一个数据字典，准确描述各个类的精确含义，描述当前问题中的类的范围，包括对类的成员、用法方面的假设或限制。

3. 确定关联

两个或多个类之间的相互依赖就是关联。一种依赖表示一种关联，可用各种方式来实现关联，但在分析模型中应删除实现的考虑，以便设计时更为灵活。关联常用描述性动词或动词词组来表示，其中有物理位置的表示、传导的动作、通信、所有者关系、条件的满足等。从问题陈述中抽取所有可能的关联表述，把它们记下来，但不要过早去细化这些表述。

所有可能的关联，大多数是直接抽取问题中的动词词组而得到的。在陈述中，有些动词词组表述的关联是不明显的。最后，还有一些关联与客观世界或人的假设有关，必须同用户一起核实这种关联，因为这种关联在问题陈述中找不到。

使用下列标准去掉不必要和不正确的关联：

（1）若某个类已被删除，那么与它有关的关联也必须删除或者用其他类来重新表述。

（2）删除所有问题域之外的关联或涉及实现结构中的关联。

（3）动作：关联应该描述应用域的结构性质而不是瞬时事件。

（4）派生关联：省略那些可以用其他关联来定义的关联，因为这种关联是冗余的。

4. 确定属性

属性是个体对象的性质，属性通常用修饰性的名词词组来表示。形容词常常表示具体的可枚举的属性值，属性不可能在问题陈述中完全表述出来，必须借助于应用域的知识及对客观世界的知识才可以找到它们。只考虑与具体应用直接相关的属性，不要考虑那些超出问题范围的属性。首先找出重要属性，避免那些只用于实现的属性，要为各个属性取有意义的名字。

按下列标准删除不必要的和不正确的属性：

（1）对象：若实体的独立存在比它的值重要，那么这个实体不是属性而是对象。在具体应用中，具有自身性质的实体一定是对象。

（2）定词：若属性值取决于某种具体上下文，则可考虑把该属性重新表述为一个限定词。

（3）名称：名称常常作为限定词而不是对象的属性，当名称不依赖于上下文关系时，名称即为一个对象属性，尤其是它不惟一时。

（4）标识符：在考虑对象模糊性时，引入对象标识符表示，在对象模型中不列出这些对象标识符，它是隐含在对象模型中，只列出存在于应用域的属性。

（5）内部值：若属性描述了对外不透明的对象的内部状态，则应从对象模型中删除该属性。

（6）细化：忽略那些不可能对大多数操作有影响的属性。

5. 使用继承来细化类

使用继承来共享公共机构,以此来组织类,可以用两种方式来进行。

(1)自底向上通过把现有类的共同性质一般化为父类,寻找具有相似的属性,关系或操作的类来发现继承。有些一般化结构常常是基于客观世界边界的现有分类,只要可能,尽量使用现有概念。对称性常有助于发现某些丢失的类。

(2)自顶向下将现有的类细化为更具体的子类。具体化常常可以从应用域中明显看出来。应用域中各枚举字情况是最常见的具体化的来源。例如:菜单,可以有固定菜单、顶部菜单、弹出菜单、下拉菜单等,就可以把菜单类具体细化为各种具体菜单的子类。当同一关联名出现多次且意义也相同时,应尽量具体化为相关联的类。在类层次中,可以为具体的类分配属性和关联。各属性和都应分配给最一般的适合的类,有时也加上一些修正。

应用域中各枚举情况是最常见的具体化的来源。

6. 完善对象模型

对象建模不可能一次就能保证模型是完全正确的,软件开发的整个过程就是一个不断完善的过程。模型的不同组成部分多半是在不同的阶段完成的,如果发现模型的缺陷,就必须返回到前期阶段去修改,有些细化工作是在动态模型和功能模型完成之后才开始进行的。

(1)几种可能丢失对象的情况及解决办法。同一类中存在毫无关系的属性和操作,则分解这个类,使各部分相互关联;一般化体系不清楚,则可能分离扮演两种角色的类;存在无目标类的操作,则找出并加上失去目标的类;存在名称及目的相同的冗余关联,则通过一般化创建丢失的父类,把关联组织在一起。

(b)查找多余的类。类中缺少属性,操作和关联,则可删除这个类。

(3)查找丢失的关联。丢失了操作的访问路径,则加入新的关联以回答查询。

11.2.3　建立动态模型

1. 准备脚本

动态分析从寻找事件开始,然后确定各对象的可能事件顺序。在分析阶段不考虑算法的执行,算法是实现模型的一部分。

2. 确定事件

确定所有外部事件。事件包括所有来自或发往用户的信息、外部设备的信号、输入、转换和动作,可以发现正常事件,但不能遗漏条件和异常事件。

3. 准备事件跟踪表

把脚本表示成一个事件跟踪表,即不同对象之间的事件排序表,对象为表中的列,给每个对象分配一个独立的列。

4. 构造状态图

对各对象类建立状态图,反映对象接收和发送的事件,每个事件跟踪都对应于状态图中一条路径。

11.2.4　建立功能模型

功能模型用来说明值是如何计算的,表明值之间的依赖关系及相关的功能,数据流图有助于表示功能依赖关系,其中的处理应于状态图的活动和动作,其中的数据流对应于对象图中的对象或属性。

（1）确定输入值、输出值：先列出输入、输出值，输入、输出值是系统与外界之间的事件的参数。

（2）建立数据流图：数据流图说明输出值是怎样从输入值得来的，数据流图通常按层次组织。

11.2.5　确定操作

在建立对象模型时，确定了类、关联、结构和属性，还没有确定操作。只有建立了动态模型和功能模型之后，才可能最后确定类的操作。

11.3　面向对象的设计

面向对象设计是把分析阶段得到的需求转变成符合成本和质量要求的、抽象的系统实现方案的过程。从面向对象分析到面向对象设计，是一个逐渐扩充模型的过程。

瀑布模型把设计进一步划分成概要设计和详细设计两个阶段，类似地，也可以把面向对象设计再细分为系统设计和对象设计。系统设计确定实现系统的策略和目标系统的高层结构。对象设计确定解空间中的类、关联、接口形式及实现操作的算法。

11.3.1　面向对象设计的准则

1. 模块化

面向对象开发方法很自然地支持了把系统分解成模块的设计原则：对象就是模块。它是把数据结构和操作这些数据的方法紧密地结合在一起所构成的模块。

2. 抽象

面向对象方法不仅支持过程抽象，而且支持数据抽象。

3. 信息隐藏

在面向对象方法中，信息隐藏通过对象的封装性来实现。

4. 低耦合

在面向对象方法中，对象是最基本的模块，因此，耦合主要指不同对象之间相互关联的紧密程度。低耦合是设计的一个重要标准，因为这有助于使得系统中某一部分的变化对其他部分的影响降到最低程度。

5. 高内聚

（1）操作内聚；

（2）类内聚；

（3）一般-具体内聚。

11.3.2　面向对象设计的启发规则

1. 设计结果应该清晰易懂

使设计结果清晰、易懂、易读是提高软件可维护性和可重用性的重要措施。显然，人们不会重用那些他们不理解的设计。

好设计要做到：(1)用词一致；(2)使用已有的协议；(3)减少消息模式的数量；(4)避免模糊的定义。

2. 一般-具体结构的深度应适当

3. 设计简单类

应该尽量设计小而简单的类，这样便以开发和管理。为了保持简单，应注意以下几点：

(1) 避免包含过多的属性；

(2) 有明确的定义；

(3) 尽量简化对象之间的合作关系；

(4) 不要提供太多的操作。

4. 使用简单的协议

一般来说，消息中参数不要超过三个。

5. 使用简单的操作

面向对象设计出来的类中的操作通常都很小，一般只有 3 至 5 行源程序语句，可以用仅含一个动词和一个宾语的简单句子描述它的功能。

6. 把设计变动减至最小

通常，设计的质量越高，设计结果保持不变的时间也越长。即使出现必须修改设计的情况，也应该使修改的范围尽可能小。

11.3.3　系统设计

系统设计是问题求解及建立解答的高级策略。必须制定解决问题的基本方法，系统的高层结构形式包括子系统的分解、它的固有并发性、子系统分配给硬软件、数据存储管理、资源协调、软件控制实现、人机交互接口。

1. 系统设计概述

设计阶段先从高层入手，然后细化。系统设计要决定整个结构及风格，这种结构为后面设计阶段的更详细策略的设计提供了基础。

(1) 系统分解。系统中主要的组成部分称为子系统，子系统既不是一个对象也不是一个功能，而是类、关联、操作、事件和约束的集合。

(2) 确定并发性。分析模型、现实世界及硬件中不少对象均是并发的。

(3) 处理器及任务分配。各并发子系统必须分配给单个硬件单元，要么是一个一般的处理器，要么是一个具体的功能单元。

(4) 数据存储管理。系统中的内部数据和外部数据的存储管理是一项重要的任务。通常各数据存储可以将数据结构、文件、数据库组合在一起，不同数据存储要在费用、访问时间、容量及可靠性之间做出折衷考虑。

(5) 全局资源的处理。必须确定全局资源，并且制定访问全局资源的策略。

(6) 选择软件控制机制。分析模型中所有交互行为都表示为对象之间的事件。系统设计必须从多种方法中选择某种方法来实现软件的控制。

(7) 人机交互接口设计。

① 设计中的大部分工作都与稳定的状态行为有关，但必须考虑用户使用系统的交互接口。

② 系统结构的一般框架。

③ 系统分解——建立系统的体系结构。可用的软件库以及程序员的编程经验。通过面向对象分析得到的问题域精确模型,为设计体系结构奠定了良好的基础,建立了完整的框架。

④ 选择软件控制机制。软件系统中存在两种控制流,外部控制流和内部控制流。

⑤ 数据存储管理。数据存储管理是系统存储或检索对象的基本设施,它建立在某种数据存储管理系统之上,并且隔离了数据存储管理模式的影响。

⑥ 设计人机交互接口。在面向对象分析过程中,已经对用户界面需求作了初步分析,在面向对象设计过程中,则应该对系统的人机交互接口进行详细设计,以确定人机交互的细节,其中包括指定窗口和报表的形式、设计命令层次等项内容。

11.3.4 对象设计

1. 对象设计概述

面向对象设计是一种软件设计方法,是一种工程化规范。面向对象设计模式解决的是类与相互通信的对象之间的组织关系,包括它们的角色、职责、协作方式几个方面。

面向对象设计模式是"好的面向对象设计",所谓"好的面向对象设计"是那些可以满足"应对变化,提高复用"的设计。

2. 三种模型的结合

(1)获得操作;(2)确定操作的目标对象。

三种模型由对象模型、动态模型和功能模型组成。功能模型指明了系统应该"做什么";动态模型明确规定了什么时候(即在何种状态下接受了什么事件的触发)做;对象模型则定义了做事情的实体。在面向对象方法学中,对象模型是最基本最重要的,它为其他两种模型奠定了基础,人们依靠对象模型完成 3 种模型的集成。

3. 算法设计

算法设计包括 5 个方面:设计算法、表示算法、确认算法、分析算法、验证算法。

4. 优化设计

优化设计是从多种方案中选择最佳方案的设计方法。它以数学中的最优化理论为基础,以计算机为手段,根据设计所追求的性能目标,建立目标函数,在满足给定的各种约束条件下,寻求最优的设计方案。

5. 控制的实现

一个类中的方法或成员的访问修饰符共有四种情况:private、不加修饰符、protected、public。private 访问控制:表示该成员或方法只能在该类的内部访问。不加修饰符:表示该方法或成员可以在该类的内部、同一包中的其他类(包括子类)被访问。protected 访问控制:表示该方法或成员可以在该类内部、同一包中的其他类(包括子类)、其他包中的该类的子类中被访问。public 访问控制:无访问限制。

6. 调整继承

要实现继承,可以通过"继承"(Inheritance)和"组合"(Composition)来实现。一个子类可以继承多个基类。但是一般情况下,一个子类只能有一个基类,要实现多重继承,可以通过多级继承来实现。

7. 关联的设计

关联(Association)关系是类与类之间的联接,它使一个类知道另一个类的属性和方法。关联可以是双向的,也可以是单向的。在 Java 语言中,关联关系一般使用成员变量来实现。

11.4　面向对象的实现

11.4.1　程序设计语言

1. 选择面向对象语言

采用面向对象方法开发软件的基本目的和主要优点是通过重用提高软件的生产率,因此,应该优先选用能够最完善、最准确地表达问题域语义的面向对象语言。

在选择编程语言时,应该考虑的其他因素还有:对用户学习面向对象分析、设计和编码技术所能提供的培训操作;在使用这个面向对象语言期间能提供的技术支持;能提供给开发人员使用的开发工具、开发平台,对机器性能和内存的需求,集成已有软件的容易程度。

2. 程序设计风格

(1) 提高重用性;

(2) 提高可扩充性;

(3) 提高健壮性。

11.4.2　类的实现

在开发过程中,类的实现是核心问题。在用面向对象风格所写的系统中,所有的数据都被封装在类的实例中。而整个程序则被封装在一个更高级的类中。在使用既存部件的面向对象系统中,可以只花费少量时间和工作量来实现软件。只要增加类的实例,开发少量的新类和实现各个对象之间互相通信的操作,就能建立需要的软件。

一种方案是先开发一个比较小、比较简单的类,作为开发比较大、比较复杂的类的基础。

(1) "原封不动"重用。

(2) 进化性重用。

一个能够完全符合要求特性的类可能并不存在。

(3) "废弃性"开发。

不用任何重用来开发一个新类。

(4) 错误处理。

一个类应是自主的,有责任定位和报告错误。

11.4.3　应用系统的实现

应用系统的实现是在所有的类都被实现之后的事。实现一个系统是一个比用过程性方法更简单、更简短的过程。有些实例将在其他类的初始化过程中使用,而其余则必须用某种主过程显式地加以说明,或者当作系统最高层的类的表示的一部分。

在 C++ 和 C 中有一个 main()函数,可以使用这个过程来说明构成系统主要对象的那些类的实例。

11.4.4　面向对象测试

（1）算法层。

首先最好有个参照标准，原理有必要了解，巧妙地利用输入数据变化和输出数据变化趋势来做判据。

（2）类层。

测试封装在同一个类中的所有方法和属性之间的相互作用。

（3）模板层。

测试一组协同工作的类之间的相互作用。

（4）系统层。

把各个子系统组装成完整的面向对象软件系统，在组装过程中同时进行测试。

11.5　面向对象和基于对象的区别

很多人没有区分"面向对象"和"基于对象"两个不同的概念。面向对象的三大特点（封装，继承，多态）缺一不可。通常"基于对象"是使用对象，但是无法利用现有的对象模板产生新的对象类型，继而产生新的对象，也就是说"基于对象"没有继承的特点。而"多态"表示为父类类型的子类对象实例，没有了继承的概念也就无从谈论"多态"。现在的很多流行技术都是基于对象的，它们使用一些封装好的对象，调用对象的方法，设置对象的属性。但是它们无法让程序员派生新对象类型。它们只能使用现有对象的方法和属性。所以当你判断一个新的技术是否是面向对象的时候，通常可以使用后两个特性来加以判断。"面向对象"和"基于对象"都实现了"封装"的概念，但是面向对象实现了"继承和多态"，而"基于对象"没有实现这些，的确很绕口。

从事面向对象编程的人按照分工来说，可以分为"类库的创建者"和"类库的使用者"。使用类库的人并不都是具备了面向对象思想的人，通常知道如何继承和派生新对象就可以使用类库了，然而我们的思维并没有真正的转过来，使用类库只是在形式上是面向对象，而实质上只是库函数的一种扩展。

面向对象是一种思想，是我们考虑事情的方法，通常表现为我们是将问题的解决按照过程方式来解决呢，还是将问题抽象为一个对象来解决它。很多情况下，我们会不知不觉的按照过程方式来解决它，而不是考虑将要解决问题抽象为对象去解决它。

第12章

平面问题可视化程序设计

本章提供平面问题的可视化通用程序,以三节点三角形单元为例。

12.1 程序总体框架与主要功能

程序总体框架如图 12-1 所示。

程序主要功能如下:

(1) 可以处理两类平面问题,即平面应力问题

和平面应变问题。

图 12-1 程序总体框架

(2) 可以处理五类载荷:节点集中力、非节点集中力、均布体力、均布面力、线性分布面力。

(3) 输入节点数据和单元数据时,显示节点号、单元号、单元网格,以便发现数据错误及时修改。

(4) 原始数据可以保存在数据文件中,也可以直接从数据文件读取。

(5) 每项原始数据都可以随时修改。

(6) 计算结果显示变形图、应力(应变)云图,可调整显示比例,可显示局部或全部。

12.2 原始数据准备及录入界面

1. 原始数据

原始数据包括如下六部分。

(1) 各单元的材料参数与几何参数,包括:弹性模量、泊松比、厚度;

(2) 求解问题的类型;

(3) 节点与非节点数据:点号、点坐标(x 坐标,y 坐标);

(4) 单元节点数据:单元号、逆时针排列的节点号(i, j, k);

(5) 边界条件:被约束的(节点对应的)自由度号、位移值;

(6) 载荷数据:分 5 类:

0 类——节点上作用的集中力:节点号、(x, y)方向力分量;

1 类——非节点上作用的集中力：点号、(x,y)方向力分量；

2 类——均布体力：(x,y)方向载荷集度；

3 类——均布面力：起点号、末点号、(x,y)方向载荷集度；

4 类——线性分布面力：起点号、(x,y)方向载荷集度，末点号、(x,y)方向载荷集度。

2. 录入原始数据前的准备工作

(1) 在直角坐标系中，画出研究对象；

(2) 将研究对象划分为若干三角形单元；

(3) 将节点(非节点)编号，将单元编号；

(4) 将载荷分类，并计算 x、y 方向的分量；

(5) 根据节点编号记录约束的自由度号和位移值。

录入界面如图 12-2 所示，具体程序参见 12.8 节程序代码。

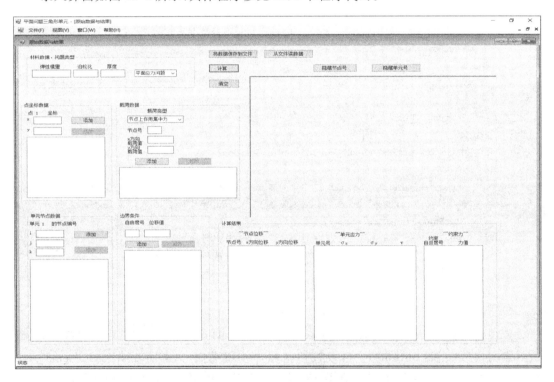

图 12-2　原始数据录入界面

12.3　数据输入验证及纠错

本节主要介绍节点数据输入的**添加按钮**(Button1)程序编制。

在图 12-2 中，Label2.text 为节点号，TextBox1.text 和 TextBox2.text 为节点坐标。为了使数据在列表框 ListBox1 中对齐，将节点号和节点坐标作为字符串进行一些处理，另外每添加一个节点坐标，节点号自动加 1。程序如下：

```
Private Sub Button1_Click(ByVal sender As System.Object, ByVal e As System.EventArgs) Handles
```

```
Button1.Click
    Dim strtmp As String
    strtmp = Space(3 - Len(Label2.Text)) & Label2.Text.Trim & Space(12 - Len(TextBox1.Text)) _
            & TextBox1.Text.Trim & Space(12 - Len(TextBox2.Text)) & TextBox2.Text.Trim
    ListBox1.Items.Add(strtmp)
    Label2.Text = Label2.Text + 1
End Sub
```

为了使程序能判断所输入的坐标值是数字(不是字母文字),将上面程序做如下修改。

```
Private Sub Button1_Click(ByVal sender As System.Object, ByVal e As System.EventArgs) Handles
Button1.Click
    Dim strtmp As String
    Label2.Text = ListBox1.Items.Count + 1          '节点号 = 列表框中节点个数 + 1
    If Not IsNumeric(TextBox1.Text) Then            '判断 x 坐标文本框中的内容是不是数字,
                                                      不是数字清空
        TextBox1.Text = ""
    End If
    If Not IsNumeric(TextBox2.Text) Then            '判断 y 坐标文本框中的内容是不是数字,
                                                      不是数字清空
        TextBox2.Text = ""
    End If
    If IsNumeric(TextBox1.Text) And IsNumeric(TextBox2.Text) Then    '坐标 x, y 均是数字,添入
                                                                        列表框中
        strtmp = Space(3 - Len(Label2.Text)) & Label2.Text.Trim & Space(12 - Len(TextBox1.Text)) _
                & TextBox1.Text.Trim & Space(12 - Len(TextBox2.Text)) & TextBox2.Text.Trim
        ListBox1.Items.Add(strtmp)
        Label2.Text = Label2.Text + 1               '节点号加 1
        Button2.Enabled = False                     '修改按钮不可用状态
        Panel1.Refresh()                            '单元网格图刷新重画
    End If
End Sub
```

发现输入数据错误,需鼠标选中坐标列表框(listbox1)中的错误数据,将其提取出来,修改后点击修改按钮(Button2)。修改按钮与添加按钮类似,只需将 ListBox1.Items.Add (strtmp)语句改为 ListBox1.Items.Item(ListBox1.SelectedIndex) = strtmp 即可。

鼠标点击坐标列表框的程序如下:

```
Private Sub ListBox1_SelectedIndexChanged(ByVal sender As System.Object, ByVal e As System.
EventArgs) Handles
    ListBox1.SelectedIndexChanged
    If ListBox1.SelectedIndex >= 0 Then
        Label2.Text = ListBox1.SelectedItem.ToString.Substring(0, 3).Trim
        TextBox1.Text = ListBox1.SelectedItem.ToString.Substring(3, 12).Trim
        TextBox2.Text = ListBox1.SelectedItem.ToString.Substring(15, 12).Trim
        Button2.Enabled = True                      '修改按钮可用状态
    End If
End Sub
```

单元节点数据、载荷数据、边界条件数据的处理与节点坐标数据程序类似，只需调整对齐参数即可。

12.4 单元网格图及计算结果的显示

12.4.1 单元网格图显示程序

单元网格图程序由 Panel1_Paint 实现，主要完成如下工作：找到 x、y 坐标的最大值和最小值；计算出坐标在 panel1 中的缩放系数；将各节点坐标转换为 panel1 中的像数坐标；根据单元节点数据，依次将每个单元画出；画 xy 坐标轴；画单元号、节点号。

设定最大最小 x、y 坐标初值：maxx $= -99999$；maxy $= -99999$；minx $= 99999$；miny $= 99999$

listbox1 的行数即是点的个数，从 listbox1 中获取各点 x、y 坐标存入 x、y 数组，程序代码如下：

```
nn = ListBox1.Items.Count
For i = 1 To nn
    x(i) = FormatNumber(ListBox1.Items.Item(i - 1).ToString.Substring(3, 12).Trim)
    y(i) = FormatNumber(ListBox1.Items.Item(i - 1).ToString.Substring(15, 12).Trim)
Next
寻找到 x、y 坐标的最大最小值
For i = 1 To nn
    If x(i) > maxx Then maxx = x(i)
    If x(i) < minx Then minx = x(i)
    If y(i) > maxy Then maxy = y(i)
    If y(i) < miny Then miny = y(i)
Next
```

求像素尺寸与实际尺寸的比例系数，程序代码如下：

```
l1 = Panel1.Width / ((maxx - minx) * 1.2)
l2 = Panel1.Height / ((maxy - miny) * 1.2)
If l2 < l1 Then l1 = l2
```

将各点坐标转换为像素坐标 xt,yt，在画布相应位置显示点号，程序代码如下：

```
xs = 0.1 * (maxx - minx) * l1            'xs,ys 为画布绘图区域左上角点横纵坐标
ys = xs
For i = 1 To nn
    xt(i) = xs + (x(i) - minx) * l1
    yt(i) = ys + (maxy - y(i)) * l1
    g.DrawString(i.ToString, heiti, ztbrush, xt(i), yt(i))
Next
```

从 listbox2 中获取单元节点号，按顺序画直线，首尾连接，形成三角形，在三角形形心处显示单元号，程序代码如下：

```
mm = ListBox2.Items.Count
For i = 1 To mm
```

```
    ii = FormatNumber(ListBox2.Items.Item(i - 1).ToString.Substring(3, 8).Trim)
    jj = FormatNumber(ListBox2.Items.Item(i - 1).ToString.Substring(11, 8).Trim)
    kk = FormatNumber(ListBox2.Items.Item(i - 1).ToString.Substring(19, 8).Trim)
    g.DrawLine(mypen, xt(ii), yt(ii), xt(jj), yt(jj))
    g.DrawLine(mypen, xt(jj), yt(jj), xt(kk), yt(kk))
    g.DrawLine(mypen, xt(kk), yt(kk), xt(ii), yt(ii))
    xxx = (xt(ii) + xt(jj) + xt(kk)) / 3
    yyy = (yt(ii) + yt(jj) + yt(kk)) / 3
    g.DrawString(i.ToString, heiti, ztbrush1, xxx, yyy)
Next
```

最后将坐标轴画出,并标 x、y,程序代码如下:

```
x0 = xs - minx * l1
g.DrawString("y", heiti, New SolidBrush(Color.Black), x0, Panel1.Height / 20)
g.DrawLine(xypen, x0, 0, x0, Panel1.Height)
y0 = ys + maxy * l1
g.DrawString("x", heiti, New SolidBrush(Color.Black), 19 * Panel1.Width / 20, y0)
g.DrawLine(xypen, 0, y0, Panel1.Width, y0)
```

以上为主要代码段,完整代码参阅 12.8 节程序代码。

12.4.2　节点位移图显示程序

节点位移图在一新窗体上显示,由该窗体的 Panel1_Paint 实现。绘图前,将位移按给定的比例放大(比例系数可任意填写),再将其转换为像素尺寸,然后将变形前后的单元网格图以不同的颜色线条画出。另外,鼠标程序可以选定放大区域。画法与单元网格图显示程序相似,参阅 12.8 节程序代码。

12.4.3　单元应力图显示程序

单元应力图有三个,x 方向和 y 方向正应力以及与 x 轴垂直面上 y 方向切应力,三个图画法一样,只是填充的颜色值由应力值来确定。因此编写一个类,由该类生成三个对象即可。

最小应力(应变)与最大应力(应变)对应的颜色值分别为 Argb(255,255,0,0),Argb(255,0,0,255)。

应力(应变)颜色棒的绘制:

```
Dim linGrBrush As New LinearGradientBrush(New Point(20, yst), New Point(20, yst + hh), Color.
FromArgb(255, 255, 0, 0), Color.FromArgb(255, 0, 0, 255))
e.Graphics.FillRectangle(linGrBrush, xst, yst, 10, hh)
```

在单元应力列表框中寻找最大、最小值,下面代码中的 lsgm 为应力识别码,1 为 x 方向正应力,2 为 y 方向正压力,3 为与 x 轴垂直面上 y 方向切应力(或与 y 轴垂直面上 x 方向切应力)。

```
For i = 1 To mm
    sgm(i) = Val(Form2.ListBox6.Items.Item(i - 1).ToString.Substring(3 + (lsgm - 1) *
12, 12).Trim)
```

```
    If mins > sgm(i) Then mins = sgm(i)
    If maxs < sgm(i) Then maxs = sgm(i)
Next
```

各单元应力(应变)转换为颜色值代码：

```
rr = 255 * (sgm(i) - mins) / (maxs - mins)
bb = 255 * (maxs - sgm(i)) / (maxs - mins)
color1 = Color.FromArgb(255, rr, 0, bb)
```

绘制单元并填充相应颜色代码

```
points(0) = New Point(xt(ii), yt(ii))
points(1) = New Point(xt(jj), yt(jj))
points(2) = New Point(xt(kk), yt(kk))
xxx = (xt(ii) + xt(jj) + xt(kk)) / 3
yyy = (yt(ii) + yt(jj) + yt(kk)) / 3
Dim brush1 As New SolidBrush(color1)
g.FillPolygon(brush1, points)
g.DrawPolygon(mypen, points)
g.DrawString(i.ToString, zt, ztbrush, xxx, yyy)
```

以上为主要代码段片段，完整代码参阅 12.8 节程序代码。

12.5 原始数据生成与保存

原始数据包括：节点坐标、单元节点排号、载荷数据、约束数据(多组数据)；还有材料常数、厚度、问题类型(单个数据)，由于数据较多可能一次输不完，因此需要保存数据到文件。

保存数据程序代码如下：

```
SaveFileDialog1.Filter = "txt files (*.txt)|*.txt|All files (*.*)|*.*"
        SaveFileDialog1.RestoreDirectory = True
        SaveFileDialog1.FilterIndex = 1
        If SaveFileDialog1.ShowDialog() = DialogResult.OK Then
            Dim fs As IO.FileStream = SaveFileDialog1.OpenFile
            Dim sw As New IO.StreamWriter(fs)
            sw.WriteLine("/各点坐标/")
            For i = 0 To ListBox1.Items.Count - 1
                sw.WriteLine(ListBox1.Items.Item(i))
            Next
            sw.WriteLine("/单元节点编号/")
            For i = 0 To ListBox2.Items.Count - 1
                sw.WriteLine(ListBox2.Items.Item(i))
            Next
            sw.WriteLine("/载荷数据/")
            For i = 0 To ListBox3.Items.Count - 1
                sw.WriteLine(ListBox3.Items.Item(i) & "*")
```

```
        Next
        sw.WriteLine("/边界条件/")
        For i = 0 To ListBox4.Items.Count - 1
            sw.WriteLine(ListBox4.Items.Item(i))
        Next
        sw.WriteLine("/材料数据及问题类型/")
        Dim str As String = ""
        str = Space(3) & TextBox12.Text.Trim & Space(5) & TextBox13.Text.Trim & Space(5)_
                & TextBox17.Text.Trim &
                Space(5) & ComboBox2.SelectedIndex.ToString
        sw.WriteLine(str)
        sw.Close()
        fs.Close()
    End If
```

　　从文件读取数据到程序,使用打开文件对话框方式读取数据。也可能数据文件是手工生成,可能会出现格式错误,所以读取文件数据时,程序需要检查错误。代码参阅 12.8 节程序代码。

12.6　计算部分处理框图

　　程序计算部分框图如图 12-3 所示。

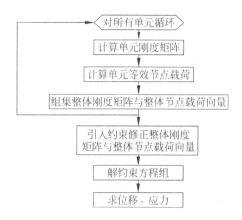

图 12-3　程序计算部分框图

12.7　算例

　　使用本程序分析受内压厚壁圆筒的位移与应力。按平面应变问题处理,如图 12-4(a)为有限元分析模型,网格划分如图 12-4(b)所示。设材料的弹性模量为 0.1×10^6 MPa,泊松比为 0.25,板厚为 1mm,均布载荷集度为 $q = 100$N/mm^2。图中单位为 mm。节点编号、单元编号如图 12-4(b)所示。

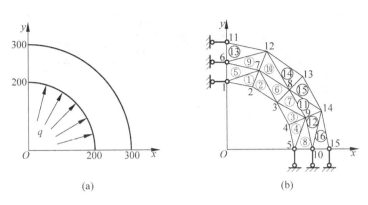

图 12-4　平面问题算例

各节点坐标如下：

1	0	200
2	76.537	184.776
3	141.420	141.420
4	184.776	76.537
5	200	0
6	0	250
7	95.671	230.970
8	176.777	176.777
9	230.970	95.671
10	250.000	0.000
11	0.000	300.000
12	114.850	277.164
13	212.130	212.130
14	277.164	114.805
15	300.000	0.000

载荷处理后

1 节点 x 方向 761.20，y 方向 3826.83

2 节点 x 方向 2928.92，y 方向 7071.06

3 节点 x 方向 5411.96，y 方向 5411.96

4 节点 x 方向 7071.06，y 方向 2928.92

5 节点 x 方向 3826.83，y 方向 761.20

边界条件

1 自由度位移 0.0，10 自由度位移 0.0，11 自由度位移 0.0，20 自由度位移 0.0，21 自由度位移 0.0，30 自由度位移 0.0。

可视化输入界面如图 12-5 所示。图 12-6 为位移放大图，图 12-7 至图 12-9 为应力云图。可视化程序代码参见 12.8 节。

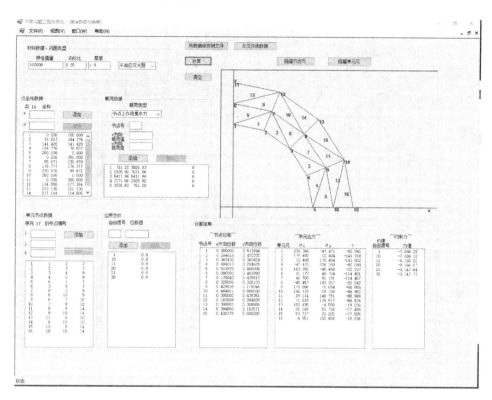

图 12-5　算例输入与结果显示界面

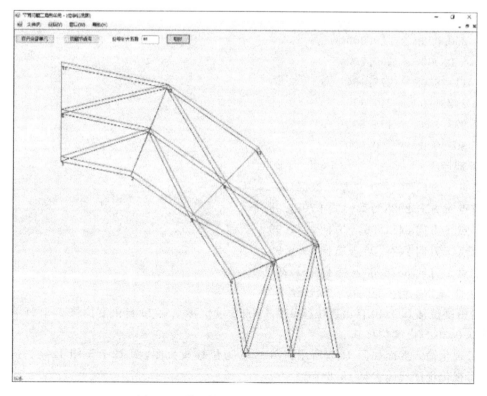

图 12-6　位移情况图与应力 $\sigma_x\sigma_y\tau_{xy}$ 情况图

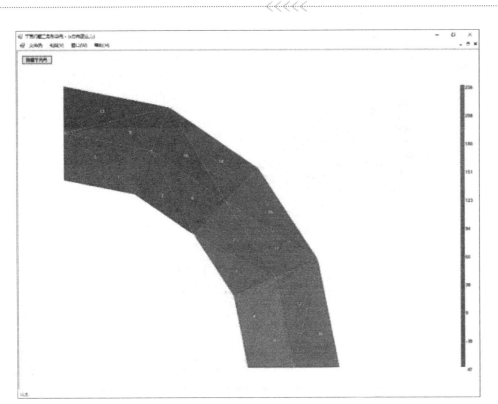

图 12-7　X 方向正应力云图

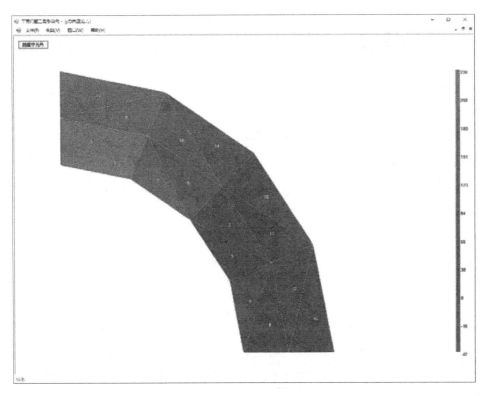

图 12-8　Y 方向正应力云图

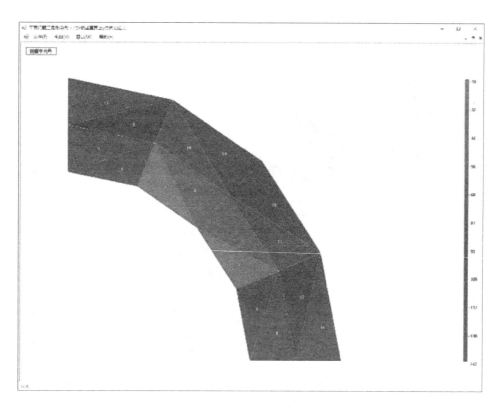

图 12-9　切应力云图

12.8　程序代码

程序由一个父窗体包含三个子窗体构成：原始数据录入及结果数据子窗体；应力色彩图子窗体；变形图子窗体。

程序代码请访问如下网址或者扫描二维码。

http://www.wqyunpan.com/resourceDetail.html? id = 66421&openId = oUgl9wRaCGGjpUJi8MfxhyWp-7S90&qrcodeId = 58827&code = &state = &rightStatus = 0

参 考 文 献

[1] 梁清香,等.有限元与 MARC 实现[M].北京:机械工业出版社,2003.
[2] 梁清香,等.有限元与 MARC 实现[M].2 版.北京:机械工业出版社,2005.
[3] 陈国荣.有限单元法原理及应用[M].北京:科学出版社,2009.
[4] 杜平安,等.有限元法——原理、建模及应用[M].2 版.北京:国防工业出版社,2015.
[5] 曾攀.工程有限单元方法[M].北京:科学出版社,2010.
[6] 曾攀.有限元基础教程[M].北京:高等教育出版社,2009.
[7] 王焕定,等.有限元法基础及 MATLAB 编程[M].北京:高等教育出版社,2012.
[8] 王元汉,等.有限元法基础与程序设计[M].广州:华南理工大学出版社,2001.
[9] 郭乙木,等.线性与非线性有限元及其应用[M].北京:机械工业出版社,2004.
[10] 朱伯芳.有限单元法原理与应用[M].3 版.北京:中国水利水电出版社,2009.
[11] 李亚智,等.有限元法基础与程序设计[M].北京:科学出版社,2004.
[12] 王勖成.有限单元法[M].北京:清华大学出版社,2003.
[13] 谭继锦,张代胜.汽车结构有限元分析[M].北京:清华大学出版社,2009.
[14] 徐芝纶.弹性力学简明教程[M].3 版.北京:高等教育出版社,2002.
[15] 刘鸿文.材料力学 I[M].5 版.北京:高等教育出版社,2011.
[16] 赵子龙.振动力学[M].北京:国防工业出版社,2014.
[17] 沈观林.复合材料力学[M].2 版.北京:清华大学出版社,2013.
[18] 徐春,等.金属塑性成形理论[M].北京:冶金工业出版社,2009.
[19] 王金彦.有限元法与塑性成形数值模拟[M].北京:化学工业出版社,2015.
[20] 冯超,等.全新 Marc 实例教程与常见问题解析[M].北京:中国水利水电出版社,2012.
[21] 胡仁喜,等.ANSYS14.0 机械结构有限元分析从入门到精通[M].北京:机械工业出版社,2015.
[22] 童爱红.vb.net 应用教程[M].北京:清华大学出版社,2011.
[23] James foxall.Visual basic2010 入门经典[M].梅兴文,译.北京:人民邮电出版社,2011.
[24] 钱卫,张桂江,刘钟坤.飞机全动平尾颤振特性风洞试验[J].航空学报,2015,36(4).
[25] 李博.单壁碳纳米管分子结构力学的有限分析[D].秦皇岛:燕山大学,2015.
[26] 谢鸿卫,唐光暹,李云,谢京伟.钢管脚手架坍塌事故原因分析和安全预防[J].建筑施工,2016,38(3).